源代码安全审计基础

注册网络安全源代码审计专业人员（NSATP-SCA）培训认证教材

霍珊珊 锁延锋 徐佳俊 等编著

电子工业出版社
Publishing House of Electronics Industry
北京·BEIJING

内 容 简 介

本书内容是注册网络安全源代码审计专业人员（NSATP-SCA）认证培训的理论知识部分，对代码审计的基础知识和涉及的内容、代码安全审计规范和审计指标进行了全面的介绍，同时，针对目前常用的程序设计语言 Java、C/C++和 C#，分别基于其特点和漏洞测试规范中的案例进行了具体的分析和解读。本书参考了大量国内外代码安全审计规范、安全开发规范、常见漏洞库和相关文献，并进行了解析、汇总和提取，以系统地阐述代码审计的思想、技术和方法，构建完备的代码审计知识体系，旨在为代码审计人员提供全面和系统的指导。

本书非常适合作为网络安全渗透测试人员、企业网络安全防护人员及研发、运维、测试等技术人员的参考教材。

图书在版编目（CIP）数据

源代码安全审计基础 / 霍珊珊等编著. —北京：电子工业出版社，2023.2

注册网络安全源代码审计专业人员（NSATP-SCA）培训认证教材

ISBN 978-7-121-44971-0

Ⅰ. ①源… Ⅱ. ①霍… Ⅲ. ①源代码－信息安全－技术培训－教材 Ⅳ. ①TP311.52

中国国家版本馆 CIP 数据核字（2023）第 017549 号

责任编辑：潘　昕
印　　刷：天津千鹤文化传播有限公司
装　　订：天津千鹤文化传播有限公司
出版发行：电子工业出版社
　　　　　北京市海淀区万寿路 173 信箱　　邮编 100036
开　　本：787×1092　1/16　印张：24.75　　字数：489 千字
版　　次：2023 年 2 月第 1 版
印　　次：2023 年 2 月第 1 次印刷
定　　价：120.00 元

凡所购买电子工业出版社图书有缺损问题，请向购买书店调换。若书店售缺，请与本社发行部联系，联系及邮购电话：（010）88254888，88258888。

质量投诉请发邮件至 zlts@phei.com.cn，盗版侵权举报请发邮件至 dbqq@phei.com.cn。

本书咨询联系方式：（010）51260888-819，faq@phei.com.cn。

序 1

当今时代，云计算、大数据、人工智能、移动互联、物联网、5G 等新技术新应用的高速发展，为生产生活、科学研究、知识学习、文化传承与交流、社会治理带来了极大的便利，为经济社会发展提供了巨大的推动力。但同时，伴随而来的网络安全问题越来越多，尤其是技术的先天性问题和不成熟性，如核心代码的各类缺陷，使不法分子能够利用技术漏洞进行攻击破坏或谋取利益；一些国家为保持其霸权而将网络空间作为新的战争空间，使网络空间面临的威胁日趋严峻复杂。如何确保网络安全，已经成为各国生存发展所面临的重大挑战。习近平总书记指出："没有网络安全就没有国家安全，没有信息化就没有现代化。"这一重要论述深刻阐明了安全与发展的辩证关系。随着总体国家安全观的贯彻落实，网络安全已经上升到国家安全的战略高度，随着一系列相关法律法规的出台和实施，我国网络空间安全治理体系不断完善，网络安全标准化和检测认证作为法律法规实施的重要支撑和促进安全保障水平提升的重要抓手，正在成为重要的安全治理手段。在网络安全领域，我国已经建立的针对产品、服务、管理体系和人员能力的检验检测认证体系，成为网络安全保障体系的重要环节。不断深化和扩展网络安全检验检测认证手段的运用，加强检验检测认证能力建设，是完善我国网络安全保障体系的重要工作。源代码安全审计是网络安全检验检测认证中经常使用的基础性技术手段，提升源代码安全审计能力是加强检验检测认证能力建设的重要基础。

关键信息基础设施保护是网络安全工作的重中之重。目前，关键信息基础设施和重要信息系统呈现多领域、大型化、复杂化、智能化的特征，与此同时，全球网络空间斗争形势日益严峻，网络攻击方式不断演进升级，利用软件漏洞实施链式攻击愈加频繁，对我关键信息基础设施和重要信息系统安全稳定运行构成了严重威胁。如何保障源代码安全已经成为网络安全工作的关键环节，而源代码安全审计工作是及时发现、修正源代码漏洞的有效途径，通过源代码审计工作可以大大提升源代码质量安全。

源代码安全审计是一项专业性很强的工作，网络安全源代码安全审计专业人员的培训与能力评价是贯彻落实国家网络安全人才队伍建设政策规划的重要工作。本书既可作为专业人员学习培训的教材，也可应用于人员的专业能力评价认证体系建设。本书是关于源代码安全审计的基础理论型书籍，对源代码安全审计中的典型漏洞进行了详细剖析，对源代码安全审计的关键知识点和流程进行了总结并给出了大量实践案例，力求为读者营造全面、专业、易懂的阅读体验。对于想要从事源代码安全审计工作的人来说，本书是不错的自学读本。本书也非常适合作为网络安全渗透测试人员、企业网络安全防护人员及研发、运维、测试等技术人员的参考教材。

最后，希望本书能够助力广大读者，希望本书的读者能够为中国网络安全事业的发展添砖加瓦，贡献一份力量。

魏　昊

2022 年 9 月于北京

序 2

网络空间已经发展成为继陆、海、空、天之后的第五大空间。网络空间与其他空间相互交融，对政治、经济、军事、文化、民生和公共利益等产生了深刻的影响，甚至会影响国家安全。网络空间是人用信息技术创造出来的可以交互的特殊空间，随着信息技术的飞速发展，网络空间也在不断放大和升级，将全面改变人类社会的生产和生活方式。可见，信息技术是驱动和保障国家经济建设与社会安全发展的强力引擎，在现实社会的能源、交通、金融、电信、制造、教育、文化等领域发挥着重要作用。信息技术中最具有代表性和革命性的是计算机和互联网，这两项技术使社会对计算、交换、存储、处理、控制等系统的基本功能需求得到满足，而这些基本功能是靠软件程序实现的，于是，满足各种应用需求的软件程序越来越多。然而，在软件程序开发过程中，由于软件规模及其复杂程度的影响，不可避免地会出现软件逻辑错误、软件 Bug 等安全漏洞，甚至存在故意设置的后门和隐蔽通道。随着智能社会加速发展和国际斗争日益激烈，我国网络空间安全面临的安全威胁日趋严峻，一个根源性威胁就是来自信息技术产品和系统软件 Bug 等安全漏洞和后门的严重威胁。这种威胁已经成为整个网络空间的核心和关键问题，以及最敏感、最重要的焦点和棘手问题。

如何解决软件漏洞这一关键问题和技术难题，已成为网络安全企业、院校、研究机构和有识之士技术攻关的目标课题，可信计算、拟态技术、漏洞扫描、漏洞挖掘、众筹测试等安全技术、产品和服务应运而生，在黑箱测试和防御中发挥了重要作用，一定程度上应对了病毒、恶意代码等网络攻击。随着国际斗争形势的复杂性和残酷性不断增强，尤其是在军事战、网络战、贸易战、科技战、舆论战、病毒战等混合战模式下，解决网络空间软件安全管控问题就变成和在现实社会中管控枪支一样重要的事情。特殊时期对软件安全管控提出了更高的要求，否则，就有可能因为软件漏洞造成互联网网站或重要系统大量信息泄露、情报窃密、网站瘫痪、勒索攻击、APT 攻击等，导致灾难性的后果及巨大的经济损失。近年来，从互联网遭受的攻击和个人信息泄露，以及政府、知名企业遭受勒索软件威胁等攻击事件的情况看，各类软件漏洞事件频发是主要原因，而我国的软件开发主要依赖开源，据权威统计，每 1000 行代码中就有 4～6 个安全缺陷，可见开源软件代码安全性堪忧。可以说，软件存在安全漏洞是不可避免的，使用的开源软件越多，能够被黑客利用的漏洞就越多，安全隐患也就越大。

综上所述，软件源代码安全是保障网络空间安全最基础、最核心的环节。近几年，源代码安全审计工作作为实现源代码安全的必要途径，重要性凸显，国家网络安全等级保护制度对源代码安全审计工作也提出了专门要求。然而，当前我国源代码安全审计工作刚刚起步，经验不足，相关参考资料不多，从业人员较少且能力水平普遍不高，因此，亟须培养大量掌握代码审计基本思想、基本技术和基本方法的专业测评人员。注册网络安全测评专业人员是我国网络安全专业人员资质认证的重要形式，多年来，在贯彻落实"加快网络安全人才培养，增强全民网络安全意识"和构建网络安全人才体系方面发挥了重要的作用。

本书作为注册网络安全源代码审计专业人员的教材，涵盖代码安全选择、代码审计工具、代码审计方法、代码审计规范、代码审计指标和常见漏洞分析等方面的内容，以保障信息系统软件代码安全为核心，以知识体系全面性和实用性为原则，以理论与实操相结合为路径，以培养高素质代码审计专业人才为目标，将为我国网络安全代码审计专业人员的培养工作提供有力支撑。

李京春

2022 年 9 月于北京

序 3

看待事物，当下的总是比过去的或未来的更容易看清，表象总是比内在要分明，简单的结果总是比构成的机理和过程更容易理解。

在网络安全领域，最早展现在我们面前的是网络安全体系建设问题。这些当下的、相对静态的、结果表象的领域，其基本方法、技术和产品完全称得上丰富多彩，围绕它们的产业也很发达。网络安全围绕这个最初的落脚点，向更具挑战的方向发展，有宏观的方向，有对抗的方向。而在系统生命周期这个时间坐标轴上，有了两个挑战性的方向：安全右移、安全左移。安全右移就是向时间的下游走，即安全运营（安全运行）。安全左移就是向时间的上游走，即供应链安全。

安全左移的供应链安全被认为是网络安全挑战中最具本源性的一个领域。近年来全球影响较大的网络安全事件往往都伴随着供应链安全问题。在供应链安全方向，有与本书内容密切相关的软件供应链安全领域。网络安全圈常说的 0Day 漏洞，大多是软件开发过程中的 Bug 和错误导致的。有了 SDL 安全开发生命周期规范的指导，辅以二进制逆向安全检测和软件源代码审计，可以尽量杜绝软件安全漏洞。前卫而时髦的 DevSecOps 体系，也需要在 Dev 开发阶段设置代码审计环节。

代码审计在网络安全领域占有重要地位。在代码开发阶段，如果能够发现并解决更多的问题，就能够减少系统"带洞运行"的情况，避免更多的网络安全风险。作为系统的开发者和防御者，要想与威胁者和攻击者对抗，就要充分运用自身优势——开发者和防御者拥有源代码。攻击者一般没有源代码，只能通过二进制逆向的方式寻找漏洞。所以，代码审计是防御者的优势，理当充分利用。

当然，从理论上，即使进行了代码审计，Bug 和安全漏洞也难以在大型复杂软件系统中杜绝。但是，如果能在编码阶段减少漏洞，就能在建设和运行阶段少受损失，节约其他防御性投入。归根到底，就看我们是否有能力以较低的成本在编码阶段发现更多的问题、解决更多的问题。让代码审计技术得到更广泛的应用，让更多的技术人员掌握代码审计技术，就是本书的初衷和贡献。

由信息产业信息安全测评中心编写的这本书，对教材相对匮乏的代码审计人才培养工作来说是难得的及时雨。同时，本书完全对应于 NSATP 培训认证体系下新开设的代码审计方向的课程，即 NSATP-SCA（注册网络安全源代码审计专业人员）认证培训。在某种程度上，本书兼具教材和认证评价规范的功能，具有很强的指导作用。

希望本书能为我国培养更多的代码审计工程师、测评师，更好地改善代码的安全性，夯实网络安全基础。

潘柱廷

2022 年 9 月于北京

业界评论

源代码安全审计是发现隐蔽和致命网络安全问题的极其重要的技术手段。本书作为源代码安全审计的基础性教材，对源代码安全审计的理论与实践作了系统全面的介绍，提供了丰富的实际案例与大量操作示例，分析了软件安全漏洞产生的机理和根源，可帮助读者快速掌握源代码安全审计方法和技巧。

中国信息协会信息安全专业委员会常务副主任　陈晓桦

软件源代码作为软件的"基因"和"有机体"，在定义软件功能和性能的同时，标记了软件先天的安全性。2021 年爆发的史诗级漏洞 log4j2 给我们敲响了警钟：未来网络空间的大量重大安全风险正在软件的源代码中沉睡。在跟进了解 i 春秋众多会员的成长历程后，我们也发现，高阶的程序员和安全工程师都会选择源代码安全审计作为自己的进阶路径。本书作为 NSATP-SCA 培训认证教材，无论是出于职业成长需要，还是为了了解日益规范化的等保、合规要求，都非常值得学习研读。

北京永信至诚科技股份有限公司董事长　蔡晶晶

前　　言

在我们享受新技术新应用带来的便捷生活的同时，网络安全形势日益严峻，数据泄露风险日益增加。在保障网络安全、减少漏洞攻击方面，源代码安全审计起着重要的作用。

写作背景

在目前国内的图书市场上，源代码安全审计类的书籍很少，源代码安全审计基础书籍更是凤毛麟角。本书填补了国内源代码安全审计基础书籍的空白，希望能为相关领域的学生、工作人员提供学习上的便利。

本书内容

本书内容是注册网络安全源代码审计专业人员（NSATP-SCA）认证培训的理论知识部分，共4篇。

第 1 篇介绍代码审计基础，从入门的角度对代码审计的基础知识和涉及的内容进行概述，主要包括代码审计现状、概念、辅助与漏洞验证工具、方法和技术等。

第 2 篇介绍代码审计规范，主要包括代码安全审计规范和审计指标解读。

第 3 篇介绍代码安全审计参考规范，主要针对国际代码安全开发参考规范 CVE、OWASP、CWE 及国内的 Java、C/C++和 C#语言源代码漏洞测试规范，从开发和测试两个角度分析和解读代码设计过程中应遵循的安全规范。

第 4 篇是实际开发中的常见漏洞分析，主要对常见的典型代码安全案例（如注入、跨站脚本攻击、硬编码、敏感信息泄露、内存泄漏等）进行全面解析，并针对目前常用的程序设计语言 Java、C/C++和 C#，分别基于其特点和漏洞测试规范中的案例进行具体的分析和解读。

本书在编写过程中参考了大量国内外代码安全审计规范、安全开发规范、常见漏洞库和相关文献，并进行了解析、汇总和提取，以系统地阐述代码审计的思想、技术和方法，构建完备的代码审计知识体系，旨在为代码审计人员提供全面和系统的指导。

本书的编著者有霍珊珊、锁延锋、徐佳俊、刘健、张益、程慧琴、姚宣霞、李洋、郑榕。

读者对象

本书非常适合作为网络安全渗透测试人员、企业网络安全防护人员及研发、运维、测试等技术人员的参考教材。

目　　录

第 1 篇　代码审计基础

第2篇　代码审计规范

第3篇　代码安全审计参考规范

第 4 篇　实际开发中的常见漏洞分析

第1篇　代码审计基础

本篇内容属于代码审计基础知识域，包括代码安全现状、代码审计概述、代码审计与漏洞验证相关工具、代码审计方法、代码审计技术五个知识子域。

代码安全现状知识子域主要介绍当前网络信息化环境下的代码安全现状。代码审计概述知识子域主要介绍代码审计的基础知识，包括代码审计的概念、目的、原则、内容、成果、价值与意义等。代码审计与漏洞验证相关工具知识子域主要介绍常用的代码编辑器、代码审计工具及漏洞验证工具。代码审计方法知识子域主要介绍常用的代码审计方法及其特点。代码审计技术知识子域主要介绍代码审计的常用技术及其特点。

通过对本篇内容的学习，读者能够了解代码安全和代码审计的现状及常用的代码审计工具，理解代码审计常用的方法和技术，掌握代码审计的概念、目的、原则、要素、价值、意义和发展趋势。

第 1 章　　代码安全现状

随着信息技术和通信技术的发展，社会呈现数字化趋势。目前，无论是在民用、商业领域，还是在军事、航天、航空、能源、金融、公共安全领域，甚至是国家大型关键信息基础设施，都已经实现了数字化。这些数字化系统具有超大型化、网络化、复杂化和对安全要求极高等特征，软件则在其中起核心作用。

软件源代码规模庞大，结构复杂，难免存在潜在的缺陷和安全漏洞。这些缺陷和安全漏洞一旦被恶意攻击者发现，就会被利用并进行各种攻击。可以说，软件源代码的安全问题非常严峻。

1.1　典型漏洞代码案例分析

从计算机程序诞生起，漏洞代码就不时地被发现和利用。随着社会的逐步数字化，漏洞代码无处不在，由漏洞代码造成的安全事件层出不穷。下面列举 10 个典型的漏洞代码案例，按照其发生的时间顺序进行梳理和分析，以帮助读者了解代码安全现状，体会代码安全的重要性。

案例 1　1988 年莫里斯蠕虫事件

1988 年，第一个网络蠕虫——莫里斯蠕虫，利用 UNIX 操作系统的缓冲区溢出缺陷，在一天之内感染了约 6000 台计算机，事件的"导火索"就是一个标准输入/输出库函数 gets()。该函数本来被设计用于从网上获取一段文本，但由于没有规定输入文本的长度，导致输入的文本长度不受限。最终，过长的输入文本导致蠕虫入侵接入的计算机。

案例 2　1988 年—1996 年 Kerberos 随机数生成器事件

Kerberos 安全系统的开发者忽略了"在产生程序需要的随机数时应该使用恰当的种子"这一要求，导致依赖 Kerberos 验证的计算机可以被轻易入侵。这一漏洞持续存在了 8 年（1988 年—1996 年）之久。

案例 3　1996 年 6 月 4 日 501 航天飞机爆炸事件

阿丽亚娜 4 型运载火箭（Ariane4）的代码在阿丽亚娜 5 型运载火箭（Ariane5）上被重用。Ariane5 速度更高的运算引擎在航天计算机的算法程序中触发了一个 Bug，其诱因为：重用了用于将 64 位浮点数转换成 16 位带符号整数的程序，而速度更高的运算引擎使 Ariane5 中的 64 位数据比 Ariane4 中的长，直接触发了溢出条件，导致航天计算机崩溃，进而导致 501 航天飞机的备份计算机崩溃，0.05 秒后主计算机崩溃。这些问题直接导致了 Ariane5 的主处理器崩溃，使火箭的运算引擎过载，最终导致 Ariane5 在发射 40 秒后爆炸解体。

案例 4　2001 年红色代码蠕虫感染大量计算机

红色代码（CodeRed）蠕虫利用了微软的 IIS Web 服务器的软件缺陷。程序员在计算缓冲区大小时忽略了字符串变量是 Unicode 类型的，导致在实际编码时本应按照偏移量 2 计算缓冲区，却按照偏移量 1 错误地计算缓冲区。虽然这个缺陷很小也很简单，但引发的后果非常严重——大约在 14 小时内有 35900 台机器感染了这种蠕虫。

案例 5　2006 年恶意攻击者针对 PayPal 发起的攻击

2006 年，恶意攻击者将 PayPal 用户引导到一个恶意网站，并警告用户他们的账户已经失窃，让用户在该恶意网站输入自己的 PayPal 登录信息、社会保险号码、信用卡账户资料等。攻击者通过钓鱼网站获得用户的敏感信息，实现了对用户财富的窃取。

案例 6　2006 年 1 月俄罗斯黑客攻破美国罗得岛政府网站

2006 年 1 月，俄罗斯黑客对美国罗得岛政府网站的成功攻击引起了轰动。黑客声称获得了大量（5.3 万个）信用卡账户资料。这次攻击是一个利用 SQL 注入漏洞实现 SQL 注入攻击的典型案例。

案例 7　2013 年黑客入侵 Facebook 等科技巨头

2013 年，黑客利用 HTML 的内嵌木马入侵 Facebook 等科技巨头员工的计算机，造成了 20 多万名用户资料泄露，影响巨大。同年 3 月，类似的攻击在韩国爆发，成为当时历史上规模最大的黑客攻击，众多企业、银行的计算机系统遭到破坏。

案例 8　2014 年 3 月携程网安全支付日志遍历下载事件

2014 年 3 月 22 日，携程网被曝出存在两个安全漏洞：一是某分站的源代码包（包含数据库配置和支付接口信息）可直接被下载，为黑客了解其数据库和支付情况及非法访问数据库提供了便利；二是存在支付日志漏洞，即安全支付日志可被遍历下载，使黑客可以通过遍历下载安全支付日志的方式获取用户的银行卡信息（包含持卡人姓名、身份证号码、银行卡卡号、CVV、6 位银行卡 Bin 等），给用户造成了巨大的麻烦和损失。

案例 9　2014 年 4 月的 Heartbleed 漏洞

Heartbleed 漏洞是由谷歌的安全工程师 Codenomicon 发现的。Heartbleed 漏洞的 CVE（通用漏洞披露，详见本书第 8 章）编号为 CVE-2014-0160。

Heartbleed 是 OpenSSL 的一个代码漏洞。OpenSSL 本来是用于保障互联网传输层安全的协议。由于 OpenSSL 在网络中被广泛使用，所以在修复 Heartbleed 漏洞之前，成千上万的服务器会处于危险之中。

Heartbleed 漏洞产生的原因是在使用 memcpy()函数调用用户输入的内容作为长度参数前未进行边界检查。攻击者可请求 OpenSSL 所分配的 64KB 缓存，将超出必要范围的字节信息复制到缓存中，再返回缓存的内容。这样，服务器内存中的内容每次会泄露 64KB。利用 Heartbleed 漏洞，攻击者可以窃取各大网上银行、门户网站服务器中存储的敏感信息，实时抓取用户的账号、口令。同时，攻击者能利用获取的用户信息，在互联网上进行其他恶意操作。

案例 10   2018 年华住集团超大型数据泄露事件

2018 年，华住集团的超大型数据泄露事件造成的直接损失至少有 5 亿美元，泄露的数据包括华住官网的注册用户数据 1.2 亿条，涵盖用户注册和入住的全部记录。

从表面看，数据泄露的原因是工作人员不慎将数据库配置信息传到了 GitHub 上，极有可能是将开发环境的一个配置上传。攻击者根据开发环境的配置推断出生产环境的配置，从而对整个数据库进行拖库。疑似泄露的代码如下。

```
#\u6570\u636e\u5e93spring.datasource.driver-class-name =
com.mysql.jdbc.Driverspring.datasource.url =
jdbc:mysql://119.3.25.176:3306/cms-dev?useUnicode=true&
characterEncoding=UTF-8&relaxAutoCommit=true&zeroDateTimeBeha
spring.datasource.username = root
spring.datasource.password = 123456

#\u5fae\u4fel
weixin.appid = wxd97d529c8c02e676
weixin.appsecret = 026ff71e1b959ff3cdfbs8a7bf843642
#\u7f51\u9875\u6388\u6743\u83b7
auth.base.http = http://yg-test.cms.h-world.com
service.prefix = api
article.preview.template = /index.html

#\u4e0a\u4f20\u56fe\u7247
base.save.path = /home/app/image
base.save.url = http://yg-test.cms.h-world.com:8080/loading/image
```

分析以上代码可以发现，整个系统中的安全隐患至少包括以下六个方面：

• 核心代码违规上传、分享；

• 共享代码包中含有真实的配置文件；

• 既没有对网络进行隔离，也没有对可以访问数据库的 IP 地址进行限制；

• root 可以直连数据库；

• 口令/密码的安全程度极低；

• 用户信息明文储存，没有进行加密处理。

通过上述 10 个案例可以看出，这些安全事件发生的原因都是源代码中存在安全漏洞，使攻击者有了可乘之机。可以说，源代码自身的安全缺陷和漏洞是导致信息系统不安全的根源。随着开源代码的广泛使用，缺少管理的开源代码带来的安全风险会日益增加，由代码漏洞造成的安全问题会更加严峻。

2020 年的开源代码安全和风险分析（OSSRA）报告指出，开源代码已经成为软件生态系统的关键部分。在 2019 年，经过审计的几乎所有有效代码库（99%）至少包含一个开源组件，开源代码占所有代码的 70%。在经过审计的代码库中，75%的代码包含具有已知安全漏洞的开源组件，而在 2018 年这一比例为 60%。同时，将近一半（49%）的代码库中存在高风险漏洞，而在 2018 年这一比例为 40%。显然，如果在开发过程中使用开源代码，那么其中众多已知的或者未知的安全漏洞都将成为所开发的应用软件的漏洞。

根据美国国家标准与技术研究院（NIST）的调查数据，90%以上的信息安全事件与源代码有关。

综上所述，如果能在系统部署前对源代码进行安全审计或者安全风险评估，找出系统中潜在的安全漏洞和安全威胁并进行修复，将大幅降低系统的安全风险——这对系统安全至关重要。

1.2 代码审计的基本思想

代码审计是从软件测试发展而来的。早期的源代码漏洞一般是通过常规的软件测试和渗透测试等方法发现的。随着应用软件功能的增强，软件源代码的规模越来越大、结构越来越复杂，安全漏洞和后门也越来越多且隐蔽，这使得传统的软件测试方法很难检测出软件源代码中的潜在安全漏洞。于是，代码审计的思想开始出现。

代码审计尝试在软件上线之前，通过对其源代码进行全面的检测和分析来发现潜在的安全漏洞或安全威胁，并提供专业、详细的检测报告，帮助软件开发人员进行修复，以便从根源上消除软件和信息系统中的安全隐患。

1.3 代码审计的现状

目前，代码审计尚处于利用已知漏洞的阶段，主要利用不同的安全漏洞模型来查找已知的、由一些国际权威组织（如 OWASP、CWE、CVE、SANS）公布的源代码安全漏洞。代码审计一般使用数据流、控制流等技术查找恶意数据的入口点和出口点，通过人工分析从入口点到出口点是否有风险来判断漏洞是否存在。

由于软件源代码本身与开发软件时使用的程序设计语言密切相关，所以，现有的代码审计方法注重程序设计语言自身的安全缺陷——主要是程序设计语言提供的 API 的安全风险，对所有的入口点和出口点的检查都是基于开发时使用的程序设计语言的 API 进行的。但是，由于 API 与软件源代码本身的逻辑无关，所以，现有的代码审计方法无法理解软件源代码的逻辑，也就无法判断软件源代码中是否存在恶意的后门，相应的，就无法查找和定位外包开发团队或者恶意开发人员设置的后门。

近年来，虽然各大标准制定机构和信息安全厂商已经制定了一些安全编码规范，但在源代码中得到具体实施的规范是非常有限的。同时，为了能够快速对规模庞大、结构复杂的软件源代码进行审计，国内外的信息安全厂商推出了众多代码审计产品和工具，但这些产品和工具良莠不齐，大都以已知漏洞的查找为目的，还没有出现能够理解代码逻辑或者超越程序设计语言和实现层面的产品和工具。

由于代码审计的工程性较强，而且对程序设计语言、程序的实现平台（包括库、操作系统、协议栈等）及软件产品自身的架构设计等的依赖性较强，所以，现在国内外大都采用工具审计与人工审计结合的方式进行代码审计。通过将已发布的安全漏洞与安全编码规范结合起来，利用源代码静态分析或审计工具对使用各种程序设计语言编写的软件源代码进行安全审计，定位其中存在的安全漏洞，然后通过人工的方式对安全漏洞或风险进行分析，形成审计报告。

尽管代码审计工作已经得到了软件管理部门及软件开发者和使用者的重视，但其实施情况并不理想：一方面，关于代码审计的资料很少；另一方面，专业的代码审计人员紧缺。因此，加强代码审计培训，势在必行。

第 2 章　代码审计概述

2.1　代码审计的概念

代码审计是一种以发现程序中的错误、安全漏洞和违反程序规范的行为为目标的软件源代码分析过程。代码审计可以检查源代码中的安全缺陷，以及源代码中是否存在安全隐患或者编码不规范的地方，通过自动化工具或者人工审查的方式，对源代码进行逐条检查和分析，发现由这些安全缺陷引发的安全漏洞并提供修改措施和建议。

2.2　代码审计对象

代码审计对象，可以是一个应用程序的全部源代码，也可以是其中一部分源代码。被审计的源代码，其系统环境包括但不限于 Windows 和 Linux，适用于使用 C、C++、C#、Java、VB 等语言开发的应用程序，以及使用 Ruby、PHP、ASP、JSP、AJAX、Perl 等在内的各种 Web 语言编写的应用程序。

2.3　代码审计的目的

代码审计的目的在于通过对编程项目中源代码的全面分析，发现其中存在的错误、安全漏洞或违反约定之处，并据此给出审计报告，列出源代码中对应于审计列表的符合性/违规性条目，提出修改措施和建议，以帮助软件开发人员对源代码中的安全漏洞、错误和安全风险进行修复。

代码审计是防御性编程范例的一个组成部分，试图在软件发布之前减少错误、降低风险，以提高软件系统的安全性。需要澄清的是：代码审计以发现源代码层面的安全弱点为目标，不包含软件分析、设计、测试、应用部署等层面的安全弱点。

2.4　代码审计的原则

代码审计的原则是指在阅读目标（被审计）系统的源代码、检查保证源代码正确且安全控制设置在关键逻辑流上时应该遵循的原则，主要包括三个方面。

（1）所有输入均不可信

在源代码中有很多输入，用户的输入会被应用程序处理、分析。每个有可能被恶意利用或者造成代码纰漏的输入都是可疑的。

据统计，由输入数据引发的安全问题在源代码安全漏洞中占比高达 90%。所以，对源代码的数据输入的格式与内容进行严格的限制，能起到一定的安全控制作用。

（2）遵循安全编码规范

遵循安全编码规范在软件开发阶段很有必要。软件会因为遵循安全编码规范而更健壮，抵抗恶意攻击的能力更强。

在代码审计中会检查软件是否严格遵循了现有的安全编码规范。即使没有遵循安全编码规范但未造成漏洞风险，这样的软件也是存在安全风险的，需要在代码审计报告中明确指出。

（3）逆向思考原则

逆向思考原则是指在代码审计中，审计人员要站在恶意用户或攻击者的角度，保持思维的灵活、连续，从各个方面对代码中的所有问题进行排查。

通过代码审计发现代码缺陷或漏洞后，最有效的测试方式是模拟攻击者的行为，对漏洞进行利用。渗透测试是一种有效的测试方式。通过渗透测试，可以不再单独看待某一漏洞，从而立体地分析该漏洞对系统的危害程度及严重性。

漏洞验证可在测试环境中进行。当发现可利用的漏洞时，应根据对代码的分析，构造漏洞利用脚本，然后通过对系统发起请求来触发漏洞。一旦发现可能会对系统造成威胁的漏洞，应及时进行修复。

2.5　代码审计要素

代码审计工作有五个关键要素：人、技术、策略、工具、流程。

（1）人

人是指具备软件安全开发技术能力和知识的工程师。工程师应掌握丰富的软件安全知识和分析方法，这样才能准确、有效地使用专业工具，排除误报，定位漏洞。

（2）技术

技术是指被测系统涉及的技术，包括编程语言、框架、封装方式、业务流程等。当然，这些技术也应该是第一关键要素——人——要掌握的。

（3）策略

策略是指在进行代码审计时所选择的合适的策略。在实践中，应利用专业的代码审计工具，结合工程师的经验，排查常见的安全隐患，包括审计和日志、认证、授权、通信安全、数据访问、部署考虑模拟、错误处理、委托、输入和数据验证、参数操纵、敏感数据、会话管理等。

同时，要遵循各类安全标准，如 OWASP、CWE、CVE 等国际漏洞列表，GB/T 34943—2017《C/C++语言源代码漏洞测试规范》、GB/T 34944—2017《Java 语言源代码漏洞测试规范》、GB/T 34946—2017《C#语言源代码漏洞测试规范》等国家标准，以及编程语言的最佳编码实践标准及架构设计标准等。

（4）工具

在通常情况下，对源代码安全性的分析离不开自动化的代码审计工具和与之结合的人工分析方法：先使用自动化代码审计工具完成漏洞扫描，再由代码审计专业人员对漏洞进行分析、整改和确认。代码分析技术随着计算机语言的不断演进而日趋完善，代码分析工具也越来越多。

（5）流程

为保证代码审计的客观性、专业性，代码审计工作应由专业的独立第三方机构或者独立的专业审计项目组实施。整个代码审计流程应遵循闭环的管理理念，确保审计中发现的问题得到有效的确认和处理。代码审计流程主要包括系统调研、审计过程、报告输出、问题确认、问题整改、整改确认等。

经过完整的闭环代码审计流程，系统具备上线条件的可安排上线运行，并在后续开展持续跟踪及针对每次新版本增量的代码审计。

2.6　代码审计的内容

代码审计工作主要是对系统中的源代码文件进行分析，并对导致安全漏洞的源代码进行定位。

代码审计的内容可概括为输入验证、输出编码、身份验证和密码管理、会话管理、访问控制、加密规范、错误处理和日志、数据保护、通信安全、系统配置、数据库安全、文件管理、内存管理、通用编码实践。代码审计的内容还包括各组织公布的常见典型安全漏洞，如 OWASP TOP10、CWE TOP25 等。

下面对代码审计工作中需要重点考虑的六个方面的内容分别进行梳理。

2.6.1　认证管理

认证管理主要包括验证码、用户名或密码错误两个方面。

（1）验证码

验证码在用户登录、信息提交等情况下使用较多，目的是防止暴力破解攻击和机器人自动攻击。如果验证码机制设置不当，或者验证码容易被程序自动识别，攻击者就可以绕过验证码并发动暴力破解攻击。常见的验证码绕过漏洞有以下五种：

- 验证码不刷新，即在某一时间段内或者在多页面窗口中验证码相同，用户获得的验证码可以重复使用；

- 在 Web 前端可获取验证码，如验证码信息隐藏在网页源代码或 Cookie 中，攻击者通过分析网页源代码或 Cookie 即可获取验证码；

- 验证码易于识别，攻击者可使用自动识别软件等获取验证码；

- 验证码与用户名和密码不同时提交服务器验证，可能泄露服务器反馈信息；

- 验证码过于简短，攻击者可轻易构造验证码。

针对这五种情况，在代码审计中应检测在用户登录过程中是否使用了合适的验证码机制来预防攻击者对密码（口令）的暴力破解。同时，要考虑以下几点：

- 验证码要及时刷新；

- 验证码信息不存放在网页源代码及 Cookie 中，应在网站后端生成验证码；

- 采用不易识别的验证码，应将复杂度考虑进去，如在验证码图片中添加噪声信息、对验证码采取错位排列或扭曲变形措施等；

- 验证码与用户名和密码要同时提交，网站后端要先核验验证码，确认验证码正确后再核验用户名和密码；

- 增加验证码的长度，增加验证码组合的数量；

- 当用户执行重要操作时，如修改密码，应有验证码的有效验证。

（2）用户名或密码错误

在正常情况下，用户的登录信息应只提交一次。在重定向时不应将密码再次传送，以防出现传送明文密码的情况。

另外，在对用户名和密码进行验证时，如果出现错误的用户名或密码，则应在错误提示中显示对应的错误信息，如"用户名或密码错误"。不应单独对错误的用户名或密码提示"用户名错误"或"密码错误"，从而避免用户名和密码的破解难度被降低。

针对用户连续出现登录认证失败的情况，应在源代码中设置时间限制，以防止暴力破解攻击。如果登录认证失败超过 3 次，则应锁定数分钟，甚至一天以后才能再次进行登录认证，从而提高攻击者猜测用户名和密码的时间成本。

2.6.2　授权管理

对于需要操作和使用系统的用户，在源代码中应明确其角色的权限、授权访问的范围，并详尽分析有可能导致越权的情况。角色一般有系统管理员、管理员、普通用户、审计员（也可细分成系统审计员和业务审计员）等。

系统管理员应只负责对系统的维护，不能对业务数据进行操作。管理员应在系统管理员指定的权限范围内对系统数据进行操作。普通用户只能进行有限的界面访问，以及自己权限范围内的数据修改。审计员应定期审计各级别用户的权限和操作记录等。

大型应用软件最好设计独立的权限控制模块并审核权限控制模块是否存在漏洞，在页面及功能设置上应体现权限控制模块的作用。对页面权限的控制应精准，对需要和不需要控制的页面及功能应进行验证，在验证过程中应区分用户角色。

2.6.3　输入/输出验证

输入/输出验证主要涉及对数据库的操作和访问、文件上传和文件下载。

（1）对数据库的操作和访问

应为对数据库的操作和访问设计全局过滤函数，对数据采取预处理机制，在传入 SQL 语句前应明确指定传输数据的类型以进行必要的转换。对一些复杂的组合查询语句，应预防其可能导致的注入（如检查语句拼接是否存在缺陷，以防出现 SQL 注入）。

（2）文件上传

多数系统都具有上传功能，如用户头像上传、发帖图片上传、文档上传等。一些文件上传功能的源代码没有对用户上传的文件类型或后缀名进行限制，使攻击者可以利用文件上传功能向 Web 系统上传任意类型的文件，如木马、病毒、恶意脚本等。通过文件上传漏洞，攻击者可诱骗其他用户下载木马或病毒，也可获取网站或服务器的权限，危害非常大。

造成文件上传漏洞的主要原因有二。

一是上传时没有对文件格式进行检测，或者只在客户端进行文件类型检测，使检测机制容易被攻击者绕过。例如，攻击者通过 NC 等工具提交文件，导致任意类型的文件都可以上传至 Web 系统。

二是上传后对文件名处理不当。有些 Web 系统虽然限制了上传文件的类型，但是对上传后的文件名限制不严格，使攻击者可以绕过限制机制。例如，某系统限制了 PHP 文件的上传，但允许上传 DOC 文件，攻击者将想要上传的 PHP 文件的后缀名改为 DOC，上传成功后，再将该文件的后缀名改为 PHP，从而绕过限制机制。

根据文件上传漏洞的成因，通常可以采用以下四种方法进行防御：

- 采用白名单或黑名单，在客户端和服务器端均对上传文件的类型进行限制，不允许上传指定类型以外的文件；

- 禁止修改上传文件的后缀名，防止通过更改后缀名的方式绕过上传限制机制；

- 将存储上传文件的目录设置为只读，禁止 Web 容器解析该目录下的文件，以限制上传文件的执行；

- 在源代码中禁止对上传文件的存储位置设置脚本执行功能。

（3）文件下载

应对用户的下载行为进行访问控制，即为不同级别的用户设置不同的下载权限，并在下载功能中对权限进行检查。当客户端访问链接时，应对客户端的重定向或转发请求进行检查，定义重定向的信任域名或主机列表。

2.6.4　密码管理

密码（口令）管理包括密码设置、密码存储、密码传输、密码修改四个方面。

（1）密码设置

用户在注册时需要设置登录密码。在代码审计中，应检查密码设置页面是否对密码复杂度（至少包含大写字母、小写字母、数字中的 2 种，长度最少为 6 位）进行了检查，以避免用户设置弱口令。

（2）密码存储

对用户、管理员等的密码，不能以明文存储，以防止泄露。通常应使用散列算法加盐（Salt）的方式对密码进行散列运算后再存储，以防止暴力破解攻击和字典攻击。

（3）密码传输

为了防止窃听，在对密码进行传输时，应采用散列算法或者 RSA 等加密算法将密码杂凑或加密后再传送，也可以使用 SSL 在传输层进行加密。

（4）密码修改

密码丢失、过期或者用户对密码进行定期修改时，应进行旧密码验证或者带有安全问题的确认过程。如果用户在设置密码时预留了电子邮件、手机号码等，则应利用这些具备身份验证功能的信息实现密码找回功能。

2.6.5　调试和接口

当应用程序中出现错误时，应防止将详细的错误信息输出给用户，以免造成 SQL 查询泄露、程序源代码泄露、物理路径泄露等。

在审计数据接口时，应检查是否存在安全漏洞。至少从以下方面进行检查：

- 检查接口服务的后台登录密码是否存在弱密码，应避免使用弱密码；
- 检查接口服务是否有默认的测试页面，接口服务最好没有默认的测试页面，以免暴露物理路径；
- 检查接口服务应用是否包含身份认证，以及认证的账号、密码（或者密钥）的存储是否足够安全；
- 检查接口服务应用和数据是否加密传输，应加密传输，以免被窃听；
- 检查接口服务应用的异常处理机制，应确保对特殊字符的处理，不在报错信息中泄露数据；
- 检查接口服务的源代码中是否有内置的敏感信息，如调试账户、外部接口账户和密码、数据加解密密钥等，应杜绝将这类信息嵌入接口代码。

2.6.6　会话管理

会话管理涉及的内容主要包括以下四个方面：

- 当用户访问 Web 页面时，应禁止在 URL 里显示 Session 信息；
- 在执行业务时，应对当前操作的用户检查其 Session 身份；
- 成功登录后，应强制更新 SessionID，并对 Session 的有效时间进行约定，如约定 15 分钟或 30 分钟内有效；
- 应加强对 Cookie 的管理，不能在 Cookie 中存储明文或者简单加密的密码，消除存储的应用特权标识，设置 Cookie 的有效域和有效路径，设置合适的 Cookie 有效时间（如果希望有效时间为 20 ~ 30 分钟，则建议使用 Session 方式）。

这里只列出了部分常见的代码审计内容。在实际审计工作中，审计内容包括但不限于此。

2.7　代码审计的成果

代码审计工作完成后，应输出审计成果，包括代码安全审计报告、代码安全审计问题跟踪表。代码安全审计报告包括代码问题的详细分析、漏洞验证结果、漏洞加固建议等关键内容。代码安全审计问题跟踪表用于后续代码问题整改的闭环管理跟踪。

2.8 代码审计的价值与意义

代码审计的价值主要体现在两个方面。

一方面，实施代码审计，能够降低后期的安全投入，从源头上消除安全隐患，从根本上控制系统安全风险，有效减少后期的安全评估、加固、维修补救等工作。

另一方面，代码审计能在很大程度上降低系统安全风险、排除隐患，在核心层面加强整个系统安全保障体系的防护能力。

代码审计工作的意义在于，能够提高应用软件源代码的质量，规避应用系统中潜在的后门带来的危害，在防止信息系统重要数据泄露的同时提升系统架构本身的安全性，实现主动安全防御，节约安全方面的资金投入，显著提高安全管理工作效率等。

2.9 代码审计的发展趋势

代码审计呈现工具与服务一体化的发展趋势。利用专业的源代码静态分析工具，对使用各种程序设计语言编写的源代码进行安全审计，定位源代码中存在的安全漏洞并分析其风险，最终形成体系完整的审计流程。这一系列一体化的服务，将从根本上保护软件和信息系统的安全，杜绝源代码后门，排除潜在的安全漏洞和安全威胁，进一步保障信息系统的安全。

同时，网络安全形势越来越复杂，安全问题越来越多，面对层出不穷的攻击手段，很多安全操作必须从专业安全人员处前移到系统管理人员处，代码审计也是如此。

近年来，虽然各大标准机构和厂商都提供了安全编码规范或者安全编程标准，但在源代码中得到具体实施的有限。如何在源代码中自动进行安全规则检测，如何检查源代码是否遵循了安全编码最佳操作实践指南的建议，都需要综合利用人力和自动化工具去探索和实现。

第 3 章　代码审计与漏洞验证相关工具

无论是在代码审计中，还是在代码开发中，既需要使用一些代码编辑器来编辑或调试代码，也需要通过一些工具来验证漏洞是否存在。不同编辑器的功能有一定差异，一款合适的编辑器能够帮助程序员更轻松地编写代码。对代码审计人员来说，代码审计软件/工具也是如此。一款好的或合适的代码审计工具，可以帮助代码审计人员在短时间内快速发现代码安全问题。

本章将详细介绍几款常用的代码编辑器和代码审计软件/工具，以及一些常用的漏洞验证辅助工具。

3.1　常用代码编辑器

代码编辑器有很多种，从轻量级的到功能复杂强大的，从免费的到商业化的，应根据需要选择。因此，我们要对常用的代码编辑器有所了解。常用的轻量级代码编辑器有 Nodepad++、EditPlus、UltraEdit、PSPad、Vim、Gedi 等，它们都属于通用型文本编辑器，支持多种编程语言代码高亮显示，优点是操作简单方便、启动快，非常适合做少量代码的开发和代码审计工作。

1．Notepad++

Notepad++是一款非常有特色的开源纯文本编辑器，运行于 Windows 上，有完整的中文接口，支持多种语言（UTF-8 技术）。它的功能比 Windows 中的 Notepad（记事本）强大，除了可以编辑一般的文本文件，也十分适合进行轻量级代码开发。它不仅有语法高亮显示功能，还有语法折叠功能，且支持宏及用于扩充基本功能的外挂模组。

Notepad++是一款免费软件，支持 C/C++、Java、C#、CSS、XML、HTML、PHP、ASP、AutoIt、ActionScript、Gui4Cli、Haskell、JSP、LISP、NSIS、Python、JavaScript、Fortran、Lua、Objective-C、Pascal、MATLAB、DOS 批处理等语言的语法高亮显示。

Notepad++有很多强大的功能，特别是对文本的操作非常灵活，可以完成一些特定格式文本的批量替换、搜索、去重等工作。其核心功能可以概括为以下七个方面：

- 不仅支持多达 27 种语言的语法高亮显示（包括各种常见的源代码、脚本，能够很好地支持 nfo 文件的查看），还支持自定义语言；

- 可以自动检测文件类型，根据关键字显示节点，节点可自由折叠/展开，还可以显示缩进引导线，使代码显示具有层次感；
- 可以打开双窗口，在分窗口中还可以打开多个子窗口，显示比例；
- 提供了一些有用的功能，如邻行互换位置、宏等；
- 可以显示选中文本的字节数（不是一般编辑器所显示的字数，这在某些情况下是很方便的，如软件本地化）；
- 支持正则匹配字符串及批量替换，也支持批量文件操作；
- 强大的插件机制，扩展了编辑能力，如 Zen Coding。

访问 Notepad++官方网站可以下载其最新版本，其主界面如图 3-1 所示。

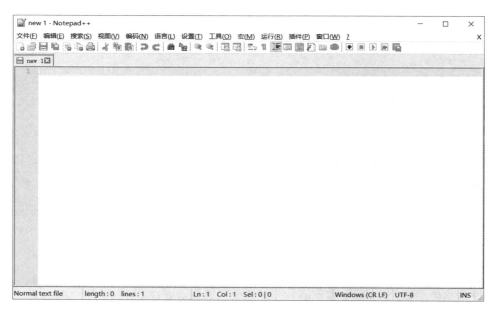

图 3-1　Notepad++主界面

2. UltraEdit

UltraEdit 是一款功能强大的文本编辑器，可运行在 Windows、Linux 及 macOS 上。不过，UltraEdit 不是开源软件。

UltraEdit 不仅支持文本编辑，还支持十六进制文件的查看及编辑（可直接修改 EXE文件等）。它支持近 20 种编程语言的语法高亮显示，可同时编辑多个文件，支持打开4GB 以上的大文件，支持多种编码转换、排序、去重。

UltraEdit 另一个比较好用的功能是文件对比。这个功能经常会用到，特别是在分析开源程序发布的官方补丁时。例如，某开源程序发布了一个代码执行漏洞补丁，我们可以在其官网下载补丁文件，然后利用 UltraEdit 的文件对比功能快速找出哪些代码被修改了，进而判断修改的部分是否成功修复了这个漏洞或者未公开的漏洞。当然，我们也可以通过这个方法快速找到程序的漏洞在哪里。

目前，UltraEdit 是公认的程序员必备编辑器，也有人说它是"能够满足一切编辑需求的编辑器"。

3. Zend Studio

Zend Studio 是 Zend Technologies 公司开发的一款用于智能开发的 PHP 语言集成开发环境（IDE），除了强大的 PHP 开发功能，还支持 HTML、JavaScript、CSS，但只对 PHP 提供调试功能。Zend Studio 的强大之处在于，除了具备一般编辑器所具有的高亮显示、自动缩进、书签功能，其内置的调试器还支持本地和远程两种调试模式，支持跟踪变量、单步运行、设置断点、显示堆栈信息、显示函数调用、查看实时输出等多种高级调试功能，且包含所有的 PHP 开发组件，方便 PHP 开发人员以最简单的方式编写 PHP 代码，大大缩短了开发周期。

使用 Zend Studio，开发人员不仅可以快速编写代码并轻松地进行调试，还可以充分利用 PHP 的强大性能创建高品质的 PHP 应用程序来提高生产力。此外，Zend Studio 会根据底层操作系统的 DPI 设置自动进行缩放，并支持 HiDPi 显示，在 PHP 代码的索引、验证和搜索方面，性能都有提升。

Zend Studio 主界面，如图 3-2 所示。

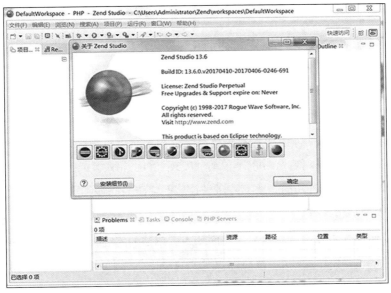

图 3-2　Zend Studio 主界面

3.2　常用代码审计工具

代码审计工具是一种辅助进行静态测试的程序，分为很多种，如根据审计目的可分为安全性审计工具和代码规范性审计工具等。当然，也可以按支持的编程语言分类。目前，商业性审计软件大都支持多种编程语言。也有个人或团队开发的免费开源审计工具，kiwi 就是其中之一，它支持多种语言的代码审计。一款合适的代码审计工具，可以降低审计成本，帮助代码审计人员快速发现问题，降低审计门槛。不过，也不能过分依赖代码审计工具。

下面介绍十款常用的代码审计工具，供读者参考。

1.　cppcheck

cppcheck 是针对 C/C++代码的缺陷检查工具。不同于 C/C++编译器及其他分析工具，cppcheck 只检查编译器检查不出来的 Bug，不检查语法错误。

cppcheck 是一款静态代码检查工具。作为对编译器检查的补充，cppcheck 可以对源代码进行严格的逻辑检查，包括：自动变量检查；数组边界检查；类检查；过期函数检查；废弃函数调用检查；异常内存使用检查；释放检查；内存泄漏检查，主要是对内存引用指针的检查；操作系统资源释放检查，包括中断、文件描述符等；异常 STL 函数使用检查；代码格式错误及性能因素检查；等等。

cppcheck 使用起来非常简单，可以很容易地找出 C/C++代码中明显的错误。

2.　RIPS

RIPS 是一款具有较强漏洞挖掘能力的开源自动化代码审计工具。它是用 PHP 语言编写的，用于静态审计 PHP 代码的安全性。它由安全研究员 Johannes Dahse 开发，程序大小只有 450KB，目前暂停更新。

RIPS 最大的亮点在于调用了 PHP 的内置解析器接口 token_get_all，并使用 Parser 进行语法分析，实现了跨文件的变量及函数追踪，扫描结果直观展示了漏洞的形成及变量的传递过程，误报率非常低。RIPS 不仅能够发现 SQL 注入、XSS 跨站、文件包含、代码执行、文件读取等多种漏洞，还支持多种样式的语法高亮显示。有趣的是，RIPS 还支持自动生成漏洞利用脚本。

RIPS 的使用非常简单，只需在主界面填入要扫描的路径，其余配置可根据需要进行设置。设置完成，单击"scan"按钮即可开始自动审计。扫描结束，程序会显示漏洞数量、漏洞比例等信息，用户可以根据需要方便地查看漏洞详情。

RIPS 的主要功能特点如下：

- 检测 XSS 跨站、SQL 注入、文件泄露、本地/远程文件包含、远程命令执行等多种类型的漏洞；

- 有五个级别选项，用于显示扫描结果及进行辅助调试；

- 标记存在漏洞的代码行；

- 对变量高亮显示；

- 在用户自定义函数上悬停光标，可以显示函数调用；

- 在函数定义和调用之间灵活跳转；

- 详细列出所有用户自定义函数（包括定义和调用）、所有程序入口点（用户输入）和所有扫描过的文件（包括 include 文件）；

- 以可视化图表展示源代码文件、包含文件、函数及其调用；

- 仅通过几次单击操作就可以创建针对检测到的漏洞的 EXP 实例；

- 可以详细列出每个漏洞的描述、举例、PoC、补丁和安全函数；

- 支持七种语法高亮显示模式；

- 使用自顶向下或自底向上的方式追溯显示扫描结果；

- 只需一个支持 PHP 的本地服务器和浏览器即可满足使用需求；

- 有正则搜索功能。

3. FindBugs

FindBugs 也是一个静态分析工具，它检查类或 JAR 文件，将字节码与一组缺陷模式进行对比以发现可能存在的问题，可在不实际运行的情况下对软件进行分析。

在 FindBugs 的 GUI 中，需要先选择待扫描的.class 文件（FindBugs 其实是通过对编译后的类进行扫描来发现一些隐藏的 Bug 的）。若有这些.class 文件所对应的源文件，则可以把.java 文件选上，从而通过得到的报告快速定位存在问题的代码。此外，可以选择工程所使用的 library，帮助 FindBugs 做一些高阶检查，以便发现更深层的 Bug。

FindBugs 能够发现代码中许多潜在的 Bug。在使用 FindBugs 对代码进行检测后，可以得到一份详细的报告。

4. Fortify SCA

Fortify 为应用软件开发组织、安全审计人员和应用安全管理人员提供工具并确立最佳的应用软件安全实践和策略，帮助他们在软件开发生命周期中以最短的时间和最低的成本去识别和修复软件源代码中的安全隐患。

Fortify SCA 是一个静态的白盒软件源代码安全测试工具，通过内置的五大分析引擎对应用软件的源代码进行静态分析。在分析过程中，Fortify SCA 会与其特有的软件安全漏洞规则集全面匹配并进行查找，从而将源代码中存在的安全漏洞扫描出来并给出报告。扫描结果不仅包括详细的安全漏洞信息，还包括相关安全知识说明及修复意见。

Fortify SCA 支持 Java、JSP、C#、C/C++、JavaScript、Ajax 等语言，能匹配多种风险类型，同时支持 CWE、OWASP 等国际主流漏洞列表。

5. Checkmarx CxSuite

Checkmarx 是以色列的一家高科技软件公司，其产品 Checkmarx CxSuite 是专门为识别、跟踪和修复软件源代码中技术和逻辑方面的安全风险而设计的。Checkmarx 首创了以查询语言定位代码安全问题的方法，采用独特的词汇分析技术和 CxQL 专利查询技术扫描和分析源代码中的安全漏洞和弱点。

Checkmarx CxSuite 不仅可以通过静态报表展示扫描结果，还可以通过软件安全漏洞和质量缺陷在代码运行时的数据传递和调用图跟踪代码缺陷，同时给出针对安全漏洞和质量缺陷的修复建议。此外，Checkmarx CxSuite 可对结果进行审计，以消除误报。

Checkmarx CxSuite 不仅支持 C/C++、Java、JavaScript、ASP.NET（C#、VB.NET）、APEX 等语言，500 多种风险，还支持 CWE、OWASP 等国际主流漏洞列表，交付形态为纯软件。

6. Coverity Prevent

Coverity Prevent 是由斯坦福大学的科学家成立的 Coverity 公司针对 C/C++、C#和 Java 源代码研发的一款静态分析工具。

Coverity Prevent 来自斯坦福大学的 Metal 研究项目，其源代码分析引擎使用基于布尔可满足性验证技术及其专利软件 DNA 图谱技术和 Meta-Compilation 技术，综合分析程序源代码中的潜在缺陷。

此外，Coverity Prevent 允许用户针对特定领域的安全漏洞，利用 Metal 语言自定义相关安全规则，采用跨过程的数据流分析技术和静态分析技术相结合的方法，基于自定义的安全规则检测漏洞，形成分析报告。

7. kiwi

kiwi 是一款基于文本的安全源代码审计工具，它不对源代码进行语法解析，而是使用简单的正则表达式来搜索代码。同时，kiwi 提供了问题确认机制以减少误报。kiwi 适合黑客、安全研究人员、安全测试人员使用，支持多种语言的代码审计工作。

kiwi 是一个规则和框架完全分离的系统，用户可以方便地自定义规则且不用进行任何框架层面的修改。kiwi 可以和 OpenGrok（一个用来阅读代码的工具）很好地结合，将扫描报告中的问题直接与相应的代码行关联起来。

kiwi 共有三个目录，分别对应于三个子项目，具体如下。

- kiwi：该目录为 kiwi 的主体框架，需要安装到系统中。
- kiwi_data：该目录为 kiwi 的默认规则目录，可以放在系统中的任意位置。用户可在此目录中修改、编写自己的搜索规则。
- kiwilime：该目录提供了一个 sublime text3 插件和 kiwi 配合使用，可高亮显示扫描结果，通过快捷键跳转到 sublime text3 打开的代码目录所对应的代码行等。

目前主流的代码审计工具多采用"语法解析+插件检测"的方式实现，即先对目标代码进行语法分析，生成语法树，然后遍历语法树的每个节点，对每个节点调用所有插件（通过插件检测语法节点是否存在安全漏洞）。虽然这种方式很精确，但实现过程非常复杂，需要为支持的每种编程语言编写语法解析模块，代价很大。

需要说明的是：kiwi 虽然在实现原理上落后于当前主流技术，但可以随时更新检测规则、随时进行扫描，因此更适合专业的安全人员使用。

8．Seay 代码审计系统

Seay 是基于 C#开发的一个针对 PHP 代码的安全审计系统，主要运行于 Windows 平台上。

Seay 能够发现 SQL 注入、代码执行、命令执行、文件包含、文件上传、绕过转义防护、拒绝服务、XSS 跨站、信息泄露、任意 URL 跳转等漏洞，基本上覆盖了常见的 PHP 漏洞。此外，在功能上，Seay 提供了一键审计、代码调试、函数定位、插件扩展、自定义规则配置、代码高亮、编码调试转换、数据库执行监控等数十项强大的功能。

Seay 代码审计系统的主要特点可概括为四个方面。

（1）一键自动化白盒审计

新建项目后，在菜单栏中选择"自动审计"选项即可看到自动审计界面，单击"开始"按钮即可开始自动审计。当发现可疑漏洞时，会在下方列表中显示漏洞信息，用户双击漏洞项即可打开文件，跳转到漏洞代码行并高亮显示漏洞代码行。

（2）代码调试

代码调试功能为代码审计人员在审计过程中进行代码测试提供了便利。代码审计人员可在编辑器中选中代码，然后在右键快捷菜单中选择"调试选中"选项，在调试界面进行操作。

（3）正则编码

Seay 集成了实时正则调试功能。考虑到特殊字符无法直接通过编辑框输入，实时正则调试功能支持对字符串实时解码后调试。另外，Seay 支持 MD5、URI、Base64、HEX、ASCII、Unicode 等多种编码/解码转换功能。

（4）自定义插件及规则

Seay 支持插件扩展，且插件的开发非常简单。只要将插件的 DLL 文件放入安装目录的 plugins 文件夹内，即可自动加载插件。

除了上述四个主要特点，Seay 还支持自定义审计规则。用户在规则配置页面可以添加、修改、禁用、删除规则，还可以针对审计过程进行审计习惯的优化，使工具变得简单且容易上手。

9. 360 代码卫士

360 代码卫士是 360 公司基于多年源代码安全实践经验推出的新一代源代码安全检测解决方案，包括源代码缺陷检测、合规检测、溯源检测三大功能。360 代码卫士可实现软件安全开发生命周期管理，与企业已有的代码版本管理系统、缺陷管理系统、构建工具等无缝对接，将源代码检测融入企业开发流程，实现软件源代码安全目标管理、自动化检测、差距分析、Bug 修复追踪等功能，帮助企业以尽可能低的成本建立代码安全保障体系并落地实施，构筑信息系统的"内建安全"。

360 代码卫士支持 Windows、Linux、Android、macOS、IBM AIX 等平台的代码安全检测，支持的编程语言涵盖 C/C++、C#、Java、JSP、JavaScript、PHP、Python、Cobol等主流语言。在软件源代码缺陷检测方面，360 代码卫士支持 24 个大类、700 多个小类的代码安全缺陷检测，并兼容 CWE、ISO/IEC 24772、OWASP Top 10、SANS Top 25 等国际标准和最佳实践。在软件编码合规性检测方面，360 代码卫士支持多种安全编码规范，并可根据用户需求进行灵活的定制。在开源代码溯源检测方面，360 代码卫士支持80000 多个开源代码模块的识别、28000 多个开源代码漏洞的检测。

10. 奇安信代码卫士

奇安信代码卫士与 360 代码卫士一样，是一款自主可控的国产商用代码安全审计工具。奇安信代码卫士的核心团队专注程序分析领域十余年，技术完全自主研发。奇安信代码卫士是国内成熟的商用源代码缺陷分析产品。

奇安信代码卫士是一款静态应用程序安全测试系统，提供了一套企业级源代码缺陷分析、源代码缺陷审计、源代码缺陷修复跟踪解决方案，通过源代码静态分析技术实现对软件源代码的自动化分析，从源代码层面发现软件中的安全缺陷。目前，奇安信代码卫士支持用 C/C++、Objective-C、C#、Java（含 Android）、JavaScript、Swift、Go、Python、Cobol、PHP、TSQL、PL/SQL、JSP、ASPX、Node.js、Vue.js、React.js、HTML、XML 等多种编程语言开发的软件源代码的安全缺陷检测，包括 1300 多种源代码缺陷类型，兼容 CWE、OWASP Top 10 等国内外相关安全开发标准或规范。

奇安信代码卫士的特点可以概括为三个方面。

一是基于多年漏洞研究工作的积累，形成了丰富的源代码检测规则。奇安信代码卫士团队具有核心软件漏洞分析能力，帮助微软、苹果、Google、Oracle、Cisco、SAP、IBM、Adobe、Facebook、Linux 内核组织、Apache 基金会、华为、阿里巴巴等企业和开源组织修复了 300 多个软件安全缺陷和漏洞。

二是案例丰富，在各行业得到了广泛应用。奇安信代码卫士已经在银行、证券、保险、通信、能源、交通、烟草、民生、互联网、高校、科研院所等行业和领域的 200 多家机构中得到应用，累计为客户检测 30 多万个项目、100 多亿行代码，发现了 2000 多万个安全隐患，帮助很多机构构建了代码安全保障体系，消除或降低了软件安全隐患。

三是专业的原厂技术支持和服务。奇安信代码卫士依托奇安信公司强大的产品交付和安全服务体系，为用户提供多元化、专业化的原厂技术支持和服务，包括安全开发咨询或培训、源代码缺陷检测或审计、企业定制化开发等。

3.3　常用漏洞验证工具

无论是借助代码审计工具还是通过阅读源代码发现的漏洞，都需要进一步验证其是否真实可用。这就需要借助一些工具快速测试漏洞，或者在某些时候（如部分代码不可读时）在不继续读代码的情况下测试漏洞，即做基于模糊测试的漏洞验证。根据功能的不同，目前常用的漏洞验证工具可分为数据包请求工具类、暴力枚举类、编码转换及加解密类。此外，一些正则调试和 SQL 监控软件，也属于漏洞验证工具。

下面对一些常用的漏洞验证工具进行介绍，并分析如何根据不同的漏洞和环境搭配使用不同的工具。

1. Burp Suite

Burp Suite 是一款基于 Java 语言开发的安全测试工具。尽管其大小还不到 10MB，但功能非常强大，受到了几乎所有安全人员的青睐。Burp Suite 主要分为 Proxy、Spider、Scanner、Intruder、Repeater、Sequencer、Decoder、Comparer 等模块。

（1）Proxy

Proxy 模块实现的代理抓包功能是 Burp Suite 的核心功能，也是使用最多的功能。通过这个功能，Burp Suite 可以截获并修改从客户端到 Web 服务器的 HTTP/HTTPS 数据包。

（2）Spider

Spider 模块用于分析网站的目录结构，爬行速度非常快，爬行结果会显示在 Target 模块中，支持自定义登录表单，让登录表单自动提交数据包进行登录验证。

（3）Scanner

Scanner 模块用于发现 Web 程序漏洞，能扫描 SQL 注入、XSS 跨站、文件包含、HTTP 头注入、源代码泄露等多种漏洞。

（4）Intruder

Intruder 模块用于进行暴力破解和模糊测试，其功能最强大的地方在于高度兼容的自定义测试用例。通过 Proxy 模块抓取的数据包可以直接发送到 Intruder 模块，设置好测试参数和字典、线程等即可进行漏洞测试。

（5）Repeater

Repeater 模块用于进行数据修改测试，测试支付漏洞之类的逻辑漏洞时经常会使用它。用户设置代理拦截数据包，然后将其发送到 Repeater 模块，即可在对数据进行任意修改后将其发送出去。

（6）Sequencer

Sequencer 模块用于统计会话中随机字符串出现的概率，据此分析 Session、Token 等是否存在安全风险。

（7）Decoder

Decoder 模块用于对字符串进行编码和解码，支持百分号、Base64、ASCII 等多种编码转换，还支持 MD5、SHA 等散列算法。

（8）Comparer

Comparer 模块用于比较两个对象，支持 TEXT 和 HEX 形式的对比，常用来比较两个 Request 或 Response 数据包，以找出它们之间的不同。本质上，Comparer 模块的功能类似于互联网上常见的文本或文件对比软件。

2. 浏览器扩展

浏览器扩展具有漏洞验证功能。为了介绍浏览器扩展，需要先对浏览器进行说明。

在这里优先选择 Firefox 浏览器，因为它的扩展是目前的浏览器里面最多的。Firefox 的开源特性使它的插件和扩展非常丰富，而且，很多扩展是专门用于安全测试的，常用的有 HackBar、FireBug、Live HTTP Headers、Modify、Tamper Data 等。

Chrome 浏览器的扩展也很多，仅次于 Firefox。不过，Chrome 浏览器用来做安全测试的扩展比 Firefox 少，常用的有 HTTPHeaders、EditThisCookie、ModHeader 等。对于

其他扩展更少的浏览器，这里就不一一列举了。

为了对浏览器进行漏洞测试，通常需要安装不同的浏览器。方便起见，推荐一个浏览器测试软件 IEtester，通过它可以切换 IE 浏览器内核版本而不用安装所有版本的 IE 浏览器。在测试时，常见内核的浏览器建议都安装一款。

不涉及浏览器特性的漏洞测试，在 Firefox 中进行比较方便，因此，这里着重介绍 Firefox 浏览器扩展的功能和使用方法。

（1）HackBar

HackBar 是安全测试中最常用的 Firefox 扩展之一，主要作用是方便安全人员对漏洞进行手工测试。HackBar 有三个输入框，分别用于 URL、Post 数据及 Referer 的参数设置。在输入框上方提供了菜单栏，其中有多种编码、解码小功能。HackBar 的整体界面，如图 3-3 所示。

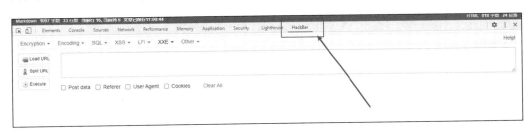

图 3-3　Hackbar 的整体界面

单击 "Load URL" 按钮，即可从 Firefox 地址栏获取当前 URL。单击 "Execute" 按钮，即可发送设置好的数据请求。

（2）FireBug

FireBug 是一款开发者工具，其功能与 Firefox 自带的开发者工具差不多，支持直接对网页 HTML、CSS 等元素进行编辑。其中，"网络" 功能可以直接嗅探 Request 和 Response 数据包。在测试一些支付漏洞和 SQL 注入漏洞时，只需要把指针定位到要修改的网页区域，然后单击右键快捷菜单中的 "使用 FireBug 查看元素" 选项，即可对网页进行修改和测试。

（3）Live HTTP Headers

Live HTTP Headers 的主要功能是抓取浏览器的 Request 和 Response 数据包，也支持在对 Request 数据包进行修改后发送请求。其不足之处在于只能抓取 HTTP 数据，对 HTTPS 数据无效。不过，使用 Live HTTP Headers 分析简单的页面数据已经足够了。

（4）Modify

Modify 是一个用于修改的 Firefox 扩展，仅支持添加和修改 Request 数据包中的

HTTP Header 字段。而且，它是做全局修改的，即在开启 Modify 之后，会修改 Firefox 浏览器的所有网站请求中的对应字段。

3. 编码转换和加解密工具

很多高危的代码漏洞都是由编码问题引起的。例如，在 XSS 漏洞中，攻击者可以利用浏览器对不同编码的支持，绕过对触发漏洞的过滤。此外，在代码审计中经常会通过编码转码进行模糊测试。加解密运算及散列算法在本质上也属于编码和解码的范畴。

在代码审计中，经常会遇到将程序对特定字符进行加密或散列运算的结果作为 Cookie 和 Session 的情况，用户密码/口令的保存通常也会被加密或杂凑，所以，代码审计人员有必要了解常用的加解密方式。这里介绍几款常用的编码转换和加解密工具。

（1）Seay 代码审计系统自带的编码功能

在 Seay 主界面的菜单栏中单击"正则编码"选项，即可打开该功能。Seay 支持 MD5、URL、Base64、HEX、ASCII、Unicode 等的编码转换。

（2）Burp Suite 的 Decoder 模块

Burp Suite 的 Decoder 模块可对字符串进行编码和解码，既支持百分号、Base64、ASCII 等多种编码转换，也支持 MD2、MD5、SHA 系列等散列算法。其使用非常简单，输入要转换的字符，选择要转换的目标编码，即可对字符进行编码。

（3）超级加解密转换工具

超级加解密转换工具是一个专门用于进行加解密运算的国产小工具，支持的算法较多，独立的 exe 文件也比较轻巧、干净，其界面如图 3-4 所示。

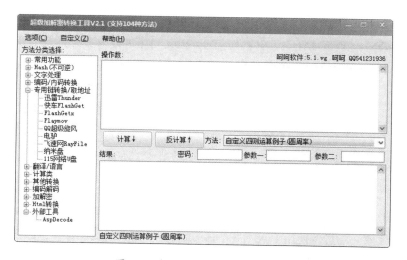

图 3-4　超级加解密转换工具界面

在使用加密功能时，只要在左侧的"方法分类选择"区域选择加密方式，然后在"明文"文本框中输入需要加密的字符串，单击"加密"按钮，即可在"密文"文本框中看到加密结果。

在使用解密功能时，只要在左侧的"方法分类选择"区域选择解密方式，然后在"密文"文本框中输入需要解密的字符串，单击"解密"按钮，即可在"明文"文本框中看到解密结果。

4. 正则调试工具

正则表达式是使用自定义的特定字符的组合在正则解析引擎内进行字符匹配的。正则表达式的灵活性很强，在很多场景中都会用到，如验证注册用户名、邮箱等的格式是否合格及搜索文件内容等。此外，很多 Web 应用防火墙（WAF）规则也是基于正则表达式的。不过，如果正则表达式写得不严谨，就会导致各种 Bug 出现，防火墙被绕过就是一个典型的例子。

对代码审计人员来说，要想审计正则表达式，需要熟悉正则表达式的用法及各符号的含义。只有这样，才能写出严谨的正则表达式，也才能在代码审计中发现正则表达式中的问题。考虑到目前已经有一些商业的或免费的正则调试工具，这里就不对正则表达式的用法进行详细介绍了，仅介绍两个常用的正则表达式调试工具。

（1）Seay 代码审计系统自带的正则调试功能

在 Seay 主界面的菜单栏中单击"正则编码"选项，即可看到正则调试功能的主界面。它支持正则实时预览，在输入框内修改正则表达式或者要匹配的源字符后，调试结果会实时显示在下方的信息栏中，非常直观、方便。

除了实时编码调试，Seay 的正则调试功能还支持实时解码调试。一些特殊字符无法在输入框中输入，但可以在编码处理后输入，只要设置解码选项，Seay 就会在使用正则匹配前对源字符进行指定的编码转换，然后进入正则引擎进行匹配。Seay 支持 URL 编码、Base64 编码及 HEX 编码。

（2）灵者正则调试

灵者正则调试是一款绿色工具，单个文件的大小只有约 400KB，既支持正则搜索、正则替换，也支持定时预览，在正则性能上的表现很好。

灵者正则调试使用起来非常简单。例如，在使用正则搜索功能时，只需要将要搜索的文本输入"要搜索的文本"输入框，并在"正则表达式"输入框中输入正则表达式，即可在界面下方实时看到匹配结果。

第4章　代码审计方法

　　不同的代码审计工具，检测安全缺陷的方法不同。一款好的代码审计工具往往支持多种程序设计语言，误报率较低。目前，尽管代码审计工具已经相对成熟，但仍然会有错报、漏报的情况发生，这时就需要人工干预。

　　一个合格的代码审计人员需要掌握基本的代码审计方法。目前常用的代码审计方法有自上而下的方法、自下而上的方法、利用功能点定向审计的方法、优先审计框架安全的方法、逻辑覆盖的方法等。下面对常用的代码审计方法进行分析和介绍。

4.1　自上而下

　　自上而下的代码审计方法也叫作通读代码法，是指程序收到用户请求并对其进行逻辑上的处理和操作，使用户能够得到最终返回结果的整个过程的审计。使用通读代码法能够跟踪所有的外来输入（包括用户输入和环境变量输入）——有可能被攻击者恶意控制的变量和容易对内部变量造成污染的函数或方法都会被严格跟踪。一旦参数被接受，就会顺着代码逻辑被遍历跟踪，直至找到可能存在安全威胁的代码或者所有的输入都被过滤或限定为安全为止。

4.1.1　通读代码的技巧

　　通读代码需要一定的技巧，不能从任意文件开始逐个读。要真正读懂程序，需要理解代码的业务逻辑，这就要求代码审计人员能看懂程序代码的大致结构，如主目录有哪些文件、模块目录有哪些文件、插件目录有哪些文件等。除了关注文件，代码审计人员还要注意文件的大小、创建时间，根据文件名推测程序实现了哪些功能、核心文件是哪些。以 Discuz! 为例，其程序主目录如图 4-1 所示。

　　在分析程序的目录结构时，要特别注意以下四个文件。

　　（1）函数集文件

　　函数集文件通常包含 functions、common 等关键字。这些文件里是一些公共函数，提供给其他文件统一调用，所以大都会在文件头部包含其他文件。寻找这些文件的一个非常好用的技巧是查看 index.php 或一些功能性文件的头部，找到相关信息。

名称	修改日期	类型	大小
api	2021/8/4 17:13	文件夹	
archiver	2021/8/4 17:13	文件夹	
config	2021/8/4 17:13	文件夹	
data	2021/8/4 17:13	文件夹	
install	2021/8/4 17:13	文件夹	
m	2021/8/4 17:13	文件夹	
source	2021/8/4 17:13	文件夹	
static	2021/8/4 17:13	文件夹	
template	2021/8/4 17:13	文件夹	
uc_client	2021/8/4 17:13	文件夹	
uc_server	2021/8/4 17:13	文件夹	
admin.php	2021/7/10 20:26	PHP 文件	3 KB
api.php	2021/7/10 20:26	PHP 文件	1 KB
connect.php	2021/7/10 20:26	PHP 文件	2 KB
crossdomain.xml	2021/7/10 20:26	XML 文档	1 KB
favicon.ico	2021/6/30 21:55	图标	6 KB
forum.php	2021/7/10 20:26	PHP 文件	3 KB
group.php	2021/7/10 20:26	PHP 文件	1 KB
home.php	2021/7/10 20:26	PHP 文件	2 KB
index.php	2021/7/10 20:26	PHP 文件	7 KB
member.php	2021/7/10 20:26	PHP 文件	1 KB
misc.php	2021/7/10 20:26	PHP 文件	3 KB
plugin.php	2021/7/10 20:26	PHP 文件	2 KB
portal.php	2021/7/10 20:26	PHP 文件	1 KB
robots.txt	2021/7/10 20:26	文本文档	1 KB
search.php	2021/7/10 20:26	PHP 文件	2 KB

图 4-1　Discuz! 的程序主目录

（2）配置文件

配置文件的文件名通常包含 config 关键字。配置文件中有 Web 程序运行所必需的功能性配置选项及数据库配置信息等内容。从配置文件中可以了解程序的一部分功能。此外，分析配置文件时应注意观察配置文件中的参数值是用单引号还是用双引号包裹的，如果是双引号，则很可能存在代码执行漏洞。

下面是一段 Kuwebs 代码，只要利用 PHP 可变变量的特性对代码中的配置项进行修改，就可以执行代码。

```
<?php
        /*网站基本信息配置*/
        $kuWebsiteURL = "http://www.kuwebs.com";
        $kuWebsiteSupportEn = "1";
        $kuWebsiteSupportSimplifiedOrTraditional  = "0";
        $kuWebsiteDefauleIndexLanguage = "cn";
        $kuWebsiteUploadFileMax  = "2";
        $kuWebsiteAllowUploadFileFormat  = "swf | rar | jpg | zip | gif";

        /*邮件设置*/
        $kuWebsiteMailType = "1";
        $kuWebsiteMailSmtpHost = "smtp.qq.com";
        ...
php?>
```

（3）安全过滤文件

安全过滤文件对于代码审计工作至关重要，关系到所挖掘的可疑点能不能被利用，其文件名中通常有 filter、safe、check 等关键字。

安全过滤文件主要对参数进行过滤，常见的是针对 SQL 注入和 XSS 的过滤，以及针对文件路径、文件执行的系统命令参数的过滤等，示例如下。目前，大多数应用都会在程序的入口循环中对所有参数使用 addslashes()函数进行过滤。

```
private static function _do_query_safe($sql)
    {
    $sql = str_replace(array('\\\\', '\\\'', '\\"', '\'\''), '', $sql);
    $mark = $clean = '';
    if (strpos($sql, '/') === false && strpos($sql, '#') === false &&
        strpos($sql, '-- ') === false && strpos($sql, '@') === false &&
        strpos($sql, '`') === false)
    {
    $clean = preg_replace("/'(.+?)'/s", '', $sql);
    }
    else{
        ...
```

（4）index 文件

index 文件是一个程序的入口文件。通常只要读一遍 index 文件，就可以大致了解整个程序的架构、运行流程、包含的文件及核心文件等。不同目录下的 index 文件有不同的实现方式，建议优先将核心目录的 index 文件简单读一遍。

以上四个文件能帮助代码审计人员有针对性地阅读全部代码。另外，代码审计人员需要对所有用户变量和环境变量的输入进行跟踪。在 PHP 中，需要跟踪包括$\_GET、$_POST、$\_FILES、$_COOKIE、$\_ENV、$_SERVER 等所有可能直接或间接被用户控制的变量，以及一些可能造成内部变量污染的函数或方法（extract()、getenv()等）。从接收参数开始，顺着代码逻辑遍历跟踪，直至找到可能存在安全威胁的代码或者所有的输入都被过滤或限定为安全为止。

通读代码的优点明显，除了可以更好地了解程序的架构及业务逻辑，还能够挖掘更多、质量更高的逻辑漏洞。经验丰富的代码审计人员通常喜欢使用这种方式。通读代码的缺点是要花费大量时间，如果程序的代码量比较大，那么读起来会比较累。

4.1.2 应用案例

为了方便读者掌握通读代码的审计方法的思路，这里使用相对简单、代码容易读懂的应用——骑士 CMS（版本为 3.5.1）来说明。

1. 查看应用文件结构

骑士 CMS 的文件目录结构，如图 4-2 所示。

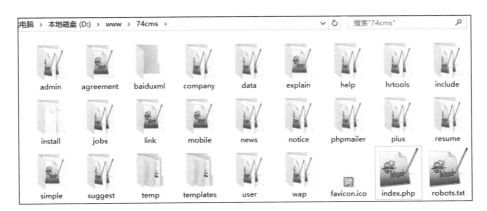

图 4-2　骑士 CMS 的文件目录结构

首先，看看有哪些文件和文件夹。文件名包含 api、admin、manage、include 等关键字的文件和文件夹通常比较重要。在这个程序里，只有一个 index.php 文件，以及一个名为 include 的文件夹（核心文件一般会放在这个文件夹中）。

2. 查看关键文件代码

在 include 文件夹里有多个大小为数十 KB 的 PHP 文件，common.fun.php 就是程序的核心文件，基础函数大都是在这个文件中实现的。

进一步查看 common.fun.php 文件里有哪些关键函数。打开文件，会看到很多过滤函数（这是代码审计人员最应该关心的）。首先是一个 SQL 注入过滤函数，代码如下。

```php
function addslashes_deep($value)
{
    if(empty($value))
    {
        return $value;
    }
    else
    {
        if(!get_magic_quotes_gpc())
        {
$value=is_array($value)?array_map('addslashes_deep',$value):mystrip_tags(addslashes($value));
}
        else
        {
$value=is_array($value)?array_map('addslashes_deep',$value):mystrip_tags($value);
```

```
    }
        return $value;
    }
}
```

该函数使用 addslashes()函数对传入的变量进行过滤，能够过滤单引号、双引号、NULL 字符、斜杠。需要注意的是，在挖掘 SQL 注入等漏洞时，只要参数在拼接到 SQL 语句前使用了这个函数，除非有宽字节注入或者其他特殊情况，就不能注入了。

紧接着是一个 XSS 过滤函数 mystrip_tags()，代码如下。

```
function mystrip_tags($string)
{
    $string = new_html_special_chars($string);
    $string = remove_xss($string);
    return $string;
}
```

这个函数调用 new_html_special_chars()和 remove_xss()两个函数过滤 XSS，代码如下。

```
function new_html_special_chars($string)
{
    $string = str_replace(array('&amp;', '&quot;', '&lt;', '&gt;'),
            array('&',       '"', '<', '>'), $string);
    $string = strip_tags($string);
    return $string;
}
function remove_xss($string)
{
$string = preg_replace('/[\x00-\x08\x0B\x0C\x0E-\x1F\x7F]+/S', '',
$string);
$parm1 = Array('javascript', 'union','vbscript', 'expression', 'applet',
'xml', 'blink', 'link', 'script', 'embed', 'object', 'iframe', 'frame',
'frameset', 'ilayer', 'layer', 'bgsound', 'title', 'base');
$parm2 = Array('onabort', 'onactivate', 'onafterprint', 'onafterupdate',
'onbeforeactivate', 'onbeforecopy', 'onbeforecut', 'onbeforedeactivate',
'onbeforeeditfocus', 'onbeforepaste', 'onbeforeprint', 'onbeforeunload',
'onbeforeupdate', 'onblur', 'onbounce', 'oncellchange', 'onchange',
'onclick', 'oncontextmenu', 'oncontrolselect', 'oncopy', 'oncut',
'ondataavailable', 'ondatasetchanged', 'ondatasetcomplete', 'ondblclick',
'ondeactivate', 'ondrag', 'ondragend', 'ondragenter', 'ondragleave',
'ondragover', 'ondragstart', 'ondrop', 'onerror', 'onerrorupdate',
'onfilterchange', 'onfinish', 'onfocus', 'onfocusin', 'onfocusout',
'onhelp', 'onkeydown', 'onkeypress', 'onkeyup', 'onlayoutcomplete',
'onload', 'onlosecapture', 'onmousedown', 'onmouseenter', 'onmouseleave',
'onmousemove', 'onmouseout', 'onmouseover', 'onmouseup', 'onmousewheel',
'onmove', 'onmoveend', 'onmovestart', 'onpaste', 'onpropertychange',
'onreadystatechange', 'onreset', 'onresize', 'onresizeend',
'onresizestart', 'onrowenter', 'onrowexit', 'onrowsdelete',
'onrowsinserted', 'onscroll', 'onselect', 'onselectionchange',
```

```
'onselectstart', 'onstart', 'onstop', 'onsubmit',
'onunload','style','href','action','location','background','src','poster');
$parm3=
Array('alert','sleep','load_file','confirm','prompt','benchmark','select','
update','insert','delete','alter','drop','truncate','script','eval');
$parm = array_merge($parm1, $parm2, $parm3);
for ($i = 0; $i < sizeof($parm); $i++)
{
    $pattern = '/';
    for ($j = 0; $j < strlen($parm[$i]); $j++)
    {
    if ($j > 0)
    {
    $pattern .= '(';
    $pattern .= '(&#[x|X]0([9][a][b]);?)?';
    $pattern .= '|(&#0([9][10][13]);?)?';
    $pattern .= ')?';
     }
    $pattern .= $parm[$i][$j];
    }
    $pattern .= '/i';
    $string = preg_replace($pattern, '****', $string);
}
    return $string;
}
```

new_html_special_chars()函数对&、双引号、尖括号都进行了 HTML 实体编码，并使用 strip_tags()函数进行了二次过滤。remove_xss()函数对一些标签关键字、事件关键字及敏感函数关键字进行了替换。

另一个获取 IP 地址的函数 getip()可用于伪造 IP 地址，代码如下。

```
function getip()
{
    if (getenv('HTTP_CLIENT_IP') and
        strcasecmp(getenv('HTTP_CLIENT_IP'),'unknown'))
    {
        $onlineip=getenv('HTTP_CLIENT_IP');
    }
    elseif (getenv('HTTP_X_FORWARDED_FOR') and
            strcasecmp(getenv('HTTP_X_FORWARDED_FOR'),'unknown'))
    {
        $onlineip=getenv('HTTP_X_FORWARDED_FOR');
    }
    elseif (getenv('REMOTE_ADDR') and
            strcasecmp(getenv('REMOTE_ADDR'),'unknown'))
    {
        $onlineip=getenv('REMOTE_ADDR');
    }
    elseif (isset($_SERVER['REMOTE_ADDR']) and $_SERVER['REMOTE_ADDR'] and
            strcasecmp($_SERVER['REMOTE_ADDR'],'unknown'))
```

```
    {
        $onlineip=$_SERVER['REMOTE_ADDR'];
    }
    preg_match("/\d{1,3}\.\d{1,3}\.\d{1,3}\.\d{1,3}/",$onlineip,$match);
    return $onlineip = $match[0] ? $match[0] : 'unknown';
}
```

在实际应用中，很多程序在获取 IP 地址时不会验证 IP 地址的格式，从而形成注入漏洞。不过，在这里攻击者只能伪造 IP 地址。

接下来，可以看到两个值得关注的函数——SQL 查询统一操作函数 inserttable()和 updatetable()。因为大多数 SQL 语句的执行都要使用这两个函数，所以要关注其中是否存在过滤问题。inserttable()函数的代码如下。

```
function inserttable($tablename, $insertsqlarr, $returnid=0, $replace =
false,silent=0)
{
    global $db;
    $insertkeysql = $insertvaluesql = $comma = '';
    foreach ($insertsqlarr as $insert_key => $insert_value)
    {
    $insertkeysql .= $comma.'`'.$insert_key.'`';
    $insertvaluesql .= $comma.'\''.$insert_value.'\'';
    $comma = ', ';
    }
    $method = $replace?'REPLACE':'INSERT';
    // echo $method." INTO $tablename ($insertkeysql) VALUES
($insertvaluesql)", $silent?'SILENT':'';die;
    $state = $db->query($method." INTO $tablename ($insertkeysql) VALUES
            ($insertvaluesql)", $silent?'SILENT':'');
    if($returnid && !$replace)
    {
    return $db->insert_id();
    }
    else
    {
    return $state;
    }
}
```

然后是 wheresql()函数，这是 SQL 查询语句中 where 条件拼接的地方。可以看到，其参数都使用单引号进行了包裹，代码如下。

```
function wheresql($wherearr='')
{
    $wheresql="";
    if (is_array($wherearr))
    {
    $where_set=' WHERE ';
    foreach ($wherearr as $key => $value)
```

```
    {
    $wheresql .=$where_set. $comma.$key.'="'.$value.'"';
    $comma = ' AND ';
    $where_set=' ';
    }
    }
    return $wheresql;
}
```

另外，有一个访问令牌生成函数 asyn_userkey()，用于拼接用户名、密码盐，并对密码进行一次 MD5 运算。在登录时，计算 GET 函数的参数 key 的值加上所生成的 key 的盐，即可验证用户是否具有权限。asyn_userkey()函数也被用在注册、找回密码等的验证过程中，代码如下。

```
function asyn_userkey($uid)
{
    global $db;
    $sql = "select * from ".table('members')." where uid =
        '".intval($uid)."' LIMIT 1";
    $user=$db->getone($sql);
    return md5($user['username'].$user['pwd_hash'].$user['password']);
}
```

与 asyn_userkey()函数在同一目录下的文件，如图 4-3 所示。这些文件是具体功能的代码实现，可以仅作简单了解。

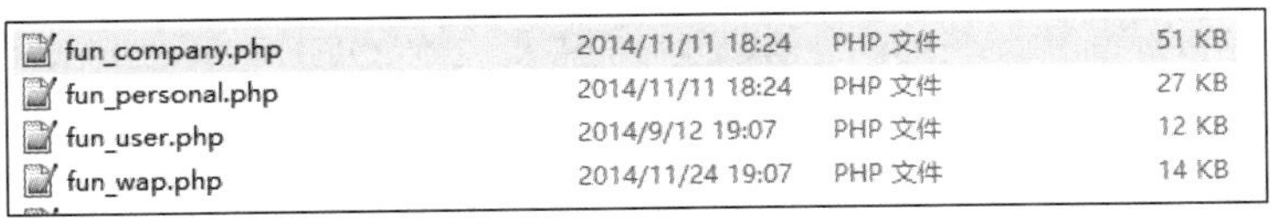

fun_company.php	2014/11/11 18:24	PHP 文件	51 KB
fun_personal.php	2014/11/11 18:24	PHP 文件	27 KB
fun_user.php	2014/9/12 19:07	PHP 文件	12 KB
fun_wap.php	2014/11/24 19:07	PHP 文件	14 KB

图 4-3　与 asyn_userkey()函数同目录的文件

3. 查看配置文件

我们知道，配置文件的文件名通常带有 config 这样的关键字，所以，只要搜索带有这个关键字的文件名，就能找到配置文件，如图 4-4 所示。

从图 4-4 中可以看出，名字中含有 config 关键字的文件很多。结合文件所在目录，可以判断 data 目录下的 config.php 和 cache_config.php 是真正的配置文件。

打开/data/config.php，查看代码，具体如下。

```
<?php
    $dbhost = "localhost";
    $dbname = "1850pxs";
    $dbuser = "root";
    $dbpass = "123456";
    $pre = "qs_";
    $QS_cookiedomain = '';
    $QS_cookiepath = "/1850pxs/";
```

```
$QS_pwdhash = "K0ciF:RkE4xNhu@S";
define('QISHI_CHARSET','gb2312');
define('QISHI_DBCHARSET','GBK');
?>
```

图 4-4　搜索结果

　　显然，这里很可能存在之前提到过的双引号解析代码执行问题。通常这个配置是在安装系统时设置的，在后台中也可以设置。还需要注意 QISHI_DBCHARSET 常量，这里配置的数据库编码是 GBK，因此可能存在宽字节注入漏洞。此外，需要查看数据库连接时设置的编码，找到骑士 CMS 连接 MySQL 数据库的代码在 include\mysql.class.php 文件中的 connect()函数，具体如下。

```
function connect($dbhost, $dbuser, $dbpw, $dbname = '', $dbcharset =
'gbk',connect=1)
{
    $func = empty($connect) ? 'mysql_pconnect' : 'mysql_connect';
    if(!$this->linkid = @$func($dbhost, $dbuser, $dbpw, true))
    {
    $this->dbshow('Can not connect to Mysql!');
    }
    else
    {
    if($this->dbversion() > '4.1'){
    mysql_query( "SET NAMES gbk");
    if($this->dbversion() > '5.0.1'){
    mysql_query("SET sql_mode = ''",$this->linkid);
    mysql_query("SET character_set_connection=".$dbcharset.",
        haracter_set_results=".$dbcharset.", character_set_client=binary",
        $this->linkid);
    }
```

```
    }
    }
if($dbname){
if(mysql_select_db($dbname, $this->linkid)===false){
$this->dbshow("Can't select MySQL database($dbname)!");
    }
    }
}
```

上述代码里加粗的部分存在安全隐患。可以看到，加粗的代码首先判断 MySQL 的版本是否高于 4.1，如果是，则执行下面的语句。

```
mysql_query( "SET NAMES gbk");
```

执行以上语句后，再次判断 MySQL 的版本，如果高于 5.0.1，则执行下面的语句。

```
mysql_query("SET character_set_connection=".$dbcharset.",
haracter_set_results=".$dbcharset.", character_set_client=binary", $this-
>linkid);
```

这意味着，在 MySQL 的版本低于 5.0.1 的情况下是不会执行这行代码的。但是，在 MySQL 的版本高于 4.1 时执行了 "set names gbk" 语句，这相当于做了三件事，等同于下面三行代码。

```
SET character_set_connection='gbk',
haracter_set_results='gbk',
character_set_client='gbk'
```

因此，在 MySQL 的版本高于 4.1 且低于 5.0.1 的情况下，所有与数据库有关的操作都存在宽字节注入漏洞。

4. 跟读首页文件

通过对系统文件的分析，我们应该对程序的整体架构有了一定的了解。不过，我们仍然有必要跟读 index.php 文件，了解程序运行时会调用哪些文件和函数。

打开首页文件 index.php，可以看到如下代码。

```
if(!file_exists(dirname(__FILE__).'/data/install.lock'))
{
    header ("Location:install/index.php");
}
define('IN_QISHI', true);
$alias="QS_index";
require_once(dirname(__FILE__).'/include/common.inc.php');
```

首先，判断安装锁文件是否存在，如果不存在，则跳转到 install/index.php。然后，查看包含文件/include/common.inc.php，代码如下。

```
require_once(QISHI_ROOT_PATH.'data/config.php');
header("Content-Type:text/html;charset=".QISHI_CHARSET);
require_once(QISHI_ROOT_PATH.'include/common.fun.php');
```

```
require_once(QISHI_ROOT_PATH.'include/1850pxs_version.php');
```

　　/include/common.inc.php 文件在开头包含了三个文件。其中，data/config.php 为数据库配置文件，include/common.fun.php 为基础函数库文件，include/1850pxs_version.php 为应用版本文件。接下来，可以看到以下代码。

```php
if (!empty($_GET))
{
    $_GET   = addslashes_deep($_GET);
}
if (!empty($_POST))
{
    $_POST = addslashes_deep($_POST);
}
    $_COOKIE  = addslashes_deep($_COOKIE);
    $_REQUEST = addslashes_deep($_REQUEST);
    ...
```

　　可以发现，以上代码调用 include/common.fun.php 文件里的 addslashes_deep()函数对 GET、POST、COOKIE 参数进行过滤。接下来又是一个包含文件的操作，代码如下。

```php
require_once(QISHI_ROOT_PATH.'include/tpl.inc.php');
```

　　该操作中包含了 include/tpl.inc.php 文件。跟进查看这个文件，可看到以下代码。

```php
include_once(QISHI_ROOT_PATH.'include/template_lite/class.template.php');
$smarty = new Template_Lite;
$smarty -> cache_dir =
QISHI_ROOT_PATH.'temp/caches/'.$_CFG['template_dir'];
$smarty -> compile_dir =
QISHI_ROOT_PATH.'temp/templates_c/'.$_CFG['template_dir'];
$smarty -> template_dir =
QISHI_ROOT_PATH.'templates/'.$_CFG['template_dir'];
$smarty -> reserved_template_varname = "smarty";
$smarty -> left_delimiter = "{#";
$smarty -> right_delimiter = "#}";
$smarty -> force_compile = false;
$smarty -> assign('_PLUG', $_PLUG);
$smarty -> assign('QISHI', $_CFG);
$smarty -> assign('page_select',$page_select);
```

　　首先是包含了 include/template_lite/class.template.php 文件，这是一个用于映射程序模板的类，由 Paul Lockaby 和 Mark Dickenson 编写。由于该文件内容较多，所以这里不再详细分析。继续阅读可以看到，代码实例化了这个用于映射程序模板的类对象并将其赋值给$smarty 变量。对其进行跟踪，可回转到 index.php 文件，具体如下。

```php
if(!$smarty->is_cached($mypage['tpl'],$cached_id))
{
    require_once(QISHI_ROOT_PATH.'include/mysql.class.php');
    $db = new mysql($dbhost,$dbuser,$dbpass,$dbname);
    unset($dbhost,$dbuser,$dbpass,$dbname);
```

```
    $smarty->display($mypage['tpl'],$cached_id);
}
else
{
    $smarty->display($mypage['tpl'],$cached_id);
}
```

可以看出，以上代码首先判断是否已经进行缓存，然后调用 display()函数输出缓存中的页面。接下来，我们只要像审计 index.php 文件一样跟进其他功能入口文件，即可完成代码通读。

4.2　自下而上

自下而上的代码审计方法与自上而下的代码审计方法相反，是根据敏感函数的关键字字典，从应用点回溯器接收参数，一步一步向上跟踪，直到排除嫌疑或发现安全隐患为止。此方法需要审计人员了解敏感函数的内部机理和使用方法，以正确判断某些非法参数的输入是否会有安全风险。

使用自下而上的代码审计方法，只需要搜索相应的敏感函数关键字，即可以快速挖掘想要的漏洞，具有可定向挖掘、高效、高质量等优点。不过，由于该方法不需要通读代码，所以对程序的整体框架了解不够，在挖掘漏洞时定位利用点会花费一定的时间。此外，该方法存在对逻辑漏洞挖掘覆盖不到位的缺点。

敏感函数回溯实际上就是采用自下而上的思路，根据敏感函数逆向追踪参数的传递过程，是目前使用最多的一种代码审计方式——因为大多数漏洞都是由于函数使用不当造成的。另外，对于非函数使用不当造成的漏洞，如 SQL 注入漏洞，也有一些特征，如 select、insert 等，结合 from 和 where 等关键字，就可以判断其是否是一条 SQL 语句，通过对字符串的识别和分析，就可以进一步判断 SQL 语句里的参数有没有使用单引号过滤（或者由审计人员根据经验来判断）。例如，HTTP 头中的 HTTP_CLENT_IP 和 HTTP_X_FORWORDFOR 等，它们获取的 IP 地址经常没有经过安全过滤就直接拼接到 SQL 语句中，而且，由于是在$_SERVER 变量中，所以不受 GPC 影响。这样，我们就可以通过查找 HTTP_CLENT_IP 和 HTTP_X_FORWORDFOR 关键字快速寻找漏洞。

在使用自下而上的代码审计方法时，需要额外关注一些函数，如数据库处理函数 mysql_connect()、mysql_query()、update()、insert()、delete()等。这些函数及其附近通常会有数据库处理操作。通过检查这些函数的处理过程中使用的参数是否可控，就能判断是否存在 SQL 注入漏洞。

类似的，对于文件操作漏洞，通过检索文件操作处理函数，就可以快速定位文件操作处理流程。

在 PHP 中，文件包含函数一共有四个，分别是 inclde()、include_once()、require()和 require_once()，文件上传函数只有 move_uploaded_file()，文件删除函数只有 unlink()。因此，对于 PHP 代码，只需要定位这些文件，就可以检查是否存在文件操作漏洞。

为了方便理解，下面给出一个根据关键字进行回溯的例子。以 PHP 程序 ESPCMS 为例，现有 citylist.php 文件中的一段代码，具体如下。

```php
function oncitylist()
{
    $parentid = $this->fun->accept('parentid','R');
    $parentid = empty($parentid) ? 1 : $parentid;
    $verid = $this->fun->accept($verid) ? 0 : &verid;
    $db table = d_prefix . 'city';
    $sql = "select * from $db table where parentid=$parentid";
    $rs = $thid->db->query($sql);
    ...
}
```

显然，我们不仅可以看到整个变量在该文件中的传递过程，还能知道$parentid 变量是通过下面的代码获得的。

```php
$parentid = $this->fun->accept('parentid','R');
```

接下来，定位 accept()函数的实现方法。accept()函数的代码如下。

```php
function accept($k, $var = 'R', $htmlcode = true, $rehtml = false)
{
    switch ($var)
    {
        case 'G':
            $var = &$_GET;
            break;
        case 'p':
            $var = &$_POST;
            break;
        case 'C':
            $var = &$_COOKIE;
            break;
        case 'R':
            $var = &$_GET;
            if (empty($var[$k])) {
                $var = &$_POST;
            }
            break;
    }
    $putvalue = isset($var[$k]) ? $this->daddslashes($var[$k] ,0):
NULL;
    return $htmlcode ? ($rehtml ? $this->preg_htmldecode($putvalue) :
        $this-> htmldecode($putvalue)) : $putvalue;
}
```

从 accept()函数的代码中可以看出，这是一个用于获取 GET、POST、COOKIE 参数值的函数，传入的变量是 parentid 和 R，表示在 POST、GET 中都可以获取 parentid。

在 accept()函数中，swith 语句后面调用了 daddslashes()函数，该函数的代码如下。

```
function daddslashes($String, $force=0, $strip=FALSE)
{
    if(!MAGIC_QUOTES_GPC || $force)
    {
        if(is_array($string))
        {
            foreach($string as $key == > $val)
            {
                $string[$key] = daddslashes($val, $force);
            }
        }
        else
        {
            $string = addslashes($strip ? stripslashes($string) : $string);
        }
    }
    return $string;
}
```

可以看出，daddslashes()函数实际上是包装好的 addslashes()函数，对单引号等字符进行了过滤。

回到 citylist.php 文件的 function oncitylist()处，其中的 SQL 语句的定义如下。

```
$aql = "select * from $db_table where parentid=$parentid";
```

显然，这个 SQL 语句不需要用单引号来闭合，因此攻击者可以直接从这里注入。

从 citylist.php 文件中还可以看出，oncitylist()函数在 important 类中，通过查找可以发现 index.php 实例化了该类，代码如下。

```
$archive = indexget('archive','R');
$archive = empty($archive) ? 'adminuser' : $archive;
$action = indexget('action','R');
$action = empty($action) ? 'login': $action;
include admin_ROOT . adminfile . "/control/$archive.php";
$control = new important();
$action = 'on' . $action;
if (method exists($control,$action))
{
    $control->Saction();
}
else
{
    exit('错误:系统方法错误!');
}
```

在以上代码的第 5 行中可以看到一个 include 操作。由于经过 daddslashes()函数的操作，无法进行截断以使其包含任意文件，所以，只能使其包含本地 PHP 文件。不过，如果攻击者拥有本地 MySQL 数据库的 root 权限，将该文件导出到 tmp 目录，就能实现文件包含注入。攻击者构造如下 URL 即可完成注入，漏洞截图如图 4-5 所示。

```
http://127.0.0.1/espcms/adminsoft/index.php?archive=citylist&action=citylis
t&parentid=-1 union select 1,2,user(),4,5
```

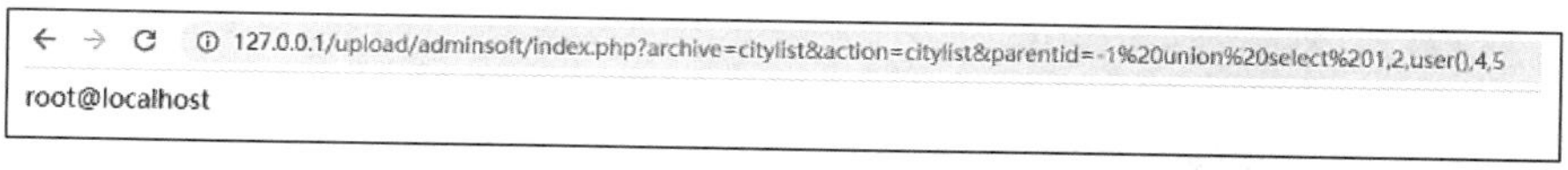

图 4-5　漏洞截图

4.3　利用功能点定向审计

在有了一定的代码审计经验之后，我们就会知道哪些功能点通常会存在哪些漏洞，在需要进行快速漏洞挖掘时就可以利用功能点进行定向审计。

在进行定向审计时，首先需要安装并运行程序，查看程序有哪些功能，了解实现这些功能的程序文件分别是如何组织的（是独立的模块还是以插件形式存在的，或者是写在一个通用类里面的，以及在哪些地方调用）。在了解这些功能的存在形式之后，就可以寻找经常出现问题的功能点了。简单进行黑盒测试，如果没有发现普通的或常见的漏洞，就要去阅读功能点的实现代码。此时，可以跳过已经进行了黑盒测试的部分，以提高审计速度。

利用功能点定向审计与开发过程密切相关。在实际应用中，系统往往被划分成多个子系统、子模块分别进行开发，其中一部分出现漏洞的概率远远高于其他部分。根据经验及漏洞共享网站的统计，以下功能点出现漏洞的概率较高。

（1）文件上传

文件上传功能常用于头像上传、附件上传、资料编辑、文章编辑等功能点，在招聘页面、博客、注册页面等位置出现的概率较高。如果后端程序未严格过滤上传文件的格式，就会出现可直接上传或者绕过检查的情况，导致恶意文件上传、SQL 注入等。

（2）文件管理

在文件管理功能中，如果程序将文件名或文件路径直接放在参数中传输，就很可能出现任意文件操作漏洞，包括任意文件读取、下载和删除等，利用的方式通常为在路径中使用"../"或"..\"跳转到其他目录。

除了任意文件操作漏洞，还可能存在 XSS 漏洞（程序会在页面中输出文件名）。开发人员经常忽视对文件名的过滤，使攻击者可以在数据库中使用带有尖括号等特殊符号的文件名，这些文件名显示在页面上时，相应的恶意代码就会被执行。

（3）登录认证

登录认证不仅包括登录过程，还包括整个操作过程中的认证。登录认证漏洞主要体现在两个方面：一是绕过登录认证页面，直接访问内部页面；二是在采用 Cookie 和 Session 认证的情况下，对敏感信息的保护不严格，导致任意用户登录。

目前的认证方式大多是基于 Cookie 和 Session 的，不少程序会把当前登录的用户账号等认证信息放到 Cookie 中（也可能会在加密后放到 Cookie 中），目的是保持长时间登录，不会在退出浏览器或者 Session 超时时立刻退出账号。因为操作时是直接从 Cookie 中读取当前用户的信息的，所以这里存在一个算法可信问题：如果 Cookie 信息不包含盐值一类的内容，就会导致任意用户登录漏洞，此时，攻击者只要知道用户的部分信息，就能生成认证令牌；有些程序甚至直接把用户名的明文放到 Cookie 中，在操作时直接读取这个用户名的相关数据，即所谓的"越权漏洞"。

（4）找回密码

找回密码功能是指在用户忘记密码的情况下提供的一种找回密码的途径。虽然找回密码看起来不像删除任意文件那样会严重危害服务器安全，但是，如果程序在实现找回密码功能时代码逻辑存在问题，如可以重置管理员密码，攻击者就能间接控制业务权限甚至拿到服务器权限。

找回密码功能的漏洞利用场景很多，最常见的是验证码爆破。尤其是 App，后端验证码大多为 4 位，且没有限制验证码输入错误次数和有效时间，于是就出现了爆破漏洞。此外，验证凭证算法的可信问题需要从代码中寻找证据，因此，在进行代码审计时，需要检查算法是否可信。

总的来说，针对功能点的审计是相对简单的，各功能点上的漏洞需要代码审计人员多读代码才能积累经验。而且，在使用利用功能点定向审计的方法之前，应了解整个程序的架构设计和运行流程。

为了方便读者理解和掌握，这里以 BugFree 重装漏洞为例介绍利用功能点定向审计的方法。我们查看 BugFree 的程序安装功能。该程序曾被爆出多个漏洞，其中就有一个重装漏洞。BugFree 的安装文件是 install\index.php，代码如下。

```php
<?php
    require_once ('func.inc.php' );
    set_time_lilit(0);
    error_reporting(E_ERROR);
    //基本路径
    define ('BASEPATH',realpath(dirname(dirname(__FILE__ ))));
    //上传路径
    define ('UPLOADPATH',realpath (dirname(dirname(dirname(__FILE__)))).
```

```
DIRECTORY_SEPARATOR.'BugFile');
//配置样本文件路径
define('CONFIG_SAMPLE_FILE',
        BASEPATH . '/protected/config/main.sample.php');
//配置文件路径
define ('CONFIG_FILE',BASEPATH . '/protected/config/main.php');
...
```

首先包含了 func.inc.php 文件。跟进这个文件，可以看到一些读取配置文件、检查目录权限及服务器变量等功能的函数。紧跟这些函数的是定义配置文件路径的代码。继续往下，会进入程序逻辑流程。程序逻辑流程的代码如下。

```
$action = isset($_REQUEST ['action']) ? $_REQUEST ['action'] : CHECK;
if (is_file("install.lock") && $action != UPGRADED && $action !=
INSTALLED )
{
    header ("location: .. /index.php");
}
```

在以上代码中，首先判断 install.lock 文件是否存在，以及 action 参数值是否完成了升级和安装，如果是，则跳转到程序首页。这里仅使用 header ("location: .. /index.php ") 函数，没有使用 die()、exit()等函数退出程序流程。这个跳转只是 HTTP 头的跳转，下面的代码依然会被执行。这时，如果使用浏览器请求 install/index.php 文件，就会跳转到首页，可以再次安装程序，因此，存在程序重装漏洞。

4.4 优先审计框架安全

如果待审计的应用或软件使用了内部开发的或第三方的框架或代码库，那么在开始审计前，应对应用程序核心代码框架进行审计。这就要求代码审计人员了解框架中数据获取、数据传输、数据过滤、数据输出、文件上传、敏感操作调用和数据库操作等的运行原理。

优先审计框架安全的主要目的有以下三个：

- 检测底层库中的安全漏洞和隐患；

- 依据现行安全编码规范对框架或代码库进行评估和总结，完善现有规范和底层库；

- 在底层库中找出可能引发安全问题的敏感函数或方法，并归纳为一个字典。在接下来审查该软件/应用的核心代码或其他使用此框架的应用时，将此字典添加到关键字字典中，加以分析和检测。

4.5　逻辑覆盖

逻辑覆盖是一种以程序内部的逻辑结构为基础来设计测试用例的技术，属于白盒测试。为方便理解，先对白盒测试进行简单说明。

4.5.1　白盒测试

1. 白盒测试的概念

白盒测试是软件测试人员常用的一种测试方法，准确地说，是一种测试用例设计方法。这里的"盒"是指被测试的软件，"白盒"意味着盒中的内容是可见的，即测试人员清楚盒中的内容是如何运作的，可依据程序内部逻辑结构的相关信息设计或选择测试用例，对程序中所有的逻辑路径进行测试，在不同位置检查程序的状态，以确定实际状态是否与预期状态一致。

不过，白盒测试并不是简单地按照测试用例遍历代码，而是根据不同的测试需求，结合不同的测试对象，选择和采用合适的测试方法进行测试。

由于测试是按照程序内部的结构进行的，所以白盒测试也称作结构测试或逻辑驱动测试。白盒测试可以检验程序中的每条通路是否能按预定要求正确工作，越来越受到测试人员和审计人员的重视。

2. 测试目的

白盒测试的目的是通过对程序逻辑结构的遍历，实现对软件中的逻辑路径的覆盖测试。需要在程序的不同位置设置检查点，检查程序的状态，以确定实际运行状态与预期状态是否一致。

3. 测试原则

白盒测试的原则可以概括为以下四个方面：

- 保证一个模块中的所有独立路径至少被使用一次；
- 对所有逻辑值均需测试 True 和 False；
- 在上下边界及可操作范围内运行所有循环；
- 检查内部数据结构以确保其有效性。

4. 测试过程

白盒测试的实施一般分为以下四个阶段。

- 测试计划阶段：根据需求说明书，制定测试计划和测试进度。

- 测试设计阶段：依据程序设计说明书，按照规范化的方法进行软件结构划分和测试用例设计。

- 测试执行阶段：输入测试用例，得到测试结果。

- 测试总结阶段：对比测试结果和代码的预期结果，分析错误原因，找到并修正错误。

5. 分类

根据测试方法的不同，白盒测试可以分为静态白盒测试和动态白盒测试两大类。

（1）静态白盒测试

静态白盒测试是一种不通过执行待测程序而进行测试的技术，即不要求在计算机上实际执行待测程序，而是通过人工或者工具检查软件的体系结构和代码，包括软件的表示与描述是否一致、有无冲突或歧义等，找出程序中可能存在的缺陷。

（2）动态白盒测试

动态白盒测试是指软件系统在模拟的或真实的环境中执行前、执行中和执行后，对软件系统的行为进行分析，主要的技术是路径覆盖和分支测试，即逻辑覆盖。在实际应用中，动态白盒测试也需要利用通过查看代码功能和实现方式得到的信息来确定哪些需要测试、哪些不需要测试、如何开展测试，从而设计测试数据，以动态运行程序，执行测试，找出程序中的缺陷。

6. 优缺点

白盒测试的优点可以概括为以下五个方面：

- 帮助测试人员理解软件的实现逻辑，增加代码的覆盖率；

- 可以检测代码中的每条分支和路径；

- 能够揭示隐藏在代码中的错误；

- 对代码的测试比较彻底；

- 可以提高代码质量，实现软件最优化。

白盒测试的缺点主要有以下三个方面：

- 系统庞大时，测试开销会非常大；

- 无法检测代码中的数据敏感性错误；

- 对测试人员要求较高，不但要能阅读代码，还要有一定的算法分析能力。

4.5.2　逻辑覆盖法

逻辑覆盖法通过对程序逻辑结构的遍历实现对程序的覆盖。根据覆盖目标和所覆盖的程序语句的详尽程度,按照发现错误的能力由弱到强排列,可分为语句覆盖、判定覆盖、条件覆盖、判定—条件覆盖、条件组合覆盖和路径覆盖。

1. 语句覆盖

(1)语句覆盖的概念

语句覆盖又称为行覆盖,是最常用的一种逻辑覆盖,通过设计并运行一些(尽可能少)测试用例,使每条可执行语句至少执行一次来实现逻辑覆盖。

尽管要求每条语句至少执行一次,但语句覆盖无法检测出所有错误。例如,一些条件或判断中的逻辑运算错误有时就无法被发现。

(2)语句覆盖的特点

语句覆盖对程序执行逻辑的覆盖程度很低,只关心判定表达式的值,无法对隐藏的条件进行测试。与其他几种逻辑覆盖相比,语句覆盖是最弱的逻辑覆盖标准。

不过,语句覆盖可以直接从源代码中得到测试用例,无须细分各个判定表达式。

(3)语句覆盖示例

对如图 4-6 所示的程序采用语句覆盖的方法进行审计,只需要设计一个测试用例(a=2,b=2,c=2),即可实现对每条可执行语句至少执行一次。

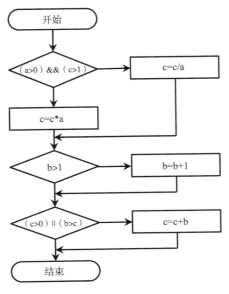

图 4-6　语句覆盖示例

2. 判定覆盖

（1）判定覆盖的概念

判定覆盖关注的是程序中的每个判断语句，通过设计足够的测试用例，使程序中每个判断语句的每个分支（取真分支和取假分支）至少执行一次。因此，判定覆盖也被称作分支覆盖。

需要说明的是，测试用例的设计不是唯一的，使用判定覆盖仍然可能漏掉一些错误。例如，仅满足判定覆盖，是无法确定判断语句的内部条件是否存在错误的。

（2）判定覆盖的特点

判定覆盖比语句覆盖发现错误的能力要强一些，能够发现一些语句覆盖无法发现的问题。不过，判定覆盖具有和语句覆盖相同的简单性，无须细分各个判断语句就可以得到测试用例。

对于由多个逻辑条件组成的判定覆盖，由于进行分支判断相当于对整个组合的最终结果进行判断，所以会忽略每个条件的取值，从而导致遗漏部分测试路径。因此，判定覆盖仍然是比较弱的逻辑覆盖。

（3）判定覆盖示例

对如图 4-7 所示的程序采用判定覆盖的方法进行审计，只需要设计两个测试用例，即可实现对所有判断语句的每个分支至少执行一次（也就是达成判定覆盖）。

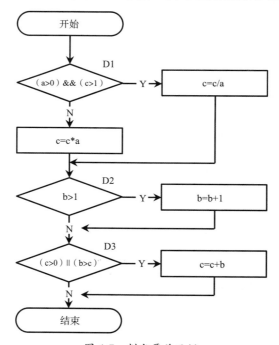

图 4-7　判定覆盖示例

为实现判定覆盖而设计的两个测试用例如下：

- a=2，b=1，c=6，即可覆盖判断 M 的 Y 分支和判断 Q 的 Y 分支；
- a=0，b=0，c=0，即可覆盖判断 M 的 N 分支和判断 Q 的 N 分支。

3. 条件覆盖

（1）条件覆盖的概念

条件覆盖关注所有判定表达式中每个条件的可能取值，通过设计若干个测试用例并运行待测试的程序，使程序中所有判断的每个条件的可能结果至少出现一次。

表面上，条件覆盖似乎涵盖了判定覆盖。事实上，有些条件覆盖并不能满足判定覆盖的要求。或者说，条件覆盖不一定包含判定覆盖；反之，判定覆盖不一定包含条件覆盖。

（2）条件覆盖的特点

条件覆盖与判定覆盖的相似之处在于它们的关注点都与判定表达式有关。但是，条件覆盖关注的是判定表达式中各条件的可能取值，要求设计足够的测试用例，使判定表达式中的每个条件的可能结果至少出现一次，即每个条件至少有一次为真、一次为假。而判定覆盖只关注整个判定表达式的可能结果，要求所有判断语句的每个分支至少执行一次。

通过对比可以看出：条件覆盖具有能够检查所有的条件错误的优势。但是，由于条件覆盖只考虑了每个判断语句中的各个条件，没有考虑是否能覆盖各条件分支，所以可能无法涉及全部分支。因此，条件覆盖不满足或不包含判定覆盖。

（3）条件覆盖示例

对如图 4-8 所示的程序采用条件覆盖的方法进行审计，只需要设计两个测试用例，即可实现程序的所有判断语句中每个条件的可能结果至少出现一次（也就是达成条件覆盖）。

为了方便描述，对如图 4-8 所示程序中每个判断语句的各个条件的可能取值做出如下约定：

- 设条件 a>0，取真记为 T1，取假记为 F1；
- 设条件 b>0，取真记为 T2，取假记为 F2；
- 设条件 a>1，取真记为 T3，取假记为 F3；
- 设条件 c>1，取真记为 T4，取假记为 F4。

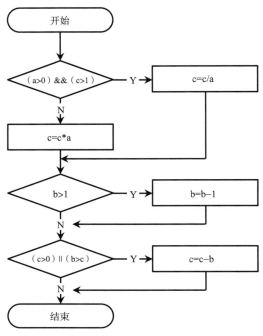

图 4-8　条件覆盖程序示例

为条件覆盖设计的两个测用例，以及这两个测试用例在程序中的覆盖情况，如表 4-1 所示。

表 4-1　条件覆盖测试用例

测试用例	覆盖条件
a=2，b=-1，c=-2	T1，F2，T3，F4
a=-1，b=2，c=3	F1，T2，F3，T4

4. 判定—条件覆盖

（1）判定—条件覆盖的概念

判定—条件覆盖是为解决判定覆盖只关注分支、条件覆盖只关注条件的矛盾而提出的，目的是实现对条件和分支的兼顾。

判定—条件覆盖通过设计足够的测试用例，使判断语句中每个条件的所有可能取值至少执行一次，同时，每个判断语句本身的所有可能结果（或者分支）也要至少执行一次。也就是说，判定—条件覆盖要求各判断语句的所有可能的条件取值组合至少执行一次。

在实际应用中，一些条件会掩盖另一些条件，造成测试用例虽然看起来测试了所有条件的取值，但事实并非如此的问题。因此，即使采用判定—条件覆盖，逻辑表达式中的错误仍然不一定能全部被发现。

（2）判定—条件覆盖的特点

判定—条件覆盖既考虑了每个条件，又考虑了每个分支，能够同时满足判定覆盖和条件覆盖，弥补了二者的不足，发现错误的能力要强于分支覆盖和条件覆盖。但是，由于判定—条件覆盖并未考虑条件的组合情况，也没有考虑单个判定表达式对整体结果的影响，因此无法发现表达式中的一些错误和程序中的逻辑错误。

（3）判定—条件覆盖示例

对如图 4-9 所示的程序采用判定—条件覆盖的方法进行审计，只需要设计两个测试用例，即可使程序中各判断语句的所有可能的条件取值组合至少执行一次（也就是达成判定—条件覆盖）。

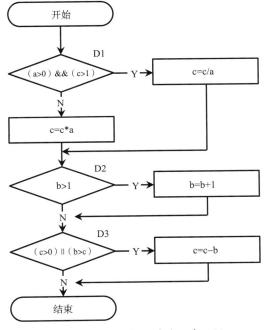

图 4-9　判定—条件覆盖程序示例

同样，为了方便描述，需要对如图 4-9 所示的程序中每个判定表达式的各个条件的可能取值做出约定。但由于两个例子的程序完全相同，因此，这里也采用条件覆盖中如图 4-8 所示的约定。

按照判定—条件覆盖的要求，所设计的测试用例应满足以下两个条件：

- 所有条件的可能取值至少执行一次；
- 所有判断的可能结果至少执行一次。

测试用例与对应的覆盖情况，如表 4-2 所示。

表 4-2　判定—条件覆盖测试用例

测试用例	覆盖条件	覆盖判定
a=2，b=1，c=6	T1，T2，T3，T4	M 的 Y 分支，Q 的 Y 分支
a=0，b=0，c=0	F1，F2，F3，F4	M 的 N 分支，Q 的 N 分支

5. 条件组合覆盖

（1）条件组合覆盖的概念

条件组合覆盖尝试解决判定覆盖、条件覆盖和判定—条件覆盖没有解决的问题，需要设计足够的测试用例，使每个判断语句的所有可能的条件取值的组合至少执行一次。

在实际运用条件组合覆盖时，测试用例虽然按要求覆盖了所有条件的可能取值的组合，也覆盖了所有判断的可取分支，但仍可能漏掉一些路径，所以说，测试还不完整。

（2）条件组合覆盖的特点

条件组合覆盖涵盖了判定覆盖、条件覆盖和判定—条件覆盖，其测试用例一定是满足判定覆盖、条件覆盖和判定—条件覆盖的，优点是能够检查所有的条件错误，缺点是线性增加了测试用例的数量。

（3）条件组合覆盖示例

对如图 4-10 所示的程序应用条件组合覆盖的方法进行审计，需要设计四个测试用例，让程序的每个判断语句中所有可能的条件取值的组合至少执行一次。

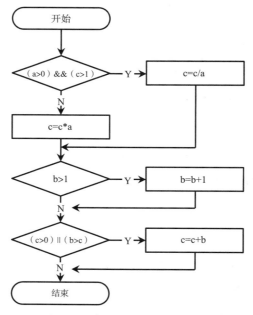

图 4-10　条件组合覆盖程序示例

这里对如图 4-10 所示的程序中每个判定表达式的各个条件的可能取值的约定，仍采用条件覆盖中如图 4-8 所示的约定。

四个测试用例与对应的覆盖情况，如表 4-3 所示。

表 4-3　条件组合覆盖测试用例

测试用例	覆盖条件
a=2，b=1，c=6	T1，T2，T3，T4
a=2，b=0，c=0	T1，F2，T3，F4
a=0，b=1，c=6	F1，T2，F3，T4
a=0，b=0，c=0	F1，F2，F3，F4

6. 路径覆盖

（1）路径覆盖的概念

路径覆盖通过设计足够的测试用例，使程序中的每条可能的路径（包括环）都至少执行一次，即覆盖程序中所有的路径。

在软件测试中，路径覆盖是很重要的问题。因为程序要想得到正确的结果，就必须保证其自身总是沿着特定的路径正确地执行，所以，只有程序中的每条路径都是经过检验的，程序才算得到了全面的检验。

（2）路径覆盖的特点

路径覆盖可以对程序进行彻底的测试用例覆盖，比前面讲过的五种方法的覆盖程度都要高，是逻辑覆盖中发现错误能力最强的。同时，由于路径覆盖需要设计大量复杂的测试用例，所以测试的工作量也呈指数级增长，需要投放到逻辑覆盖路径中的人力成本高，审计时间长，投入产出比低。不过在实际应用中，不一定要包含所有的条件组合。

路径覆盖从软件生命周期和代码逻辑出发，人工或者使用工具遍历代码在逻辑上可能形成的路径，发现这些路径中可能存在的安全隐患。路径覆盖是一种能够发现在黑盒测试和灰盒测试中难以发现的漏洞的遍历测试方式，可以帮助研发人员在编码阶段找出容易引发逻辑上的危险的漏洞。

不过，常规测试能够发现的代码逻辑安全问题比较少。此外，部分较为隐蔽的问题往往难以被代码审计人员或审计工具发现。相应的，攻击者由于无法得到软件产品的代码，就更难发现这些问题。因此，除非是安全级别非常高的应用，无须过多使用路径覆盖法进行审计。

（3）路径覆盖示例

对如图 4-11 所示的程序采用路径覆盖的方法进行审计，需要设计四个测试用例，使程序的每个判断语句中每条可能的路径至少执行一次（也就是达成路径覆盖）。

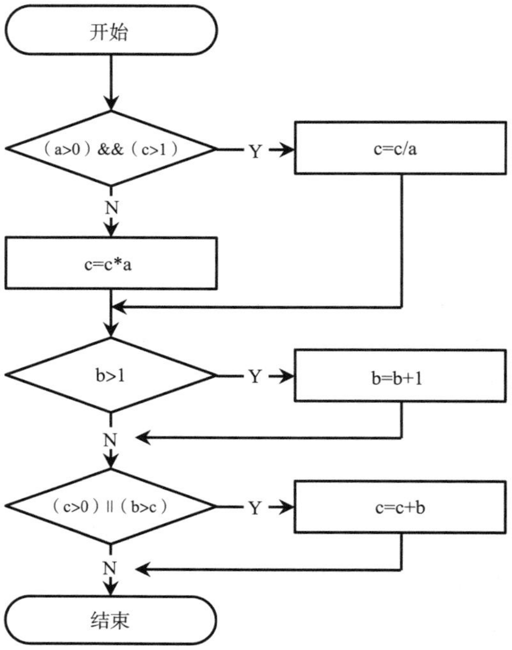

图 4-11　路径覆盖程序示例

四个测试用例与对应的覆盖情况，如表 4-4 所示。

表 4-4　路径覆盖测试用例

测试用例	覆盖路径
a=2，b=1，c=6	1-2-4
a=2，b=1，c=0	1-2-5
a=0，b=1，c=6	1-3-4
a=0，b=0，c=0	1-3-5

4.6　代码审计方法综合应用示例

不同的代码审计方法有不同的特点，需要根据审计对象和审计目的灵活地选择和应用。在通常情况下，使用自上而下和自下而上两种方法就可以检测出绝大多数的安全漏洞。这里用 Space 应用程序做一个简单的代码审计示例。

在审计前，需要对应用程序有一定的了解。因此，拿到 Space 的源代码后，首先要查看其目录，以了解其代码组织结构。我们会发现：phpsrc 目录中存储了 Space 所有子项目的配置文件；lib 目录中存储了 Space 使用的内部公共类库；其他目录为 Space 的子项目。

在所有子项目目录中：page 目录是子项目的入口，存储了顶层业务逻辑代码；inc 目录存储了子项目的一些预定义变量；phpunit 目录里是测试用例文件，可以忽略；剩下的目录中都是子项目可能用到的类。

了解 Space 的代码组织结构，就可以用常见的关键字进行匹配了。

首先，按照最大化效率的原则，匹配可能对服务器直接进行命令操作的一些关键字函数，如 system()函数。经过排查可以发现，在搜索 system()函数时有变量被带入，代码如下。

```
$tmp = 'tmp act_css_tmp_',$uri;
system("usr bin wegt $from -O $tmp");
```

被带入的变量有可能造成安全隐患。通过在代码中回溯可以发现被放入 system()函数的参数$from 和$tmp。继续回溯，跟踪被传入 system()函数的参数，可以看到如下代码。

```
$uri = $request['uri'];
$from = $request['from'];
$to = $request['to'];
```

继续回溯，可以发现这两个变量是直接从 request 用户的输入中获取的，且未做任何过滤。显然，这是一个可以直接在服务器上执行系统命令的高危漏洞。

这样一个典型的高危漏洞，通过关键字匹配和人工自下而上回溯追踪的方法就可以检测出来。

第 5 章　代码审计技术

目前，对软件源代码的安全性分析主要分为静态分析和动态分析两类。动态分析对代码规模没有限制，可对大型程序进行检测，不足之处是检测效果严重依赖输入方法，只有当特定的输入使代码执行到危险点时漏洞才会被发现，所以漏报率较高。静态分析是主流的代码审计技术，包括词法分析、语法分析、基于抽象语法树的语义分析、控制流分析、数据流分析、规则检查分析等。静态分析既可以人工进行，从而充分发挥人类的逻辑思维优势，也可以借助软件工具自动进行。下面重点对代码审计中常用的静态分析技术进行介绍。

5.1　词法分析

1．词法分析的概念

在计算机科学中，词法分析（Lexical Analysis）是指将字符序列转换为单词序列的过程，也就是从左到右逐个字符读取源程序，或者说，是指对构成源程序的字符流进行扫描，然后根据构词规则识别单词（也称作单词符号或符号）的过程。

进行词法分析的程序或函数称作词法分析器（Lexer），也称作扫描器（Scanner）。词法分析器一般以函数的形式存在，供语法分析器调用。

2．词法分析的任务

词法分析是编译的基础。编译是指根据源语言编写的源程序产生目标程序的过程，或者说，是指把高级语言变成计算机可以识别的二进制数据的过程。计算机只认识 1 和 0；编译程序负责把我们熟悉的编程语言转换成二进制数据，供计算机识别。

编译程序把一个源程序翻译成目标程序的工作过程可分为五个阶段：词法分析；语法分析；语义检查与中间代码生成；代码优化；目标代码生成。其中，词法分析和语法分析是最重要的两个阶段，又称为源程序分析，如果在分析过程中发现语法错误，就会给出提示信息。

词法分析是编译程序的第一个阶段，核心任务是扫描、识别单词并对识别出来的单词进行定性和定长处理。

3．词法分析方式

目前，实现词法分析的常用方式有两种，即手工方式和自动方式。除非某些情况需要手工编写词法分析器，一般都采用词法分析器这种自动化工具来进行词法分析。常用的词法分析工具有 Lex、Jlex、JavaCC。

4．词法分析器

词法分析器是自动进行词法分析的工具，主要功能包括：读取源程序的输入字符，将它们组成词素，生成并输出一个词法单元序列。这个词法单元序列会被输出到语法分析器中进行语法分析。此外，词法分析器会在读取源程序时，过滤掉源程序中的注释和空白，将编译器生成的错误消息与源程序的位置关联起来。

5．词法单元、模式和词素

词法分析涉及三个重要的相关术语，分别是词法单元、模式、词素。

（1）词法单元

词法单元由词法单元名和可选的属性值组成。词法单元名是一个词法单元的引用（别名），它将作为输入符号由语法分析器处理。如果多个词素的词法单元名相同，则可以通过添加属性值来区分。词法单元名会影响语法分析过程中的决定，而属性值将影响语法分析完成后对这个词法单元的翻译结果（将词法单元翻译为哪个词素）。

（2）模式

模式用于描述一个词法单元的词素可能具有的形式。

（3）词素

词素是一个字符序列（串）。一个词素将与某个词法单元的模式匹配，并被词法分析器识别为该词法单元的一个实例。

为了描述方便，这里以如表 5-1 所示的例子进一步说明词法单元、模式和词素之间的关系。

表 5-1 词法单元、模式和词素之间的关系

词法单元		模式（非正式描述）	词素（例子）
词法单元名	属性值		
id	指针	以字母开头的数字、字母序列	foo，P1，d2
literal	指针	两个双引号之间的任意字符序列	hello，world
number	具体数字	任意数字常量	1，0.5，1.9e-10
comparison	具体运算符	任意比较运算符	==，!=，<，<=

6. 基于词法分析的代码审计

在代码审计中，词法分析是一种基于 Token 的最简单的静态分析方法。这里的 Token 是一个字符串，相当于词素，是构成源代码的最小单位。从输入字符流中生成单词的过程叫作 Token 化。

这里以 C 语言表达式"sum=3+2"为例说明对其进行词法分析或 Token 化的情况。Token 化后，可以得到如表 5-2 所示的内容。

表 5-2 表达式 Token 化的结果

语素	单词类型
Sum	标识符
=	赋值操作符
3	数字
+	加法操作符
2	数字
;	语句结束

词法分析一般只进行语法检查，不关心单词之间的关系。词法分析流程，如图 5-1 所示。

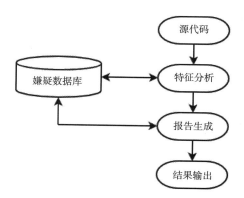

图 5-1 词法分析流程

7. 基于词法分析的代码审计的特点

在代码审计中，使用词法分析能够检测出源代码中的不安全函数或者漏洞的数量和位置，简单且高效。不过，由于词法分析不关心单词之间的关系，所以缺少源代码的语义信息。此外，漏洞库里的漏洞数量是有限的，那些未公开的漏洞是无法通过匹配被检测到的。这些都会造成误报率上升、检测精度下降。

5.2　语法分析

1. 语法分析的概念

语法分析是编译原理的核心部分，其作用是识别由词法分析给出的单词符号序列是不是符合给定文法的正确句子。目前，语法分析常用的方法有自顶向下语法分析和自底向上语法分析两大类。

2. 自顶向下语法分析

自顶向下语法分析也称作面向目标的分析，从文法的开始符号出发，尝试推导出与输入的单词串完全匹配的句子。若输入的单词串是符合给定文法的句子，就一定能推导出来，否则必然出错。自顶向下语法分析方法可进一步细分为确定性分析方法和不确定性分析方法。

自顶向下的确定性分析方法需要对文法进行一定的限制。该方法简单、直观，便于手工构造或者自动生成语法分析器，是目前常用的语法分析方法之一。

自顶向下的不确定性分析方法是带回溯的分析方法，本质上是一种穷举试探方法，效率低、代价高，因此很少使用。

3. 自底向上语法分析

自底向上语法分析也称作移近—归约分析。简单地说，它的基本思想是对输入的符号串从左到右进行扫描，并将输入的符号逐个移入一个栈中，边移入边分析，一旦栈顶的符号串形成某个句型的句柄或可归约串（该句柄或可归约串对应于某生成式的右部），就用该生成式的左部非结尾符代替相应的右部文法符号串，这称为一步归约。重复这一过程，直至归约到栈中的只剩下文法的开始符号，即确认输入的符号串是符合文法的句子。

目前主流的自底向上语法分析器都基于 LR（k）语法分析的概念。其中，"L"表示对输入进行从左到右的扫描，"R"表示反向构造一个最右推导序列，"k"表示在作出语法分析决定时向前看 k 个输入的符号。

5.3　基于抽象语法树的语义分析

1. 语义分析

语义分析是编译过程中的一个逻辑阶段。语义分析的任务是对结构正确的源程序进行上下文有关性质的审查和类型审查，主要包括审查源程序有无语义错误，从而为代码生成阶段收集类型信息。例如，语义分析的一项工作是进行类型审查，即审查每个运算符是否具有语言规范允许的运算对象，当不符合语言规范时，编译程序应报告错误。再如，某些程序规定运算对象的类型可以被强制转换，当二目运算应用于一个整型对象和一个实型对象时，编译程序应将整型对象转换为实型对象，而不能认为是源程序错误。

2. 语义分析的地位

语义分析是编译程序中实质性的工作。语义分析第一次对源程序的语义作出解释，可引起源程序质的变化。

3. 语义分析的任务

语义分析的对象是语法和结构正确的源程序。语义分析扫描由其源代码构建的抽象语法树并进行分析，即在抽象语法树的基础上进行分析，并在分析时考虑源程序的基本语义。通过去掉完整语法树中不必要的语法结构，并从中提取源代码的核心信息，然后在抽象语法树的基础上进一步考查源代码的语义信息，达到分析源代码的全局信息、模块级信息及局部信息，检测出源代码中可能存在的安全漏洞的目的。

4. 抽象语法树

（1）抽象语法树的基本概念

抽象语法树是基于抽象语法结构将源代码转换为树形结构的一种表示方式，是由编译器经过语义分析后插入语义信息生成的。它描述了从文法结构推导编程语言中的语句的过程。抽象语法树内部的常见节点类型有二元表达式、声明、函数定义、变量定义、指针引用、if 语句、函数调用、复合语句、宏的使用、跨文件调用等，每种类型的节点包含具体的信息，如定义变量时包含变量名、变量类型、变量起始和终止位置、初始化过程、初始化方式（函数、常量、表达式等）。

抽象语法树包含源代码执行逻辑的全部信息。通过抽象语法树，不仅能获取语法信息，还能获取语法树的语义信息（如私有变量访问出错）和大量用于分析源代码静态结构的信息。根据静态代码检测过程中常用的信息的特点，可以将源代码静态结构信息大致分为四类，分别是上下文信息、程序结构信息、控制流信息、数据流信息。把握不同类型信息差异性及每种信息对静态检测的影响是静态分析的关键。编译器通过遍历语法树，可以实现代码有效性检验，同时生成一些中间单元，为编译链接做准备。

在通常情况下，抽象语法树是由语法分析工具生成的。ANTLR 就是一种常见的语法分析工具。

（2）抽象语法树的结构

抽象语法树的结构是对源代码高层次语义理解的结果，包含所有文法和语义信息，能够很好地表示代码特征，分析代码执行相关信息的变化。

抽象语法树的根节点作为语法树的开始，每个叶子节点作为源代码的基本元素，如变量、符号、关键字等。每个内部节点表示一种数据类型，如声明、二元表达式、函数定义等。每种操作类型对应于一种节点，每种节点包含该类型的基本信息，如起始/终止行/列、数据类型、ID 等。

语法分析器按照语法规则将源代码中的标记符号转换成语句单元，语句结构基于抽象语法树来表示。抽象语法树的树形结构很好地表示了代码的静态结构和文法信息，根据抽象语法树的结构信息很容易就能知道程序的执行结果。

下面通过一段代码详细介绍抽象语法树的结构。该段代码所对应的抽象语法树，如图 5-2 所示。

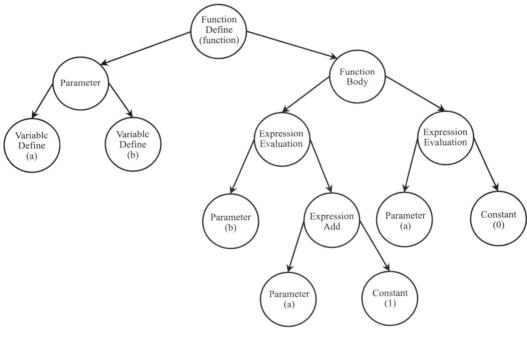

图 5-2　抽象语法树

```
void funtion(int a, int b)
{
    b = a+1;
    a = 0
}
```

可以看出，根节点为函数定义，表示程序的入口。编译器在进行词法分析后获得了源代码的基本单元，经过语法分析获得了源代码的执行流程，生成了抽象语法树。每条语法规则代表一种语句类型，在抽象语法树中由父节点生成，而内部执行逻辑以父节点为根节点在子节点展开。叶子节点对应于语法的基本单元词。代码语法是以树形结构描述或表示的，能为检测算法的构建提供便利。

（3）抽象语法树的构造

抽象语法树一般是以函数为基本单位构造的，构造过程包括词法分析、语法分析、语义分析三个阶段，如图 5-3 所示。

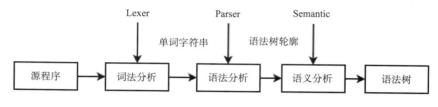

图 5-3　抽象语法树构造过程

词法分析阶段将一个个字符组装成有意义的单词，形成初步的符号表。词法分析提供了源代码的基本组成单元，包括各种标记符、关键字，同时去除了无意义的符号。词法分析主要分析源代码中的标记符，并对标记符进行定性和定长处理。

语法分析器用于识别输入的标记符序列（词法分析的结果）是否符合语法规定。因为每种语法都对应于一种语句规则，所以语法分析就是根据语法规则构造语句的过程。语法分析将标记符组装成符合语法规定的语句，如函数声明语句、变量定义、if 语句、条件表达式等。语法分析的主要任务是判断单词的前后关系是否正确、是否满足规定。语法分析根据标记符序列生成具有语法特性的语法结构并以抽象语法树表示。

语义分析是在语法无误的基础上对源代码进行逻辑判断的阶段，通过分析源代码的上下文信息保证语义的正确性。例如，在对某个变量赋值时，需要检测被赋值变量和赋值变量的类型是否一致或者是否满足强制转换关系。再如，在调用函数时，需要检测函数是否已被声明，函数定义的参数个数和类型、函数调用使用的参数是否和定义一致、是否存在重载等。语义分析通过判断源代码语义逻辑，将各种语义信息插入抽象语法树，为程序的执行做准备。抽象语法树包含不同的节点类型、变量类型转换过程和计算的优先过程等语义分析结果。也可以说，语义分析结果通过抽象语法树为静态检测提供基础信息。

（4）抽象语法树的用途

抽象语法树的用途可以概括为三个方面。

一是用于代码语法的检查、代码风格的检查、代码的格式化等。代码风格、代码格式化均是基于代码的书写方式制定的，很多公司都有自己的代码风格。代码风格包括命名约定、一般原则、格式规范、文档约定、编程约定等。好的代码风格和格式，不仅能给人留下好印象，还能帮助代码阅读者熟悉和理解代码，使代码易理解、易修改、易扩展。基于抽象语法树，获取程序的编码结构，与标准模板进行对比，可以方便地检验用户代码和标准代码风格的差异，帮助用户改进代码风格，以及对用户代码进行格式化，生成美观和易于阅读的代码。

二是用于代码混淆压缩。对 Java 这类高级抽象语言使用反汇编技术，很容易获取源代码的各种数据结构信息。如果不进行混淆而直接将源代码发布，就相当于放弃了源代码的版权（这会给开发者造成损失）。混淆的目的是避免反汇编导致的源代码泄露，是通过抽象语法树在代码结构中加入一些混淆策略实现的。例如，虚假控制可以改变源代码的数据结构，修改源代码的执行过程，但不会改变源代码的执行结果，以达到理清源代码逻辑的目的，使攻击者无法通过反汇编重构源代码。代码混淆压缩技术能够显著提高反汇编成本，保护源代码免受窃取危害等。

三是用于代码优化。代码优化是指代码经过改进或处理后，可以以更快的速度运行或占用更少的空间。这种改进是通过程序变换实现的，这样的程序变换称作代码优化。实施代码优化的编译器叫作优化编译器。一个基本块的语句可以完成的变换叫作局部变换。代码优化可以使用的策略包括以空间换时间、使用宏而不使用函数、使用数学方法替换源代码、汇编嵌入、使用寄存器变量、利用硬件特性等。例如，在以空间换时间的策略中，如果使用字符串赋值，就可以复制一个新的字符串，而不是使用指针指向字符串，这样，新的字符串不需要基于指针就能操作，达到了以空间换时间的目的。再如，在使用函数时，如果函数比较小，则可以考虑用宏代替函数（在宏之间展开嵌入代码可以提高运算速度）。总之，基于抽象语法树优化代码结构，能够快速到达相应的位置，从而提高代码执行效率。

5.4　控制流分析

1．控制流分析的概念

控制流分析是一种用于分析程序控制流结构的静态分析技术，目的在于生成程序的控制流图。根据程序的特点，控制流分析可以分为两大类，即过程内的控制流分析和过程间的控制流分析。

过程内的控制流分析可以简单理解为对一个函数内部的程序执行流程的分析。

过程间的控制流分析一般情况下是指对函数间调用关系的分析，它是基于过程内的控制流分析的，主要有以下两种方法。

- 利用某些程序执行过程中的必经点，查找程序中的环，根据程序优化需求给这些环增加特定的注释。使用迭代数据流优化器实现这种方法是最理想的。

- 区间分析包括对子程序整体结构的分析和对嵌套区域的分析。通过分析，可以对源程序进行控制树的构造。控制树就是在源程序的基础上按照执行的逻辑顺序构造的与源程序对应的树形数据结构。控制树可以在数据流分析阶段发挥关键作用。

在通常情况下，控制流分析比较简单。基于复杂区间的结构分析是较为复杂的控制流分析，可以分析出子程序块中所有的控制流结构。无论采用哪种控制流分析方法，都要先确定子程序的基本块，再根据基本块构造控制流图。

2. 控制流图

控制流图（Control Flow Graph，CFG）也叫作控制流程图，是一个过程或程序的抽象表现，是用在编译器中的一个抽象数据结构，由编译器在内部维护。控制流图包含一个程序执行过程中需要遍历的所有路径，不仅用图的形式表示了该过程中所有基本块可能的执行路径，也反映了该过程的实际执行流程。

控制流图是一个有向图，G=(V, E)，其中：

- V 代表图中节点的集合，每个节点代表一个语句；
- E 是有向图中各条边的集合，代表各节点（语句）之间的关系，如边 u-->v 表示从 u 到 v 存在一个控制流。

我们通过下面这段代码进一步了解控制流分析的过程。

```
if(a>b)
{
    max = a;
}
else
{
    max = b;
}
return max;
```

上述代码片段所对应的控制流图，如图 5-4 所示。图中共有四个节点，每个节点仅包含一条语句。程序运行时，执行路径可以用其执行的一系列控制流节点来描述。

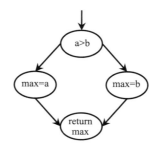

图 5-4　控制流图

5.5　数据流分析

程序执行时，数据信息是沿着控制路径流动的。数据流分析的基础是控制流图。通常需要遍历源代码生成的控制流图，从中收集某些数据信息，如变量值产生的位置、使用情况等。程序的控制流图用于确定对变量的一次赋值可能传播到程序的哪些部分。

数据流分析技术的主要目的是解决数据的赋值问题，检测数据的赋值与使用是否存在不合理现象。在编译时，可以根据程序的上下文信息，对变量或表达式在不同位置运行时的不同取值进行预测，从而帮助开发人员检测代码中潜在的安全隐患。

下面通过两种情况说明数据流分析的过程，并介绍数据流分析技术在代码审计中的应用。

1. 待分析函数已存在于潜在漏洞函数列表中

在待分析函数已存在于潜在漏洞函数列表中的情况下，污染数据的跟踪比较简单，只需要查看待分析函数的参数，回溯这些参数的定义及赋值情况，判断其是否为污染数据即可。例如下面的一段 PHP 代码：

```php
<?php $a = $_POST['A'];$b = $a;    system($b,$ret);?>
```

针对以上代码，采用数据流分析技术进行审计的过程如下。

① 库函数 system()可以执行系统命令，是一个潜在漏洞函数，已经记录在潜在漏洞函数列表中。一旦有对潜在漏洞函数的调用被检测出来，就要对该函数的参数进行识别，查看参数中是否有污染数据。

② system()函数有两个参数，分别是$b、$ret。$ret 只作为结果输出，不需要考虑；只需要考虑$b。

③ 回溯$b 的定义，可以看到$b=$a，从而确定$b 是由$a 赋值而来的。

④ 再次回溯$a 的定义，看到$a=$_POST['a']。由此可知，$a 是用户输入的数据，属于污染数据，因此$b 也是污染数据。

⑤ $b 作为污染数据到达潜在漏洞函数 system()处。因此，此处可以判定为漏洞。

2. 待分析函数是用户自定义的函数且不在潜在漏洞函数列表中

待分析的函数是用户自定义的函数且不在潜在漏洞函数列表中，不代表函数不存在漏洞。因为用户自定义的函数内部可能会调用潜在漏洞函数，所以，如果有污染数据经过被调用的潜在漏洞函数，那么所有用户自定义的函数都将产生漏洞。例如下面的代码片段：

```php
<?php
```

```
function myexec($a,$b,$c)
{
exec($b);
}
$aa = "test";$bb = $_Post['cmd'];
myexec($aa,$bb,$cc);
?>
```

这种情况与上一种情况的区别在于，潜在漏洞函数出现在了用户自定义函数中。首先，检测到潜在漏洞函数 exec()被调用，它有一个参数$b。然后，回溯$b，可知$b 是依赖于用户自定义函数 myexec()的参数的，因此，需要将 myexec()添加到潜在漏洞函数列表中。最后，发现$bb 是由$bb=$_POST['cmd']定义的，为污染数据，并且到达了潜在漏洞函数 myexec()的位置，即此处存在漏洞。

数据流分析的对象主要是源代码中所有可能的逻辑路径和路径上所有变量的操作序列，由于信息量过大，所以容易导致组合爆炸等问题。此外，由于数据流分析重点检测赋值引用异常及内存错误等，所以往往作为其他检测方法的辅助方法使用。

5.6 规则检查分析

基于安全规则的静态分析过程，在源代码预处理分析和依赖分析的基础上，首先通过安全规则解析将用户对安全规则的描述解析成系统能够识别的中间表示，该中间表示使用相应的数据结构进行存储。然后，根据安全规则中的源代码模式，在源代码的中间表示存储器中匹配查找。若匹配成功，就为状态变量和虚拟变量绑定源代码中的实际变量，并从依赖分析的结果中获取相应的控制流图、数据流图和函数调用关系图。最后，采用深度优先遍历算法对这些图进行遍历，获得图上每个节点安全漏洞状态机的状态变化情况。

规则检查分析技术能够根据用户自定义的安全规则获取源代码中用户所关心的特定变量和操作的行为轨迹。当安全漏洞状态机进入用户定义的不安全状态时，会根据用户定义的提示信息报告所发现的源代码安全漏洞。

基于安全规则的静态分析通常包括五个过程。

（1）安全规则解析

安全规则分为用户自定义安全规则和系统预定义安全规则。用户自定义安全规则主要针对用户的特定需求，系统预定义安全规则主要针对严重的安全漏洞和常见的安全漏洞。用户既可以使用自定义安全规则，也可以从系统预定义安全规则中进行选择。对安全规则进行解析的过程主要包括词法分析，语法分析，提取安全规则中的符号和结构信息，并将这些信息存放到合适的数据结构中。

（2）安全规则库定义

安全规则库中的每一条系统预定义安全规则都按照以下数据结构进行存储：唯一标识、规则名称、规则描述、规则文件的存放路径、适用语言类型、修复方案等。如果用户需要将自定义安全规则存入安全规则库，也需要按照这个数据结构将信息补全。

（3）模式匹配

根据安全规则检测方法的不同，安全规则主要分为上下文无关规则和上下文相关规则。模式是安全规则的核心部分，是对源代码中潜在安全漏洞的特征的描述。在源代码分析过程中，已经收集了待检测源代码中的类型信息、方法信息、语句信息、表达式信息等，并将其存入相应的中间表示数据结构。模式匹配主要根据从安全规则中解析出来的模式代码信息，到源代码的中间表示存储器中匹配相应的方法、语句、表达式等。

（4）约束检测分析

对于上下文无关规则，由于无须遍历图信息，所以，可以直接根据用户自定义的变量约束检测信息，进行相关变量的类型检测或值检测。如果符合约束检测规则，就可以完成漏洞检测并提示相关错误信息。对于上下文相关规则，约束检测分析用于在模式匹配过程中对源代码进行条件匹配或精确匹配，从而提高模式匹配的准确率，在一定程度上降低误报率。

（5）状态转移分析

状态转移分析需要对成功完成模式匹配的源代码进行相关变量的状态绑定或状态转移。针对上下文相关规则，还需要对通过静态分析得到的控制流图、数据流图、函数调用关系图进行遍历，计算图上每个节点安全漏洞状态机的状态变化情况。当状态转移到用户自定义的不安全状态时，完成安全漏洞检测，并根据用户自定义的提示信息发出提示。

规则检查分析针对的是源代码中存在的一些通用漏洞的规则。它用特定的语法描述漏洞规则，用规则解析器进行分析，并将分析结果转换为系统能够识别的内部表达。同时，采用代码匹配的方法完成源代码的漏洞检测。在流程上，规则检测分析方法比较完善，与安全编码规范矛盾的源代码很容易就能被检测出来。

目前，各类代码审计工具大都基于词法分析、语法分析、抽象语法树的语义分析、控制流分析、数据流分析和规则检查分析这些主要的静态源代码分析技术来设计并检测安全漏洞。

小结

本篇对代码审计工作进行了系统性的介绍，详细阐述了代码审计的概念、目的、原则、价值、意义等，对代码审计过程中常用的辅助工具和漏洞验证工具进行了介绍，通过一些示例对代码审计中的常用方法和技术进行了分析。本篇的目的在于帮助读者基于示例理解并掌握代码审计中常用的方法和技术，做到学以致用。

代码审计基础知识体系，如图 5-5 所示。

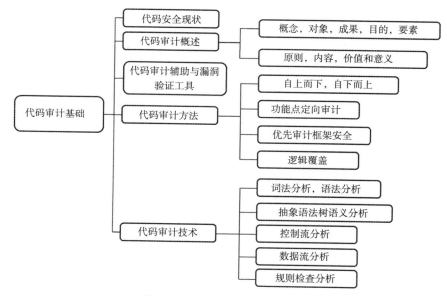

图 5-5　代码审计基础知识体系

参考资料

[1] 向灵孜. 代码审计综述[J]. 保密科学技术, 2015(12): 36-41.

[2] 尹毅. 代码审计：企业级 Web 代码安全架构[M]. 北京：机械工业出版社, 2016.

[3] 梁业裕, 徐坦, 宁建创, 等. 代码审计工作在整个安全保障体系中的重要价值[J]. 计算机安全, 2013 (12): 32-35.

[4] 梁宇文, 何庆, 许敬伟, 等. 代码审计技术方案[J]. 信息技术与信息化, 2015(9): 61-62.

[5] 许章毅. Web 安全测试三原则[J]. 中国信息安全, 2012(6): 92-93.

[6] 牛伟纳, 丁雪峰, 刘智, 等. 基于符号执行的二进制代码漏洞发现[J]. 计算机科学, 2013, 40(10): 119-121, 138.

[7] 陈英, 陈朔鹰. 编译原理[M]. 北京：清华大学出版社, 2009.

[8] 张涛等. 软件技术基础实验教程[M]. 西安：西北工业大学出版社, 2015.

[9] 肖文涛. 软件测试方法的应用分析[J]. 数码世界, 2017(11): 94.

[10] 韩韬. 软件测试策略和测试方法的应用[J]. 信息记录材料, 2018, 19(11): 97-98.

[11] 陈明. 软件工程学教程[M]. 北京：北京理工大学出版社, 2013.

[12] 刘宇轩. 软件测试方法研究[J]. 科技风, 2018(4): 53.

[13] 马振华. 谈软件工程中软件测试的重要性及方法[J]. 电脑迷, 2018(5): 112.

[14] 王旭. 基于控制流分析和数据流分析的 Java 程序静态检测方法的研究[D]. 西安：西安电子科技大学, 2015.

[15] Sahu Rani, Kumar Shailendra. An Efficient Source Code Auditing using Fuzzy Decision Tree[J]. International Journal of Computer Applications[J]. Vol 156, No. 14. 2016. pp.19-22.

[16] Anonymous. The 5 Static Code Audits every developer should know and use[J]. Network World(Online). 2009.

[17] Harold Weiss. Audit Review of Program Code-II[J]. EDPACS, 1975, 3(2): 6-7.

[18] Kevin C. Moffitt. A Framework for Legacy Source Code Audit Analytics[J]. Journal of Emerging Technologies in Accounting, 2018, 15(2): 67-75.

[19] 江海客. 开源与安全的纠结——开源系统的安全问题笔记[J]. 中国信息安全, 2011(5): 72-76.

[20] 李俊. 白盒代码安全审计方法浅析[J]. 牡丹江大学学报, 2014, 23(10): 142-145.

[21] 高君丰, 崔玉华, 罗森林, 等. 信息系统可控性评价研究[J]. 信息网络安全, 2015(8): 67-75.

[22] 屈盛知. 银行代码安全审计工作探索与实践[J]. 网络安全技术与应用, 2017(8): 133-135.

[23] 陈艺夫. 基于 PHP 的代码安全审计方法研究与实践[J]. 通信技术, 2020, 53(7): 1780-1785.

[24] 许波. 代码安全审计工作之我见[J]. 科技传播, 2020, 12(9): 130-131.

[25] 宋彬彬, 赵延青. 防恶意代码审计系统在电力监控系统安全防护中的应用[J]. 信息技术与信息化, 2018(7): 82-84.

[26] Chenghao Li, et al. Cross-Site Scripting Guardian: A Static XSS Detector Based on Data Stream Input-Output Association Mining[J]. Applied Sciences, 2020, 10(14): 1-20.

[27] 韩可. 基于代码审计的 Web 应用安全性测试技术研究[J]. 数字技术与应用, 2021, 39(5): 202-205.

[28] 肖芫莹, 游耀东, 向黎希. 代码审计系统的误报率成因和优化[J]. 电信科学, 2020, 36(12): 155-162.

[29] 杜江, 罗权. 基于代码审计技术的 OpenSSL 脆弱性分析[J]. 计算机系统应用, 2017, 26(9): 253-258.

[30] 牛霜霞, 吕卓, 张威, 等. 改进的基于代码污染识别安全警告的算法[J]. 计算机应用与软件, 2016, 33(8): 36-38, 80.

[31] 何斌颖, 杨林海. Web 代码安全人工审计内容的研究[J]. 江西科学, 2014, 32(4): 536-538, 548.

[32] 袁兵, 梁耿, 黎祖锋, 等. 恶意后门代码审计分析技术[J]. 计算机安全, 2013(10): 47-49.

[33] Notepad++官方网站：https://notepad-plus.en.softonic.com.

[34] UltraEdit 官方网站：www.ultraedit.com.

[35] Zend Studio 官方网站：https://www.zend.com/php-security-center.

[36] CppCheck 官方网站：http://cppcheck.net/.

[37] RIPS 官方网站：http://rips-scanner.sourceforge.net/.

[38] FindBugs 官方网站：http://findbugs.sourceforge.net/index.html.

[39] Fortify 官方网站：http://www.fortify.net/.

[40] Checkmarx CxSuite 官方网站：http://marketplace.eclipse.org/content/cxsuite.

[41] Coverity Prevent 官方网站：https://stackoverflow.com/tags/coverity-prevent/.

[42] kiwi 网址：https://gitee.com/The_programmer/kiwi/.

[43] Seay 网址：https://gitee.com/cutecuteyu/cnseay.

[44] 360 代码卫士官方网站：https://weishi.360.cn/channel.html?package=1__4002017.

[45] 奇安信代码卫士官方网站：https://www.qianxin.com/product/detail/pid/372.

[46] https://blog.csdn.net/weixin_41043607/article/details/107348483.

第2篇　代码审计规范

代码审计规范知识域由代码审计规范解读和代码审计指标两个知识子域构成。

代码审计规范解读知识子域主要介绍 GB/T 39412—2020《信息安全技术 代码安全审计规范》，包括代码审计时机、代码审计方法、代码审计过程和代码审计内容。代码审计指标知识子域主要介绍四种典型的代码安全审计指标，分别是安全功能缺陷审计指标、代码实现缺陷审计指标、资源使用缺陷审计指标、环境安全缺陷审计指标，每种审计指标都包含多个子审计指标。

通过本篇的学习，读者应能理解代码安全审计规范，掌握及应用四种典型的代码安全审计指标。

第6章　代码审计规范解读

我国对信息安全技术的标准化工作高度重视，国家市场监督管理总局和国家标准化管理委员会针对代码安全审计发布了 GB/T 39412—2020《信息安全技术 代码安全审计规范》。该标准是代码安全审计工作的基础和指南。

6.1　代码审计说明

GB/T 39412—2020 针对软件系统的代码制定了安全缺陷审计条款。在进行代码审计时，可根据被审计的具体对象及应用场景对相关条款进行调整。考虑到程序设计语言的多样性，GB/T 39412—2020 以典型的结构化语言（C 语言）和面向对象语言（Java 语言）为目标进行描述。

GB/T 39412—2020 的条款主要涉及安全措施、代码实现、资源使用、环境安全四个方面，但不限于这四个方面。安全措施方面有 37 个审计条款；代码实现方面有 25 个审计条款；资源使用方面有 32 个审计条款；环境安全方面有 3 个审计条款。总计 97 个审计条款。

6.2　常用术语

（1）代码安全审计

代码安全审计是指对代码进行安全分析，以发现代码中存在的安全缺陷或者违反代码安全规范的动作。

（2）安全缺陷

安全缺陷是指代码中存在的某种破坏软件安全能力的问题、错误。

（3）跨站脚本攻击

跨站脚本攻击（Cross Site Script，XSS）是指攻击者将恶意的 HTML 代码插入 Web 页面，当用户浏览该页面时，攻击者插入 Web 页面的恶意 HTML 代码就会被执行，从而达到攻击的目的。

（4）缓冲区溢出

缓冲区溢出是指当计算机向程序的缓冲区写入超出缓冲区容量的内容时，会导致溢出的数据覆盖在合法数据上，从而破坏程序堆栈，使程序转而执行其他指令，以获取程序或系统的控制权。这是一种普遍存在且非常危险的漏洞。

（5）死锁

死锁是指两个或两个以上的进程在执行过程中，因竞争资源或彼此通信造成的阻塞或相互等待的现象。

（6）错误

错误是指在系统运行中出现的可能导致系统崩溃或暂停运行的非预期问题。

（7）异常

异常是导致程序中断运行的一种指令流，需要在程序中对异常进行正确处理。如果没有对异常进行正确的处理，就可能导致程序运行的中断。

（8）SQL 注入

SQL 注入是一种常见的攻击方式。攻击者利用程序员编写程序时的疏忽，通过在 SQL 命令中插入恶意的数据库请求参数并提交给数据库执行攻击行为，可实现无账号登录甚至篡改数据库，后果通常比较严重。

6.3　代码审计的时机

根据代码审计的时机，可以将代码审计分为内部审计和外部审计。

内部审计通常由机构内部的软件质量保证人员开展，倾向于发现及预防安全问题的发生。内部审计一般在开发过程中根据需要安排，即在软件开发生命周期的不同阶段进行，目的是尽早发现潜在问题。在实际应用中，一般通过多次审计并结合其他软件质量保证手段来确保软件源代码符合安全要求。

外部审计是由机构外部独立的第三方开展的。外部审计需要较多的准备工作和面谈时间，不宜过于频繁。外部审计通常在代码编写完成之后、系统集成测试之前进行。由于资质认证、政策等方面的要求而进行的外部审计，应提前通知开发团队，并给开发团队预留足够的时间，不应进行非提前通知的审计。

6.4　代码审计方法

最常用的代码审计方法是将源代码安全弱点形成审计检查列表，根据此列表，对照源代码逐一进行检查。检查列表应根据被审计的具体对象及应用场景及时调整。

考虑到审计内容的复杂性，通常建议采用工具审计和人工审计相结合，多种手段综合运用的审计方法。首先，采用专业的源代码审计工具对代码进行审计，给出审计报告。然后，对审计问题与标准相关审计项，逐一进行人工核对。同时，由于审计工具的局限性，误报和漏报的问题不可避免。因此，针对可能存在的误报问题，要求通过人工对比审计核查。此外，针对漏报问题，要求采用多个工具交叉审计。

人工审计是对工具审计的必要和有益的补充。人工审计主要针对工具审计的漏报问题进行。在具体实施人工审计时，可借助工具对源代码模块、数据流、控制流等逻辑结构进行分析、提取，最后逐条对比分析。

在审计实施过程中，要分别落实多阶段审计工作，例如：按时间进度或代码编写里程碑划分，按周、月、季度开展审计；按函数、功能模块实施单元审计；按人员分工交叉审计；等等。对于审计中发现的安全弱点，可以根据其可利用性、造成的影响、弥补代价等因素分级排序。

6.5 代码审计流程

审计过程包括四个阶段：审计准备、审计实施、审计报告、改进跟踪。审计准备阶段主要开展明确审计目的、签署保密协议、制定检查列表等工作。审计实施阶段主要开展信息收集、代码安全缺陷检测等工作。审计报告阶段包括审计结果的总结、陈述等工作，如有必要，应对相关问题进行澄清和对相关资料进行说明。改进跟踪阶段由代码开发团队主导，主要对审计中发现的问题进行修复。对于安全缺陷代码，应在修改后再次进行审计。

代码审计流程，如图 6-1 所示。

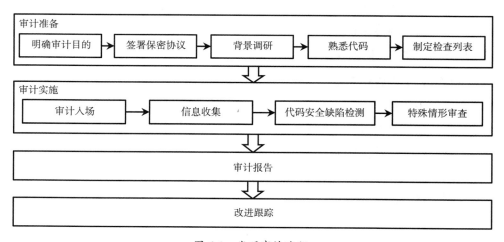

图 6-1　代码审计流程

1. 审计准备

审计准备阶段的工作主要包括明确审计目的、签署保密协议、对待审计的软件进行背景调研、阅读和熟悉待审计的源代码，以及根据审计目的、代码情况和审计人员的身份等信息初步制定检查列表等。

（1）明确审计目的

审计的应用场景可能包括源代码的采购或外包、软件产品的认证测试、机构源代码安全性自查等。在此类场景中，应对源代码安全性是否符合规范进行评估。

（2）签署保密协议

为避免被审计方的源代码被审计方用于非代码审计用途，双方应签署代码审计保密协议，明确各自的权利和义务。

（3）背景调研

初步了解源代码的应用场景、目标客户、开发内容及开发者遵循的标准、流程，查看最近的源代码状态报告。

（4）熟悉代码

通过阅读代码，了解程序的代码结构、主要功能模块，以及所涉及的编程语言。

（5）制定检查列表

根据代码背景、代码结构、审计人员的身份（外部审计或内部审计）和审计目的（采购外包、认证测试、自查）等信息，确定源代码安全审计要点，初步制定源代码安全检查列表。检查列表应包括审计人员计划检查的项及准备提出的问题。

2. 审计实施

审计实施阶段的工作主要包括审计入场、信息收集、代码安全缺陷检测、特殊情形审查、审计报告、改进跟踪等。

（1）审计入场

审计入场环节，审计人员和项目人员（关键代码开发人员等）均应参与。事实上，审计入场环节是指审计人员和项目开发人员就代码审计与开发的相关内容进行沟通的过程。审计人员介绍审计的主要目标，要面谈的对象和检查的资料。项目人员介绍项目进展、项目关键成员、项目背景、项目的主要功能及项目的当前状态。

（2）信息收集

信息收集是指代码审计人员从项目人员处收集源代码及相应的需求分析文档、设计文档、测试文档等资料的过程。代码审计人员通过阅读文档资料，了解源代码的业务逻辑等信息。在了解代码基本信息的基础上，代码审计人员应深入分析设计文档，并与项目关键成员沟通以确定核心代码，将代码分为核心代码和一般性代码。其中，核心代码可分为核心业务功能代码和核心软件功能代码，一般性代码可分为非核心业务功能代码和非核心软件功能代码。

（3）代码安全缺陷检测

代码安全弱点缺陷检测是指根据审计准备阶段制定的源代码安全检查列表对代码进行逐项检查，以确定是否存在列表中的安全弱点。

（4）特殊情形审查

特殊情形主要是指源代码存在软件外包、采用开源软件、合作开发的情形。应对开源软件或外包代码进行代码安全性检测。根据要审计的代码是否为核心代码，确定在审计时采取重点审计措施或一般性审计措施。通常，重点审计主要针对核心代码进行，一般性审计主要针对一般性代码进行。

（5）审计报告

审计实施结束，需要组织现场审计会，将审计结果提供给被审计项目组成员，供被审计项目组澄清误解，并允许被审计项目组成员提供补充信息（如审计人员未考虑到的）。根据初始审计结果，被审计项目组成员可立即了解审计中发现的安全问题并制订修改计划。

审计人员基于现场审计会收集的信息，对初始审计结果进行调整，并准备形成正式书面报告。书面报告应突出重大问题，对源代码中存在的问题和优点都要进行陈述。

（6）改进跟踪

审计人员完成审计报告后，项目管理人员需要组织源代码开发人员对审计中发现的问题进行修改，对未修改的问题应给出理由，并对源代码的有效变更记录进行存档。在某些情况下，可通过跟进审计来确认问题是否已经得到解决。

6.6　代码审计报告

现场审计会结束后，代码审计人员需要根据评审意见，调整审计结果，形成代码审计报告。代码审计报告包括审计总体信息、审计流程与内容、审计总结等。审计总结应包括对每个审计条款的符合或不符合的陈述，并对可能产生的安全风险进行高、中、低分类描述。

如果是外部审计，代码审计报告的报告对象就是组织本次审计的管理人员；如果是内部审计，则应按照流程要求进行。

这里对审计报告的内容逐一进行说明。

1. 审计总体信息

审计总体信息用于对一次代码审计的总体情况进行说明，包括但不限于以下信息：

- 审计日期；

- 审计团队成员信息；

- 审计依据；

- 审计原则；

- 源代码的信息，包括但不限于被审计源代码的版本号、源代码语言类型、源代码总行数等。

2. 审计流程与内容

在代码审计报告中，应对审计流程、采用的审计方法和审计内容进行详细描述。此外，可根据具体情况，对审计中的其他事项进行描述。

3. 发现的安全缺陷汇总

代码审计报告应对发现的安全缺陷进行汇总，包括但不限于以下内容：

- 在当前版本代码中发现的异常情况的汇总；

- 可能造成的严重后果。

4. 发现的安全缺陷分析

对发现的安全缺陷的分析，应按高风险、中风险、低风险分别给出：

- 高风险安全缺陷分析；

- 中风险安全缺陷分析；

- 低风险安全缺陷分析。

5. 审计总结

审计总结是对一次审计的情况进行的全面总结，包括但不限于以下内容：

- 审计结果汇总，如审计条款符合数量、审计条款不符合数量、审计条款不适用数量、不符合的审计条款的原因等；

- 残余缺陷分析；

- 安全缺陷改进建议。

第 7 章　代码审计指标

代码审计指标主要有四个，即安全功能缺陷审计指标、代码实现缺陷审计指标、资源使用缺陷审计指标、环境安全缺陷审计指标。

7.1　安全功能缺陷审计指标

安全功能缺陷审计涉及数据清洗、数据加密与保护、访问控制、日志安全四个方面。下面分别从这四个方面解读安全功能缺陷审计指标。

7.1.1　数据清洗

对数据清洗的审计需要从输入验证和输出编码检查两个方面进行。

1. 输入验证

输入验证涉及的内容较多，包括关键状态数据外部可控、输入真实性验证、绕过数据净化和验证、在字符串验证前未进行过滤、对 HTTP 头 Web 脚本特殊元素的处理、命令行注入、数据结构控制域安全、忽略字符串结尾符、环境变量长度假设、条件比较不充分、结构体长度、除零错误、数值赋值越界、边界值检查缺失、数据信任边界违背、条件语句缺失默认情况、无法执行的死代码、表达式永真或永假等的检查和验证。

下面分别对这些需要进行输入验证的关键点及其审计指标进行梳理。

（1）关键状态数据外部可控

审计指标：应避免关键状态数据被外部控制。

审计人员应检查代码是否将与用户信息或软件自身安全密切相关的状态信息存储在了非授权实体可以访问的地方。如果是，那么系统中可能存在关键状态数据被从外部访问或篡改的安全风险。

（2）数据真实性验证

审计指标：应验证数据真实性，避免接收无效数据。

审计人员应检查代码是否对数据的真实性进行了验证，包括但不限于以下方面：

• 检查是否对数据来源或通信源的真实性进行了验证；

- 检查是否存在未对其数字签名进行验证的数据，或者对其数字签名没有进行正确验证的数据；

- 检查是否缺失数据完整性验证或者进行了不恰当的数据完整性验证；

- 检查与安全相关的输入是否仅依赖加密技术而未进行完整性检查；

- 检查是否只验证文件内容而没有验证文件名或扩展名；

- 检查是否验证了未经校验和未进行完整性检查的 Cookie。

如果上述检查项中的任意一项结果为是，就应提示存在安全风险。

针对未经校验和未进行完整性检查的 Cookie，下面给出了不规范用法的示例代码（Java 语言）。

```
Cookie[] cookies = request.getCookies();
for (int i=0; i<cookies.length; i++){
    Cookie c=cookies[i];
    if(c.getName().equals("role"))
        {
            userRole=c.getValue();
        }
}
```

以上代码通过浏览器从 Cookie 中读取一个值来确定用户的角色，而攻击者很容易修改本地存储的 Cookie 的 role 值，因此可能造成特权升级。

（3）绕过数据净化和验证

审计指标：应防止以大小写混合的方式绕过数据净化和验证。

审计人员应检查字符串在查找、替换、比较等操作中是否存在因大小写问题而被绕过的情况。下面的示例代码（Java 语言）展示了通过大小写混合的方式绕过净化和验证的不规范用法。

```
public String preventXSS(String input, String mask)
{
    return input.replaceAll("script",mask);
}
```

只有当输入为 "script" 时，以上代码才会执行。当输入为 "SCRIPT" 或 "ScRiPt" 时，以上代码不会对其进行过滤，并将导致 XSS 攻击的发生。

（4）在字符串验证前未进行过滤

审计指标：不应在过滤字符串之前对字符串进行验证。

审计人员应检查代码在对字符串进行验证之前是否对其进行了过滤，以防止注入类攻击的发生。如果在字符串过滤之前对其进行验证，那么验证的是未过滤的字符串，若后续对其进行过滤，则过滤后的字符串可能与验证的字符串不一致。而且，由于已经进行了验证，所以后续可能会漏掉过滤，也可能发生过滤后不再验证的问题。

（5）对 HTTP 头 Web 脚本特殊元素的处理

审计指标：应对 HTTP 头的 Web 脚本语法中的特殊元素进行过滤和验证。

审计人员应检查代码是否对 HTTP 头的 Web 脚本中的特殊元素进行了过滤。如果 HTTP 头的 Web 脚本中含有特殊元素，就可能导致浏览器执行恶意脚本。

对 HTTP 头的 Web 脚本中的特殊字符未进行过滤和验证的不规范示例代码（Java 语言）如下。

```
response.addHeader(HEADER_NAME,untrustedRawInputDate);
```

在以上示例代码中，用户控制的数据被添加到 HTTP 头中并返回客户端。由于数据没有被净化，所以用户将能够执行危险脚本标签。

（6）命令行注入

审计指标：应正确处理命令中的特殊元素。

审计人员应检查代码利用外部输入构造命令或部分命令时是否对其中的特殊元素进行了处理，以防止注入的发生。命令行注入通常发生在以下情况下：

- 数据从非可信源进入应用程序；
- 数据是字符串的一部分，该字符串被应用系统当作命令执行；
- 通过执行命令，应用程序为攻击者提供了其不应拥有的权限或能力。

（7）数据结构控制域安全

审计指标：应避免对数据结构控制域的删除或意外增加。

审计人员应检查代码中与数据控制域的删除和意外增加有关的操作。

- 应检查代码中是否存在由对数据结构控制域的删除操作导致的系统安全风险。存在对数据结构控制域的删除操作的不规范示例代码（C 语言）如下。

```
char * foo;
int counter;
foo = calloc(sizeof(char) * 10);
for(count = 0;count !=10;count++)
{
    foo[counter]='a';
}
printf("%s\n" foo);
```

以上示例代码创建了一个以 null 结尾的字符串并打印字符串内容。字符串 foo 为 9 个字符和 1 个 null 结尾符提供了空间。但是，10 个字符被写入 foo，将导致 foo 没有 null 结尾符，所以，在调用 printf()函数时可能产生不可预知的结果。

- 应检查代码中是否存在由对数据结构控制域的意外增加操作导致的系统安全风险。存在对数据结构控制域的意外增加操作的不规范示例代码（C 语言）如下。

```
char * foo;
foo = malloc(sizeof(char) * 5 );
foo[0] = 'a';
foo[1] = 'a';
foo[2] = atoi(getc(stdin));
foo[3] = 'c';
foo[4] = '\0';
printf("%c %c %c %c %c \n" , foo[0],foo[1],foo[2],foo[3],foo[4]);
printf("%s\n",foo);
```

第一个 printf 语句将打印所有字符，各字符由空格分割。若非整型数据是通过 getc() 函数从 stdin 中读取的，则 atoi() 函数不进行转换并返回 0。当 foo 为字符串时，foo[2]中的 0 将被当作 null 结尾符，相当于意外增加了结尾符，因此，foo[3]将永远不会被打印。

（8）忽略字符串结尾符

审计指标：应保证字符串的存储具有足够的空间容纳字符数据和结尾符。

审计人员应检查代码字符串的存储空间是否能容纳所有的字符数据和结尾符。字符串不以结尾符结束，会造成字符串越界访问。

示例代码 1（C 语言）为不能保证有足够的空间容纳字符数据和结尾符的不规范用法，示例代码 2（C 语言）为对应的规范用法。

示例代码 1：

```
void copy(size_t n, char src[n], char dest[n])
{
    size_t i;
    for(int i=0;src[i] && (i<n); ++i)
    {
        des[i]=src[i];
    }
    dest[i] = '\0';
}
```

在示例代码 1 中，循环把数据从 src 复制到 dest 中，但结尾符可能会被错误地写到 dest 尾部之后的字节中。

示例代码 2：

```
void copy(size_t n, char src[n], char dest[n])
{
size_t i;
for(int i=0;src[i] && (i<n - 1); ++i)
{
    des[i]=src[i];
```

```
}
dest[i] = '\0';
}
```

示例代码 2 对循环的终止条件进行了修改，在 dest 的尾部添加了结尾符。

（9）环境变量长度假设

审计指标：不应对环境变量长度做出假设。

审计人员应检查代码在使用环境变量时是否对环境变量的长度做出了假设。因为环境变量可由用户进行设置和修改，所以对其做出假设可能会引发错误。

示例代码 1（C 语言）为对环境变量的长度做出假设的不规范用法，示例代码 2（C 语言）为对应的规范用法。

示例代码 1：

```
void f()
{
    char path[PATH_MAX];
    strcpy(path, getenv("PATH"));
}
```

示例代码 1 把 getenv()返回的字符串复制到一个长度固定的缓冲区中。假设$PATH 已定义，现在要定义 PATH_MAX 并确保 path 的长度没有超过 PATH_MAX，而环境变量 $PATH 的字符数不一定比 PATH_MAX 少，所以，如果$PATH 的字符数比 PATH_MAX 多，就可能导致缓冲区溢出。

示例代码 2：

```
void f()
{
    char * path = NULL;
    const char * temp = getenv("PATH");
    if(temp != NULL)
    {
        path=(char*)malloc(strlen(temp)+1);
        if(payh==NULL)
        {

        }
        else
        {
            strpy(path,temp);
        }
    }
}
```

在示例代码 2 中，用 strlen()函数计算字符串的长度并动态分配需要的空间，可避免缓冲区溢出。

（10）条件比较不充分

审计指标：执行比较时不应部分比较或不充分比较。

审计人员应检查比较条件是否充分，以防止不充分的比较造成逻辑绕过风险。

（11）结构体长度

审计指标：不应将结构体长度设置为各个成员的长度之和。

审计人员应检查是否将结构体的长度设置为各个成员的长度之和。若是，则应给出风险提示（结构对象可能存在无名的填充字符，从而造成结构体长度与各个成员的长度之和不相等）。

将结构体的长度设置为各个成员的长度之和的不规范示例代码（C 语言）如下。

```c
enum {buffer_size = 50};
struct buffer{
    size_t size;
    char bufferC[buffer_size];
}buff;
void func(conststruct buffer * buf )
{
    struct buffer * buf_cpy = (struct buffer *) malloc(
                                sizeof(size_t) + sizeof(buff.bufferC));
    if (buf_cpy ==NULL)
    {

    }
    memcpy(buf_cpy,buf,sizeof(struct buffer) );
    free(buf_cpy );
}
```

（12）除零错误

审计指标：应避免除零错误。

审计人员应检查代码中是否存在除零操作。若存在，则应给出风险提示（在代码中需避免除零操作）。

示例代码 1（C 语言）为存在除零错误的不规范用法，示例代码 2（C 语言）为对应的规范用法。

示例代码 1：

```c
double divide(double x, double y)
{
    return(x/y);
}
```

示例代码 1 中的函数把两个数值相除，但没有验证作为分母的值是否为零。这有可能导致除零错误。

示例代码 2：

```
double divide(double x, double y)
{
    if(0 == y)
    {
        ...
    }
    return(x/y);
}
```

示例代码 2 通过验证分母的输入值确保除零错误不会发生。

（13）数值赋值越界

审计指标：应避免数值赋值越界。

审计人员应检查代码中是否存在数值赋值超出数值类型范围的情况，以避免赋值越界。

存在数值赋值越界问题的不规范示例代码（C 语言）如下。

```
#include <stdio.h>
#include <stdbool.h>
main(void)
{
    int i;
    i = -2147483648;
    i = i-1;
    return(0);
}
```

以上代码中存在整数下溢问题：i 的值已经是最小负值，减去 1 后，新的 i 值是 2147483647，导致越界。

（14）边界值检查缺失

审计指标：比较数值范围时，不应遗漏边界值检查。

审计人员应检查代码在进行数值范围比较时是否遗漏了最小值、最大值这些边界值的检查。

示例代码 1（C 语言）为存在边界值检查缺失问题的不规范用法，示例代码 2（C 语言）为对应的规范用法。

示例代码 1：

```
intget ValueFromArray( int * array, intlen, int index)
{
    int value;
    if ( index < len )
    {
        ...
```

```
}
else
{
printf( "Error: index is: %d\n", index );
value = -1;
}
return(value);
}
```

示例代码 1 仅验证给定数组索引小于数组的最大长度，未检查其是否大于最小值。因此，输入的负值可能被作为数组索引，导致越界读取，造成访问敏感内存的风险。

示例代码 2：

```
if(index >= 0 && index < len)
{

}
...
```

示例代码 2 检查输入的数组索引，以验证数组在所规定的最大和最小范围内，if 语句包含最小范围检查。

（15）数据信任边界违背

审计指标：代码应避免将可信和不可信数据组合在同一结构体中，违背信任边界。

审计人员应检查代码是否将来自可信源和非可信源的数据混合在同一数据结构体或同一结构化的消息体中，模糊了二者的边界。

（16）条件语句缺失默认情况

审计指标：条件语句不宜缺失默认情况。

审计人员应检查代码中的条件语句是否存在缺失默认情况。若是，则应给出风险提示。

（17）无法执行的死代码

审计指标：代码中不应包含无法执行的死代码。

审计人员应检查代码中是否存在无法执行的死代码。若有，则应给出风险提示。

（18）表达式永真或永假

审计指标：不应出现表达式永真或永假的情况。

审计人员应检查代码中是否存在表达式为逻辑永真或永假的情况。若有，则应给出风险提示。

2. 输出编码检查

输出编码检查的重点是跨站脚本、Web 应用重定向后执行额外代码、URL 重定向。

（1）跨站脚本

审计指标：应避免跨站脚本攻击。

审计人员应检查用户在页面中提交的数据被送到浏览器中显示前，是否进行了验证或过滤，以免遭受跨站脚本攻击。

（2）Web 应用重定向后执行额外代码

审计指标：Web 应用不宜在重定向后执行额外代码。

审计人员应检查 Web 应用是否存在重定向后执行额外代码的情况。若有，则应提示存在安全风险。

（3）URL 重定向

审计指标：不应开放不可信站点的 URL 重定向。

审计人员应检查代码中是否存在 URL 重定向到不可信站点的情况。重定向到不可信站点可能会导致不安全的访问。

7.1.2　数据加密与保护

1.　数据加密

数据加密涉及密码是否安全、是否使用了安全相关的硬编码、随机数是否安全。

（1）密码安全

审计指标：密码相关实现技术应符合国家密码相关管理规定。

审计人员应检查代码中使用的与密码有关的实现技术是否符合国家密码管理部门的相关管理规定。若不符合，则应提示存在安全风险。

（2）使用安全相关的硬编码

审计指标：不应使用安全相关的硬编码。

审计人员应检查代码中是否存在安全相关的硬编码。若存在，则应提示存在安全风险。如果代码被泄露或被非法获取，那么这些硬编码的值可能会被攻击者利用。

（3）随机数安全

审计指标：确保产生安全的随机数。

审计人员应检查代码中产生的随机数是否安全，具体审计要求包括但不限于：

• 应检查是否采用了能产生充分信息熵的随机数生成算法或方案；

• 应检查是否避免了随机数空间太小的问题；

• 应检查是否避免 CSPRNG 每次都使用相同的种子、可预测的种子（如进程 ID 或系统时间的当前值）或空间太小的种子；

- 应检查是否避免使用具有密码学缺陷的 CSPRNG 用于加密场景。

如果以上检查项的任意一项的结果为否，则提示存在安全风险。

采用了不能产生充分信息熵的算法或方案的不规范示例代码（C 语言）如下。

```
londgenerateSessionID(intuserID)
{
    srandom(userID);
    return random();
}
```

以上示例代码的功能是给用户 Session 产生唯一的随机 ID。因为伪随机数生成器的种子是用户 ID，所以产生的 Session 会永远相同，使攻击者可以预测用户的 Session ID 并劫持该 Session。

2. 数据保护

数据保护涉及个人信息保护和避免敏感信息暴露两个方面。

（1）个人信息保护

审计指标：应确保个人信息保护。

审计人员应检查代码中对个人信息的保护措施是否符合国家相关法律法规。若存在个人信息保护不当的情况，可能造成个人信息泄露，则应提示存在安全风险。

（2）避免敏感信息暴露

审计指标：应避免通过任何途径导致敏感信息暴露。

审计人员应检查代码中是否有敏感信息暴露的情况，重点检查的途径包括但不限于：

- 通过发送数据导致的信息暴露；
- 通过数据查询导致的信息暴露；
- 通过差异性（响应差异性、行为差异性、时间差异性）导致的信息暴露；
- 通过错误消息导致的信息暴露；
- 通过进程信息导致的信息暴露；
- 通过调试信息导致的信息暴露；
- 信息在被释放前未被清除导致的信息暴露；
- 通过输出流或日志将系统数据暴露到未授权控制的范围；
- 通过缓存导致的信息暴露；
- 通过日志文件导致的信息暴露；

- 通过源代码导致的信息暴露，如测试代码、源代码、注释等；

- 使用 HTTP 请求传递敏感信息导致的信息暴露；

- 备份文件导致的信息暴露；

- 在 Web 登录表单中，应禁用浏览器的口令自动填充功能。

存在信息暴露问题的不规范示例代码（C 语言），如示例代码 1 和示例代码 2 所示。

示例代码 1：

```c
void func(char * username, char * password )
{
    if (strcmp(username, check_username) == 0)
    {
        if (strcmp(password, check_password) == 0)
        {
            printf("Login Successful\n");
        }
        else
        {
            printf("Login Failed-incorrect password\n");
        }
    else
    {
        printf("Login Failed-unknown username\n");
    }
}
```

示例代码 1 的功能是显示登录的用户名和密码是否正确的提示信息。当用户输入的用户名错误但密码正确或者用户名正确但密码错误时，显示的信息不同。这种不同使攻击者可以了解当前登录功能的状态，通过尝试不同的值获取正确的用户名。

示例代码 2：

```c
char * path = getenv("PATH");
...
sprintf(stderr,"cannot find exe on path %s\n, path");
```

示例代码 2 将 path 环境变量打印到标准错误流中。

7.1.3　访问控制

对于访问控制，需要从身份鉴别、口令安全、权限管理、日志安全四个方面开展审计工作。

1. 身份鉴别

身份鉴别涉及身份鉴别过程中是否暴露了多余信息、身份鉴别是否被绕过、尝试身份鉴别的频率、是否采用多因素认证等。

（1）身份鉴别过程中暴露多余信息

审计指标：应避免在处理身份鉴别过程中暴露多余信息。

审计人员应检查账号在注册或认证过程中是否存在暴露多余信息的情况。若存在，则应提示存在安全风险。攻击者可能会利用获取的多余信息进行身份认证暴力破解。

（2）身份鉴别被绕过

审计指标：应避免身份鉴别被绕过。

审计人员应检查代码中的身份鉴别机制是否存在被绕过的路径或通道，鉴别算法的关键步骤是否被略过或跳过。若是，则应提示存在安全风险。

（3）身份鉴别尝试频率限制

审计指标：应对身份鉴别连续多次登录失败的频率进行限制。

审计人员应检查代码是否对身份鉴别中登录失败的频率进行了限制。若未限制，则存在身份认证被暴力破解的安全风险。

（4）多因素认证

审计指标：应使用多因素认证机制。

审计人员应检查系统是否采用了多因素认证。若未采用，则应提示存在安全风险。

2. 口令安全

口令是否安全，需要从登录、存储和传输等环节进行检查。

（1）登录口令

审计指标：应确保登录口令不能明文显示。

审计人员应检查代码中的登录功能在登录过程中是否会以明文显示口令。若是，则应提示存在安全风险。

（2）明文存储口令

审计指标：应避免明文存储口令。

审计人员应检查代码中是否存在明文存储口令的情况。若存在，则应提示存在安全风险。

（3）明文传输口令

审计指标：代码中应避免明文传输口令。

审计人员应检查代码中是否存在明文传输口令的情况。若存在，则应提示存在安全风险。明文传输的口令容易被攻击者窃听。

3. 权限管理

权限管理需要从两个方面开展审计，即对外部可访问锁是否加以限制和访问控制是否安全。

（1）未加限制的外部可访问锁

审计指标：应对外部可访问锁加以限制，不允许被预期范围之外的实体影响。

审计人员应检查代码中的锁是否可被预期范围之外的实体控制或影响。如果是，则存在易受到拒绝服务攻击的安全风险。

（2）权限访问控制

审计指标：确保权限管理安全以及访问控制措施的安全。

审计人员应检查代码中与权限和访问控制功能有关的部分，包括但不限于：

- 检查是否缺失认证机制；
- 检查是否缺失授权机制；
- 检查是否违背最小特权原则，以高于功能所需的特权级别执行一些操作；
- 检查放弃特权后，是否检查其放弃是否成功，如果结果为否，则应提示存在安全风险；
- 检查是否能创建具有正确访问权限的文件；
- 检查是否能避免关键资源的不正确授权；
- 检查是否能避免不恰当地信任反向 DNS；
- 检查是否存在攻击者使用欺骗或捕获重放攻击等手段绕过身份认证的情况；
- 对于客户端/服务器架构的产品，检查是否存在仅在客户端而非服务器端执行的情况；
- 检查是否避免了过于严格的账户锁定机制（若账户锁定机制过于严格且容易被触发，就可能导致攻击者通过锁定合法用户账户使系统拒绝为合法用户服务）；
- 检查是否对信道两端的操作者进行了充分的身份认证（若未充分保证信道的完整性，则可能导致中间人攻击的发生）；
- 检查是否能避免通信通道源验证不当，确保请求来自预期源。

不恰当地信任反向 DNS 的不规范用法如示例代码 1（C 语言）所示。可避免不恰当地信任反向 DNS 的规范用法如示例代码 2（C 语言）所示。

示例代码 1：

```
structhostent * hp;
```

```
structin_addrmyaddr;
char * tHost = "trustme.example.com";
myaddr.s_addr = inet_addr(ip_addr_string);
hp = gethostbyaddr((char *) & myaddrsizeof(struetin_addr) AF_INET );
if (hp && ! strncmp(hp -> h_namet,Host,sizeof(tHost)))
{
    trusted = true;
}
else
{
    trusted = false;
}
```

示例代码 1 通过 DNS 查找来确定入站请求是否来自受信宿主。若攻击者能损坏 DNS 缓存,就能获得受信任的状态。

示例代码 2:

```
structhostent * hp;
structin_addrmyaddr;
char * tHost = "trustme.example.com";
myaddr.s_addr = inet_addr(ip_addr_string);
hp = gethostbyaddr((char *) & myaddrsizeof(struetin_addr) AF_INET );
if (hp && ! strncmp(hp -> h_namet,Host,sizeof(tHost)))
{
    /*DNS 正向解析*/
    if(strcmp(myaddr.s_addr, nslookup(hp -> h_name)) == 0)
    {
        trusted = true;
    }
}
else
{
    trusted = false;
}
/*DNS 正向解析*/
char * nslookup( char * hostname)
{
    ...
    /*执行 shell 指令 nslookup hostname, 返回 IP 地址 */
    ...
}
/*DNS 反向解析*/
char * reverse_nslookup( char *ip)
{
    ...
    /*执行 shell 指令 nslookup-qt=ptrip, 返回域名*/
    ...
}
```

示例代码 2 执行适当的正向和反向 DNS 解析,以检测是否存在 DNS 欺骗。

7.1.4　日志安全

对日志安全的审计需要从信息的丢失或遗漏、对输出日志中特殊元素的处理两个方面进行。

（1）信息的丢失或遗漏

审计指标：应避免安全相关信息丢失或遗漏。

审计人员应检查代码中是否存在未记录或不恰当记录安全相关信息的情况。安全相关信息泄露可能会对攻击行为追溯造成影响。信息丢失或遗漏的形式包括但不限于：

- 截断与安全有关的信息的显示、记录或处理，掩盖攻击来源或属性；

- 不记录或不显示信息（如日志），该信息对确定攻击来源、攻击性质、攻击行动是否安全具有重要意义。

（2）对输出日志中特殊元素的处理

审计指标：应对输出日志中的特殊元素进行过滤和验证。

审计人员应检查代码是否对输出日志中的特殊元素进行了过滤和验证。若未进行此类处理，就可能造成信息泄露，应提示存在安全风险。

7.2　代码实现缺陷审计指标

代码实现缺陷审计指标需要从面向对象程序安全、并发程序安全、函数调用安全、异常处理安全、指针安全、代码生成安全六个方面进行解读。

7.2.1　面向对象程序安全

对面向对象程序安全的审计主要涉及泛型和非泛型数据类型、类比较、包含敏感信息类的安全、类私有可变成员的引用、存储不可序列化的对象到磁盘等方面。

1. 泛型和非泛型数据类型

审计指标：不宜混用具有泛型和非泛型的数据类型。

审计人员应检查代码中是否存在泛型和非泛型数据混用的现象，应避免泛型和非泛型数据的混用。

泛型和非泛型数据混用的不规范用法如示例代码 1（Java 语言）所示，对应的规范用法如示例代码 2（Java 语言）所示。

示例代码 1：

```
classListUtility
```

```
{
    private static void addToList(List list, Object obj)
    {
        list.add(obj);
    }
    public static void main(String[] args)
    {
        List<String> list=new Arraylist(String)();
        addToList(list,1);
        System.out.println(list.get(0));
    }
}
```

虽然示例代码 1 可以被编译，但会产生未经检查的警告。list.add()方法使用的是原始数据类型，由 list.get(0)返回的值不是一个正确的类型（是 Integer 类型，不是 String 类型），这会导致代码执行时抛出异常。

示例代码 2：

```
classListUtility
{
    private static void addToList(List<String> list, String str)
    {
        list. add(str);
    }
    public static void main(String[] args)
    {
        List<String> list=new Arraylist(String)();
        addToList(list,1);
        System.out.println(list.get(0));
    }
}
```

示例代码 2 通过改变 addToList()方法的签名、加强正确的类型检查强化了安全性。

2. 类比较

审计指标：在进行类比较时，不宜只使用名称进行比较。

审计人员应检查代码在判定一个对象是否属于特定的类或者两个对象的类是否相同时，是否仅基于类的名称进行比较或判定，若是，则应提示存在安全风险。因为类名相同并不代表类对象也相同，所以还需要进行类对象的比较。

3. 包含敏感信息类的安全

审计指标：包含敏感信息的类不可复制和不可序列化。

审计人员应检查代码中包含敏感信息的类的相关行为是否安全，检查内容包括但不限于以下方面。

- 检查代码中包含敏感信息的类是否可以被复制。包含敏感信息的类应不可以被复制。例如，Java 语言中实现了 Cloneable 接口，使类可以被复制。

- 检查代码中包含敏感信息的类是否实现了序列化接口，使类可以被序列化。包含敏感信息的类应不可以被序列化。

4. 类私有可变成员的引用

审计指标：应禁止返回类的私有成员的引用。

审计人员应检查代码中是否存在对返回类的私有可变成员的引用。如果存在，则可能导致内部状态被非预期修改，应提示存在安全风险。

5. 存储不可序列化的对象到磁盘

审计指标：不应将不可序列化的对象存储到磁盘。

审计人员应检查代码是否试图将不可序列化的对象存储到磁盘。将不可序列化的对象存储到磁盘，会导致对象反序列化失败，造成任意代码执行风险。

将不可序列化的对象存储到磁盘的不规范用法如示例代码 1（Java 语言）所示，对应的规范用法如示例代码 2（Java 语言）所示。

示例代码 1：

```java
@Entity
public class Customer
{
    private String id;
    private String firstName;
    private String lastName;
    private Address address;
    public Customer()
    {

    }
    public Customer(String id, String firstName, StringlastName)
    {
        ...
    }
}
```

在示例代码 1 中，Customer（Entity JavaBean）为业务应用程序提供了访问客户信息的功能。它作为会话作用域对象，用于将客户信息返回会话 EJB。它是一个不可序列化对象，当 J2EE 容器试图将对象写入系统时，可能导致序列化失败和应用程序崩溃。

示例代码 2：

```java
public class Customer implements Serializable
```

```
{
    ...
}
```

示例代码 2 实现了 Serializable 接口，可确保对象被正确地序列化。

7.2.2　并发程序安全

对并发程序安全的审计主要涉及不同会话间信息泄露、发布未完成初始化的对象、共享资源的并发安全、子进程访问父进程敏感、释放线程专有对象五个方面。

1.　不同会话间信息泄露

审计指标：代码应避免在不同会话之间发生信息泄露。

审计人员应检查代码中不同的会话之间是否会发生信息泄露，尤其是在多线程环境中。若发生信息泄露，则应提示存在安全风险。

2.　发布未完成初始化的对象

审计指标：不宜发布未完成初始化的对象。

审计人员应检查代码在多线程环境中是否有对象在初始化完成前就被其他线程引用的情况。若有此类情况，则应提示存在安全风险。

3.　共享资源的并发安全

审计指标：共享资源宜使用正确的并发处理机制。

审计人员应检查代码中共享资源的使用及并发处理的过程，包括但不限于：

- 检查代码在多线程环境中对共享数据的访问是否是同步的；
- 检查代码中线程间的共享对象是否声明了正确的存储持续期；
- 检查代码是否在并发上下文中使用了不可重入的函数；
- 检查代码中是否避免了检查时间与使用时间的冲突；
- 检查代码中多个线程等待彼此释放锁的可执行片段是否避免了死锁情况；
- 检查代码在对共享资源执行敏感操作时是否检查了加锁状态；
- 检查代码是否将敏感信息存储在没有被锁定或被错误锁定的内存中；
- 检查代码中是否存在关键资源多重加锁；
- 检查代码中是否存在关键资源多重解锁；
- 检查代码是否对未加锁的资源进行了解锁，当异常发生时是否会释放已经持有的锁。

存在加锁检查缺失问题的不规范用法如示例代码 1（C 语言）所示。能够避免加锁检查缺失的规范用法如示例代码 2（C 语言）所示。

示例代码 1：

```
void f(pthread_mutex_t * mutex)
{
    pthread_mutex_lock(mutex);
    /*
    访问共享资源
    */
    pthread_mutex_unlock(mutex);
}
```

示例代码 2：

```
void f(pthread_mutex_t * mutex)
{
    int result;
    result = pthread_mutex_lock(mutex);
    if(0 != result)
    {
        return(result);
    }
    /*
    访问共享资源
    */
    return(pthread_mutex_unlock(mutex));
}
```

4. 子进程访问父进程敏感

审计指标：在调用子进程之前应关闭敏感文件描述符，避免子进程使用这些描述符来执行未经授权的 I/O 操作。

审计人员应检查代码中是否存在在调用子进程之前未关闭敏感文件描述符的情况。当一个新进程被创建或执行时，如果子进程所继承的任何打开的文件描述符未关闭，就可能造成未经授权的访问。

在调用子进程之前应关闭敏感文件描述符，以避免子进程使用这些描述符执行未经授权的 I/O 操作。不规范用法如示例代码 1（C 语言）所示，对应的规范用法如示例代码 2（C 语言）所示。

示例代码 1：

```
intfunc(const char * filename)
{
    FILE * f = fopen(filename, "r");
    if (NULL == f)
    {
```

```
        return(-1);
    }
    /* ... */
    return(0);
}
```

示例代码 1 调用 fopen()打开的文件，在 func()函数返回之前没有关闭。

示例代码 2：

```
intfunc(const char * filename)
{
    FILE * f = fopen(filename, "r");
    if (NULL == f)
    {
        return(-1);
    }
    if(fclose(f) == EOF)
    {
        return(-1);
    }
    return(0);
}
```

在示例代码 2 中，f 指针指向的文件在返回调用者之前被关闭了。

5．释放线程专有对象

审计指标：应及时释放线程专有对象。

审计人员应检查代码是否及时释放了线程专有对象，以防止因内存泄露造成拒绝服务攻击。

7.2.3　函数调用安全

函数调用安全主要涉及格式化字符串、返回栈变量地址、验证方法或函数的参数、暴露危险的方法或函数、参数指定错误、函数实现不一致六个方面。

1．格式化字符串

审计指标：应避免外部控制的格式化字符串。

审计人员应检查代码中是否存在函数接受格式化字符串作为参数的情况。因为格式化字符串来自外部，所以可能引起注入类安全风险。

使用外部控制的格式化字符串的不规范示例代码（C 语言）如下。

```
int main(int argc, char * * argv)
{
    charbuf[128];
```

```
    snprintf(buf,128,argv[1]);
}
```

以上代码使用 snprintf()函数将命令行参数复制到缓冲区，使攻击者能够看到堆栈的内容，并使用包含格式化指令序列的命令行参数修改堆栈内容。

2. 返回栈变量地址

审计指标：不宜返回栈变量地址。

审计人员应检查代码中是否有在函数中返回栈变量地址的情况。若有，则应提示存在安全风险。因为栈变量在函数调用结束后就会被释放，所以，再次使用该变量地址时可能会出现意想不到的问题。

返回栈变量地址的不规范示例代码（C语言）如下。

```
char * getName()
{
    char name[STR_MAX];
    fillInName(name);
    return name;
}
```

以上代码返回一个栈地址，调用该函数可能会出现意想不到的问题。

3. 验证方法或函数的参数

审计指标：应对方法或函数的参数进行合法性或安全性校验。

审计人员应检查代码是否对方法或函数的参数进行了合法性或安全性校验。若没有进行校验，则应提示存在安全风险。

没有对方法或函数的参数进行验证的不规范用法如示例代码 1（C 语言）所示，对应的规范用法如示例代码 2（C 语言）所示。

示例代码 1：

```
private Object myState = null;
void setState(Object state)
{
    myState = state;
}
void useState()
{
    ...
}
```

在示例代码 1 中，没有验证 setState()和 useState()函数的参数。恶意的调用程序可能会传递一个非法的 state 参数，这将导致安全风险。

示例代码 2：

```java
private Object myState = null;
void setState(Object state)
{
    if (state == null)
    {
        ...
    }
    if (isInvalidState(state))
    {
        ...
    }
    myState = state;
}
void useState()
{
    if(myState == null)
    {
        ...
    }
    ...
}
```

示例代码 2 对参数进行了验证，并在使用内部状态前对参数进行了检查，降低了潜在的安全风险。

4. 暴露危险的方法或函数

审计指标：不应暴露危险的方法或函数。

审计人员应检查代码中的 API 或其他与外部交互的接口是否暴露了危险的方法或函数，从而避免非授权访问攻击。

存在暴露危险的方法或函数问题的不规范用法如示例代码 1（Java 语言）所示，对应的规范用法如示例代码 2（Java 语言）所示。

示例代码 1：

```java
public void removeDatabase(String databaseName)
{
    try
    {
        Statement stmt = conn.createStatement();
        stmt.execute("DROP DATABASE" + databaseName);
    }
    catch (SQLException ex)
    {
        ...
    }
}
```

在示例代码 1 中，removeDatabase()方法将删除输入参数中指定名称的数据库。由于该方法被声明为 public，因此会被暴露给应用程序中的任何类。在应用程序中删除一个数据库将被视为危险操作。

示例代码 2:

```
private void removeDatabase(String databaseName)
{
    ...
}
```

示例代码 2 通过声明 removeDatabase()方法为 private，使其只会暴露给应用程序中封闭的类。

5. 参数指定错误

审计指标：函数功能调用宜正确指定参数。

审计人员应检查在调用函数和方法时参数的指定是否存在以下情况：

- 参数数量不正确；
- 参数顺序不正确；
- 参数类型不正确；
- 错误的值。

6. 函数实现不一致

审计指标：不宜使用具有不一致性实现的函数或方法。

审计人员应检查代码中是否存在使用在不同版本中有不一致实现的函数或方法的情况，以免代码在被移植到不同环境时行为发生改变。

7.2.4 异常处理安全

审计指标：宜恰当进行异常处理。

审计人员应检查代码中的异常处理机制是否安全，包括但不限于：

- 检查是否对异常进行检查并处理；
- 检查是否采用标准化的、一致的异常处理机制来处理代码中的异常；
- 检查当错误发生时，是否提供正确的状态代码或返回值来表示发生的错误；
- 检查是否对执行文件 I/O 的返回值进行检查；
- 检查函数或方法的返回值是否为预期值；
- 检查是否通过给用户返回定制的错误页面来预防敏感信息泄露。

7.2.5　指针安全

指针安全的主要内容包括不兼容的指针类型、利用指针减法确定内存大小、将固定地址赋值给指针、尝试访问非结构体类型指针的数据域、指针偏移越界、使用无关指针六个方面。

1.　不兼容的指针类型

审计指标：不宜使用不兼容类型的指针来访问变量。

审计人员应检查代码中是否使用了不兼容类型的指针来访问变量。通过不兼容的指针修改变量，可能会导致不可预测的后果。

一段采用不兼容的指针访问变量的不规范示例代码（C 语言）如下。

```
#include <stdio.h>
void f(void )
{
    if (sizeof(int) == sizeof(float) )
    {
        floatf = 0.0f;
        int * ip = (int *) &f;
        (* ip)++;
        printf("float is %f\n",f);
    }
}
```

2.　利用指针减法确定内存大小

审计指标：应避免使用指针的减法来确定内存大小。

审计人员应检查代码是否采用一个指针减去另一个指针的方式来确定内存空间的大小。如果两个指针不是同一类型的，就会导致不可预测的后果。

通过指针减法确定内存大小的不规范用法如示例代码 1（C 语言）所示，对应的规范用法如示例代码 2（C 语言）所示。

示例代码 1：

```
struct node
{
    int data;
    struct node * next;
};
int size(struct node * head)
{
    struct node * current = head;
    struct node * tail;
    while (current != NULL)
    {
```

```
        tail = current;
        current = current -> next;
        return(tail - head);
    }
}
```

示例代码 2：

```
int size(struct node * head)
{
    struct node * current = head;
    int count = 0;
    while (current != NULL)
    {
        count++;
        current = current -> next;
    }
    return(count);
}
```

3. 将固定地址赋值给指针

审计指标：不宜将固定地址赋值给指针。

审计人员应检查代码是否将 null 和 0 以外的固定地址赋值给了指针。将固定地址赋值给指针会降低代码的可移植性，并为攻击者进行注入攻击提供便利。

4. 尝试访问非结构体类型指针的数据域

审计指标：不应把指向非结构体类型指针强制转换为指向结构类型的指针并访问其字段。

审计人员应检查代码是否将指向非结构体类型的指针强制转换为指向结构体类型的指针并访问其字段。如果是，则可能存在内存访问错误或者数据损坏的风险，应提示存在安全风险。

5. 指针偏移越界

审计指标：不应使用偏移越界的指针。

审计人员应检查代码在使用指针时是否存在偏移越界的情况。指针偏移越界会造成缓冲区溢出。

6. 使用无关指针

审计指标：应避免使用无关指针。

审计人员应检查代码中是否存在使用无关指针的情况。使用无关指针会出现非预期的行为。

7.2.6 代码生成安全

代码生成安全主要包括编译环境安全和链接环境安全两个方面。

1. 编译环境安全

审计指标：应构建安全的编译环境。

审计人员应检查编译环境是否安全，包括但不限于：

- 检查编译器是否从官方或其他可靠渠道获取，并确保其安全可靠；
- 检查编译器是否有不必要的编译功能。

2. 链接环境安全

审计指标：应构建安全的链接环境。

审计人员应检查链接环境是否安全，包括但不限于：

- 检查编译后的目标文件是否安全，确保链接后生成的可执行文件的安全；
- 检查链接依赖库是否安全，避免引入不安全的依赖库。

7.3 资源使用缺陷审计指标

资源使用缺陷审计应重点从资源管理、内存管理、数据库使用、文件管理、网络传输五个方面进行。

7.3.1 资源管理

对资源管理的审计涉及重复释放资源、初始化失败后未安全退出、将资源暴露给非授权范围、资源或变量不安全初始化、引用计数更新不正确、资源不安全清理、未经控制的递归、无限循环、算法复杂度攻击、早期放大攻击等内容。

（1）重复释放资源

审计指标：应避免重复释放资源。

审计人员应检查代码中是否存在重复释放资源的情况。重复释放资源会造成系统崩溃。

（2）初始化失败后未安全退出

审计指标：初始化失败后应安全退出。

审计人员应检查程序在初始化失败后能否安全退出。如果不能，则应提示存在安全风险。

（3）将资源暴露给非授权范围

审计指标：不应将资源暴露给非授权的范围。

审计人员应检查代码是否将文件、目录等资源暴露给非授权的范围。如果存在此类情况，则应提示存在信息暴露风险。

（4）资源或变量不安全初始化

审计指标：宜避免不安全的资源或变量初始化。

审计人员应检查代码是否对资源或变量进行了安全的初始化，包括但不限于：

- 检查是否对关键变量进行了初始化；
- 检查是否采用了不安全的默认值初始化内部变量；
- 检查关键的内部变量或资源是否采用了可信边界外的外部输入值进行初始化。

（5）引用计数更新不正确

审计指标：应避免引用计数的更新不正确。

审计人员应检查管理资源的引用计数更新是否正确。如果不正确，就可能导致资源在使用阶段被过早释放或者在使用后得不到释放的安全风险。

（6）资源不安全清理

审计指标：应避免不安全的资源清理。

审计人员应检查代码在使用资源后是否恰当地清理了临时文件或辅助资源，以避免清理不完整。

（7）未经控制的递归

审计指标：应避免未经控制的递归。

审计人员应检查代码是否避免了未经控制的递归。如果没有避免未经控制的递归，就会造成资源消耗过多的安全风险。

（8）无限循环

审计指标：执行迭代或循环应恰当地限制循环执行的次数，以避免无限循环。

审计人员应检查代码执行迭代或循环时是否充分限制了循环的次数，同时，应避免无限循环的发生（无限循环会导致攻击者占用过多的资源）。

（9）算法复杂度攻击

审计指标：宜避免针对算法复杂度的攻击。

审计人员应检查代码中的算法在最坏情况下是否会出现极端低效或者由于复杂度高导致的系统性能严重下降的情况。如果会出现这些情况，攻击者就可以利用精心编写的操作代码触发最坏情况，从而引发针对算法复杂度的攻击。

（10）早期放大攻击

审计指标：宜遵守正确的行为次序避免早期放大攻击数据。

审计人员应检查代码中是否存在实体在授权或认证前执行高代价操作的情况。不合理地执行高代价操作，可能会造成早期放大攻击。

能够造成早期放大攻击的不规范用法如示例代码 1（C 语言）所示，对应的规范用法如示例代码 2（C 语言）所示。

示例代码 1：

```c
bool printFile( char * username, char * filename)
{
    char  file = NULL;
    /*读取文件*/
    file = file_get_content(filename);
    /*检查是否有权限*/
    if (access(filename, R_OK) == 0)
    {
        printf("%s", file);
        return (true);
    }
    else
    {
        printf("You are not authorized to view this file\n");
    }
    return(false);
}
```

示例代码 2：

```c
bool printFile( char * username, char * filename)
{
    char  file = NULL;
    /*检查是否有权限*/
    if (access(filename, R_OK) == 0)
    {
        /*读取文件*/
        file = file_get_content(filename);
        printf("%s", file);
        return (true);
    }
    else
    {
        printf("You are not authorized to view this file\n");
    }
    return(false);
}
```

7.3.2 内存管理

内存管理审计涉及的内容较多，包括内存分配和释放函数成对调用、堆内存释放、内存未释放、访问已释放的内存、数据/内存布局、内存缓冲区边界操作、缓冲区复制造成溢出、使用错误的长度值访问缓冲区、堆空间耗尽等。

（1）内存分配和释放函数成对调用

审计指标：应成对调用内存分配和释放函数。

审计人员应检查代码中分配内存和释放内存的函数是否被成对调用。当内存分配和释放资源不能成对出现时，可能会导致程序崩溃。

（2）堆内存释放

审计指标：应避免在释放堆内存前由于清理不恰当而导致敏感信息的暴露。

审计人员应检查代码在释放堆内存前是否采用了合适的方式清理信息。例如，C 语言使用 realloc()函数调整存储敏感信息的缓冲区的大小，可能存在暴露敏感信息的风险，导致堆检查攻击。

（3）内存未释放

审计指标：宜及时释放动态分配的内存。

审计人员应检查代码中是否有动态分配的内存在使用后未被释放而导致内存泄漏的情况存在。若有，则可能导致资源耗尽，造成拒绝服务的安全风险。

未及时释放动态分配的内存的不规范用法如示例代码 1（C 语言）所示，对应的规范用法如示例代码 2（C 语言）所示。

示例代码 1：

```c
char * getBlock(int fd)
{
    char * buf = (char *) malloc(BLOCK_SIZE);
    if (! buf )
    {
        return NULL;
    }

    if (read(fd, buf, BLOCK_SIZE) != BLOCK_SIZE)
    {
        return NULL;
    }
    return buf;
}
```

示例代码 2：

```c
char * getBlock(int fd)
```

```
{
    char * buf = (char *) malloc(BLOCK_SIZE);
    if (! buf )
    {
        return NULL;
    }

    if (read(fd, buf, BLOCK_SIZE) != BLOCK_SIZE)
    {
        free(buf);
        return NULL;
    }
    return buf;
}
```

（4）访问已释放的内存

审计指标：不应引用或访问已被释放后的内存。

审计人员应检查代码中是否存在内存被释放后再次被访问的情况。内存被释放后再次被访问，可能会导致非预期行为。

（5）数据/内存布局

审计指标：不宜依赖数据/内存布局。

审计人员应检查代码逻辑是否依赖对协议数据或内存在底层组织形式中的无效假设。如果平台或协议版本有变化，数据组织形式就可能发生变化，从而导致非预期的行为。

（6）内存缓冲区边界操作

审计指标：应避免内存缓冲区边界操作发生越界。

审计人员应检查代码在内存缓冲区边界操作时是否存在越界现象。越界可能会导致缓冲区溢出。

未避免内存缓冲区边界操作发生越界的不规范用法如示例代码 1（C 语言）所示，对应的规范用法如示例代码 2（C 语言）所示。

示例代码 1：

```
int get ValueFromArray( int *array,int len, int index)
{
    int value;
    if (index < len)
    {
        value = array[index];
    }
    else
    {
        printf("Value is: %d\n", array[index]);
```

```
        value = -1;
    }
    return (value);
}
```

示例代码 1 只验证了给定的数组索引是否小于数组的最大长度，但不检查最小值。这将允许接受一个负值作为数组索引，从而导致越界读取敏感内存。

示例代码 2：

```
int get ValueFromArray( int *array, int len, int index)
{
    int value;
    if (index >= 0 && index < len)
    {
        value = array[index];
    }
    else
    {
        printf("Value is: %d\n", array[index]);
        value = -1;
    }
    return (value);
}
```

示例代码 2 通过检查输入数组索引来验证数组是否在取值范围内，可以避免在内存缓冲区边界操作中发生越界。

（7）缓冲区复制造成溢出

审计指标：应避免未检查输入数据大小就进行缓冲区复制。

审计人员应检查代码在进行缓冲区复制时是否存在未对输入数据大小进行检查的情况。若存在，则可能造成缓冲区溢出。

未检查输入数据大小就进行缓冲区复制的不规范用法，如示例代码 1（C 语言）所示。在复制缓冲区时检查了输入数据大小的规范用法，如示例代码 2（C 语言）所示。

示例代码 1：

```
void manipulate_string( char * string)
{
    charbuf[24];
    strcpy(buf, string);
}
```

示例代码 1 在没有确认字符串指向的数据大小是否适合本地缓冲区的情况下，就使用危险的 strcpy()函数对数据进行复制。如果攻击者可以改变字符串参数的内容，就可能导致缓冲区溢出。

示例代码 2：

```
void manipulate_string( char * string)
{
    charbuf[24];
    if(strlen(string) >= 24 || strlen(string) <= 0)
    {
        /*
        错误处理
        */
    }
    else
    {
        strcpy(buf, string);
    }
    /*
    ...
    */
}
```

示例代码 2 对输入缓冲区的长度进行了验证。

（8）使用错误的长度值访问缓冲区

审计指标：应避免使用错误的长度值访问缓冲区。

审计人员应检查代码在访问缓冲区时使用的长度值是否正确。使用错误的长度值可能会造成缓冲区溢出。

使用错误的长度值访问缓冲区的不规范用法，如示例代码 1（C 语言）所示。使用正确的长度值访问缓冲区的规范用法，如示例代码 2（C 语言）所示。

示例代码 1：

```
char source[21] = "the character string";
char dest[12];
strncpy(dest, source, sizeof(source) - 1);
```

示例代码 1 使用 strncpy()函数将源字符串复制到 dest 字符串中，在 strncpy()函数中源字符串通过 sizeof()函数确定字符数。由于源字符串的长度大于目的缓冲区的大小，所以将导致缓冲区溢出。

示例代码 2：

```
char source[21] = "the character string";
char dest[12];
strncpy(dest, source, sizeof(dest) - 1);
```

示例代码 2 根据目的缓冲区的大小决定所要复制的字符串的长度，避免使用错误的长度值访问缓冲区。

（9）堆空间耗尽

审计指标：应限制堆空间的消耗，防止空间耗尽。

审计人员应检查代码中是否存在导致堆空间耗尽的情况，检查项目包括但不限于：

- 内存泄漏；
- 死循环；
- 不受限制的反序列化；
- 创建大量的线程；
- 解压一个较大的压缩文件。

7.3.3 数据库使用

对数据库使用的审计主要包括及时释放数据库资源和 SQL 注入两个方面。

（1）及时释放数据库资源

审计指标：宜及时释放数据库资源。

审计人员应检查代码在使用数据库后是否及时释放了数据库连接或者采用了数据库连接池。未及时释放数据库连接可能会造成数据库拒绝服务的风险。

（2）SQL 注入

审计指标：应正确处理 SQL 命令中的特殊元素。

审计人员应检查代码在利用用户可控的输入数据构造 SQL 命令时，是否对外部输入数据中的特殊元素进行了处理。如果未进行处理，那么这些数据有可能被解释为 SQL 命令而非普通用户的输入数据。攻击者可能会对其加以利用，修改查询逻辑，从而绕过安全检查或者插入可以修改后端数据库的语句。

7.3.4 文件管理

对文件管理的审计主要涉及过期的文件描述符、不安全的临时文件、文件描述符穷尽、路径遍历、及时释放文件系统资源五个方面。

（1）过期的文件描述符

审计指标：不应使用过期的文件描述符。

审计人员应检查代码中是否存在文件描述符被释放后再次被使用的情况。特定文件或设备的文件描述符被释放后再次被使用，可能会造成引用其他文件或设备的问题。

（2）不安全的临时文件

审计指标：应安全使用临时文件。

审计人员应检查代码中使用的临时文件是否安全（如果临时文件不安全，就会造成敏感信息泄露），包括但不限于：

- 检查是否创建或使用了不安全的临时文件；

- 检查临时文件是否在程序终止前被移除；

- 检查是否在具有不安全权限的目录中创建了临时文件。

（3）文件描述符穷尽

审计指标：不宜导致文件描述符穷尽。

审计人员应检查代码中是否存在能够导致文件描述符穷尽的情况，包括但不限于：

- 是否未对打开的文件描述符做关闭处理；

- 是否在到达关闭阶段之前失去了对文件描述符的所有引用；

- 进程完成后是否未关闭文件描述符。

（4）路径遍历

审计指标：应避免路径遍历。

审计人员应检查代码中是否存在由外部输入构造的标识文件或目录的路径。路径遍历会造成非授权访问资源的风险。

（5）及时释放文件系统资源

审计指标：应及时释放文件系统资源。

审计人员应检查在代码中是否及时释放了不再使用的文件句柄。不及时释放文件句柄，可能会导致文件资源占用过多，造成拒绝服务的风险。

7.3.5　网络传输

对网络传输的审计主要包括端口多重绑定、网络消息容量控制、字节序使用、通信安全、会话过期机制、会话标识符。

（1）端口多重绑定

审计指标：不应对同一端口进行多重绑定。

审计人员应检查代码中是否有多个套接字绑定到同一端口的情况。如果有，端口上的服务就存在被盗用或被欺骗的风险。

（2）网络消息容量控制

审计指标：宜避免对网络消息容量的控制不充分。

审计人员应检查代码中是否有控制网络传输流不超过允许值的机制。如果没有，就可能造成拒绝服务攻击。

（3）字节序使用

审计指标：应避免字节序使用不一致。

审计人员应检查代码在跨平台或网络通信中处理输入时是否考虑了字节序，以避免字节序使用不一致。

（4）通信安全

审计指标：应采用加密传输方式保护敏感数据。

审计人员应检查代码是否实现了对网络通信中敏感数据的加密传输，特别是身份鉴别信息等重要信息。如果没有，就会造成信息被窃听的风险。

（5）会话过期机制

审计指标：宜指定会话过期机制。

审计人员应检查代码中的会话过程是否使用了会话过期机制。如果没有使用会话过期机制，就可能存在安全保护机制被绕过的风险。

会话过期机制的设置存在问题的不规范用法如示例代码 1（Java 语言）所示，对应的规范用法如示例代码 2（Java 语言）所示。

示例代码 1：

```
HttpSession session = request.getSession(true);
session.setMaxInactiveInterval(-1);
```

在示例代码 1 中，设置 setMaxInactiveInterval 为负值，将使会话保持无限期的活动状态。会话持续时间越长，攻击者危害用户账户的机会就越多。如果创建了大量会话，那么较长的会话超时时间还会阻止系统释放内存，可能导致系统拒绝服务。

示例代码 2：

```
HttpSession session = request.getSession(true);
session.setMaxInactiveInterval(1800);
```

示例代码 2 设置的会话有效期在安全的时间范围内。

（6）会话标识符

审计指标：宜确保会话标识符的随机性。

审计人员应检查代码中的会话过程是否使用了会话过期机制，以防止会话标识符被穷举。

7.4　环境安全缺陷审计指标

环境安全缺陷审计重点从遗留调试代码、第三方软件安全可靠、保护重要配置信息三个方面进行。

（1）遗留调试代码

审计指标：代码中不应遗留调试代码。

审计人员应检查部署到应用环境的代码是否包含具有调试或测试功能的代码。如果包含，则需要检查该部分代码是否可能造成后门。

（2）第三方软件安全可靠

审计指标：应对第三方代码来源情况进行审计，确保引入的第三方软件安全可靠。

审计人员应检查第三方代码的来源是否安全可靠，以避免不安全的第三方软件引入安全风险。

（3）保护重要配置信息

审计指标：宜对重要的配置信息进行安全保护。

审计人员应检查代码所使用的重要配置信息是否得到了安全保护。如果对重要配置信息保护不当，就可能造成信息泄露的安全风险。

小结

本篇对代码审计规范进行了系统性的介绍和解读，对 GB/T 39412—2020《信息安全技术 代码安全审计规范》中有关审计时机、审计方法、审计过程、审计报告的规定进行了详细的分析，并通过大量示例代码帮助读者理解四种常见的审计指标及其子指标。

本篇的知识体系，如图 7-1 所示。

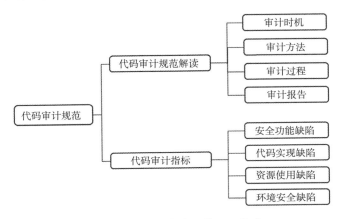

图 7-1　代码审计规范知识体系

参考资料

[1] GB/T 39412—2020 信息安全技术 代码安全审计规范[S].

[2] GB/T 25069—2022 信息安全技术术语[S].

[3] GB/T 28458—2020 信息安全技术 网络安全漏洞标识与描述规范[S].

[4] 陈英, 陈朔鹰. 编译原理[M]. 北京：清华大学出版社, 2009.

[5] 张涛, 等. 软件技术基础实验教程[M]. 西安：西北工业大学出版社, 2015.

[6] 陈明. 软件工程学教程[M]. 北京：北京理工大学出版社, 2013.

[7] 江海客. 开源与安全的纠结——开源系统的安全问题笔记[J]. 中国信息安全, 2011(5): 72-76.

[8] 高君丰, 崔玉华, 罗森林, 等. 信息系统可控性评价研究[J]. 信息网络安全, 2015(8): 67-75.

[9] 肖芫莹, 游耀东, 向黎希. 代码审计系统的误报率成因和优化[J]. 电信科学, 2020, 36(12): 155-162.

第 3 篇　代码安全审计参考规范

本篇由国际代码安全开发参考规范和国内源代码漏洞测试规范两个知识子域构成。

国际代码安全开发参考规范知识子域主要介绍和解读 OWASP、CWE、CVE 漏洞列表中的安全漏洞，分析漏洞的成因，并提出解决方案。国内源代码漏洞测试规范知识子域主要介绍软件测试和国内针对三种编程语言的源代码漏洞测试规范，包括源代码测试的过程和主要内容。

通过本篇的学习，读者能够了解 OWASP Top 10 和 CWE Top 25 中常见漏洞的成因、表现形式和危害，熟悉国内源代码漏洞测试的过程和内容，掌握常见漏洞的解决方案。由于不规范的代码和测试不充分的代码可能导致软件安全漏洞，造成信息泄露或者财产损失，因此，如何在软件上线前对其源代码进行有效检测，发现其中的不规范问题和安全漏洞并修复它们，就显得格外重要，这也是对源代码进行安全审计的目的。无论是借助工具还是人工分析，要想找出由于代码编写不规范造成的安全风险，就必须基于已有的代码安全开发参考规范，同时，要想找出代码中的潜在漏洞，就必须从测试的角度对代码进行有针对性的分析。目前，与国际权威的代码安全开发参考规范相对应，国内发布了一些常用程序设计语言的源代码漏洞测试规范，本篇对这些内容进行梳理和解读，以帮助读者尽快熟悉和掌握代码安全审计参考规范。

第8章　国际代码安全开发参考规范

CVE（Common Vulnerabilities & Exposures，常用漏洞和风险）、OWASP（Open Web Application Security Project，开放式 Web 应用程序安全项目）、CWE（Common Weakness Enumeration，通用缺陷枚举）是国际著名的代码安全漏洞或风险库。除了漏洞或风险本身，它们还基于漏洞或风险对代码安全开发经验进行了总结，并针对代码安全漏洞或权限制定了一些标准或规范，能够比较全面地反映代码安全开发的要求，可作为国际代码安全开发和安全审计的参考规范。

8.1　CVE

8.1.1　CVE 概述

CVE 是国际权威的代码安全漏洞库，是已知漏洞和安全缺陷的标准化名称列表。CVE 也是一个由政府、企业、学术界综合参与的国际性组织，它采取了一种非盈利的组织形式，使命是更加快速而有效地鉴别、发现和修复软件产品的安全漏洞。

8.1.2　CVE 的产生背景

随着全球范围内黑客入侵活动逐渐猖獗，信息安全问题越来越严重。在对抗黑客入侵的安全技术中，实时入侵检测和漏洞扫描评估（Intrusion Detection and Assessment，ID&A）的相关技术和产品开始占据越来越重要的位置。但是，这些技术和产品仍然是基于"已知入侵手法检测"和"已知漏洞扫描"的，换句话说，就是基于知识库的。因此，决定一项 ID&A 技术和产品水平的重要标志就是能够检测的入侵种类和漏洞数量。

各 ID&A 厂商在介绍自己的产品时，大都会声称自己的产品能够扫描的漏洞数量最多。而且，不同厂商的入侵手法和漏洞知识库各有千秋。那么，用户应该如何获得漏洞覆盖尽可能全面的 ID&A 产品？我们应该如何客观地评价一款 ID&A 产品？这就需要全面了解代码漏洞和缺陷。CVE 就是在这样的背景下诞生的。

8.1.3　CVE 的特点

CVE 的特点如下：

- 为每个漏洞和暴露确定了唯一的名称；

- 给每个漏洞和暴露一个标准化的描述；

- 不是一个数据库，而是一个字典；

- 任何迥异的漏洞库，都可以用统一的语言来描述；

- 由于语言统一，所以安全事件报告更容易被理解，能够更好地实现协同工作；

- 可作为评价相应的工具和数据库的基准；

- 非常容易通过互联网查询和下载；

- 通过 "CVE 编辑部" 体现业界的认可。

8.1.4　CVE 条目举例

　　CVE 将常见的漏洞和暴露以条目的形式列出，每个条目的基本形式（以 CVE-1999-0016 为例）如下。

```
====================================================
Name: CVE-1999-0016
Status: Entry
Reference: CERT:CA-97.28.Teardrop_Land
Reference: CISCO:http://www.cisco.com/warp/public/770/land-pub.shtml
Reference: FREEBSD:FreeBSD-SA-98:01
Reference: HP:HPSBUX9801-076
Reference:
URL:http://www1.itrc.hp.com/service/cki/docDisplay.do?docId=HPSBUX9801-076
Reference: XF:95-verv-tcp
Reference: XF:cisco-land
Reference: XF:land
Reference: XF:land-patch
Reference: XF:ver-tcpip-sys

Land IP denial of service.

====================================================
```

　　CVE-1999-0016 是一个 Land 漏洞，攻击者可以利用它进行拒绝服务攻击。Land 攻击是一种拒绝服务攻击，基本原理为：通过构造一个源地址和目的地址均为攻击目标的 SYN 包，让攻击目标收到该包后向自己发送 SYN-ACK 消息，并创建一个空连接；如此重复，攻击目标的资源就会因被过度消耗而崩溃。

　　需要说明的是，CVE 的每个漏洞条目中还包含参考引用。例如，Teardrop_Land 是 CVE-1999-0016 的一个参考引用。

　　漏洞库有很多，且不同的漏洞库对同一个漏洞的描述可能不同。例如，关于 Land 漏洞的命名描述有 Land、land.c、Impossible IP Packet、Land Loopback Attack 等。CVE 为漏洞提供了公共的命名标准，即将漏洞命名标准化，形成了漏洞字典。这样，所有的漏洞库都会与 CVE 字典对应，以 CVE 字典中被共同认可的名称和描述来标识一个漏洞。例如，"CVE-1999-0016"就是一个标准的漏洞名，它在 CVE 条目中是"Land IP 拒绝服务"漏洞的唯一标识。

8.2 OWASP

8.2.1 OWASP 概述

OWASP 提供有关计算机和互联网应用程序的公正、实际、有成本效益的信息，其目的是协助个人、企业和机构发现和使用可信赖的软件。

OWASP 是一个非营利组织，不附属于任何企业或财团。因此，OWASP 提供和开发的所有文件和产品都不受商业因素的影响。OWASP 支持商业安全技术的合理使用。OWASP 有一个论坛，信息技术专业人员可以在那里发表和传授专业知识和技能。

8.2.2 OWASP Top 10

OWASP 每隔几年就会公布十大风险项，排名是根据漏洞的流行程度、可利用性、可检测性、影响力等一致性评估标准形成的。

OWASP Top 10 列出了当前全球十大 Web 应用程序安全风险，不仅对每个漏洞进行描述并给出示例，还提供如何避免该漏洞的建议，是渗透测试和代码安全审计人员必须了解和掌握的。

2017 年和 2021 年 OWASP Top 10 的对比，如图 8-1 所示。

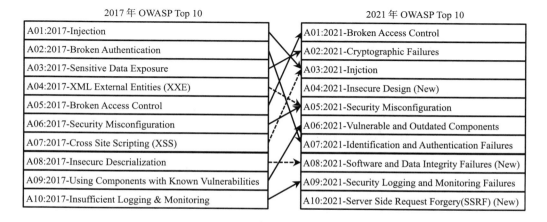

图 8-1　2017 年和 2021 年 OWASP Top 10 的对比

下面对 2021 年 OWASP Top 10 中的漏洞进行详细解读。

1. 失效的访问控制

（1）失效的访问控制的概念

失效的访问控制是指能够绕过身份认证进行非授权访问或者对通过了身份认证的用户未实施恰当的访问控制。攻击者可能通过手工检测找到访问控制机制的问题并验证其功能是否正常，或者在某些特定框架下自动检测访问控制机制的缺陷并利用这些缺陷访问未经授权的服务或数据（直接的对象引用或受限制的 URL），如访问其他用户的账户、查看敏感文件、修改其他用户的数据、更改访问权限、访问未授权的页面等。

（2）容易受到失效的访问控制攻击的情形

容易受到失效的访问控制攻击的情形主要有以下方面：

- 通过修改 URL、内部应用程序状态或 HTML 页面绕过访问控制检查，或者通过使用自定义的 API 攻击工具使访问控制失效；
- 允许将主键更改为其他用户的记录，如查看或编辑他人的账户；
- 特权提升，即在不登录的情况下假扮用户或者以用户身份在登录时充当管理员；
- 元数据操作，如重放或篡改 JWT 访问控制令牌，或者提升权限的 Cookie 或隐藏字段；
- 以未通过身份验证的用户身份强制浏览通过身份验证的用户才能看到的页面，以标准用户身份访问没有相关权限的页面，API 没有对 POST、PUT、DELETE 操作强制执行访问控制。

（3）失效的访问控制的危害

很多系统的权限控制是通过页面灰化或隐藏 URL 实现的，没有在服务器端进行身份确认和权限验证。这使攻击者可以通过修改页面样式或获取隐藏 URL 访问特权页面，实现对系统的攻击，或者在匿名状态下对他人的页面进行攻击，进而获取用户数据或提升权限。

如果此类攻击发生在后台，攻击者就能访问正常用户才能访问的页面，这将对所有用户造成安全威胁。

（4）失效的访问控制的防范

防范访问控制失效，需要注意以下方面：

- 让访问控制只在受信服务器端代码或没有服务器的 API 中有效，这样攻击者就无法修改访问控制策略或元数据；
- 除公有资源外，在默认情况下应拒绝访问；

- 使用一次性访问控制机制，并在整个应用程序中不断重用；

- 建立访问控制模型以强制执行所有权记录，而不是接受用户创建、读取、更新或删除的任何记录；

- 域访问控制对每个应用程序都是唯一的，但对业务限制要求应由域模型强制执行；

- 禁用 Web 服务器目录列表，以确保文件元数据不在 Web 服务器的根目录中；

- 记录失败的访问控制，并在适当的时候向管理员告警；

- 对 API 和控制器的访问速率进行限制，以降低自动攻击工具的危害；

- 当用户注销后，其在服务器上的 JWT 令牌应失效。

（5）攻击场景示例

示例 1：应用程序在访问账户信息的 SQL 语句中使用了未经验证的数据，代码如下。

```
pstmt.setString(1,request.getParameter("acct"));
ResultSetresults=pstmt.executeQuery();
```

此时，攻击者只需修改浏览器中的 acct 参数，即可获得想要的账号信息。因此，如果没有对参数进行正确验证，攻击者就可以访问任意用户的账号，代码如下。

```
http://example.com/app/accountInfo?acct=notmyacct
```

示例 2：攻击者强行浏览目标 URL，而管理员权限是访问管理页面所必需的。

```
http://example.com/app/getappInfo
http://example.com/app/admin_getappInfo
```

一个未经身份验证的用户可以访问任意页面，这肯定是一个缺陷。一个非管理员权限的用户可以访问管理页面，这也肯定是一个缺陷。

2. 加密失败

（1）加密失败的概念

敏感信息是一个相对的概念，通常是指被不当使用或未经授权访问、使用与修改等会造成个人、组织、机构、国家等的权益受到损害的所有信息。

加密失败会造成敏感信息泄露。许多 Web 应用程序和 API 都无法正确地保护敏感数据。攻击者通常不会直接攻击密码数据库，而是通过窃取或修改未加密的数据，实施信用卡诈骗、身份盗窃或其他犯罪行为。

在 Web 应用中，数据通常有三种状态，即传输状态、存储状态、与浏览器的交互状态。敏感数据既可能在传输过程或存储状态中泄露，也可能在与浏览器的交互过程中泄露。未加密的敏感数据很容易受到窃取和破坏。为避免敏感信息泄露，通常需要对敏感数据进行正确加密。

（2）容易发生加密失败的情形

敏感数据通常指密码、信用卡卡号、医疗记录、个人信息，特别是隐私法律或条例中明确规定需要加密的数据。判断是否容易发生加密失败，需要对以下情况进行确认：

- 在数据传输过程中是否使用明文传输；
- 当数据被长期存储时，无论存储在哪里，是否都被加密了，是否有备份数据；
- 是否还在使用任何旧的或脆弱的加密算法；
- 是否还在使用默认加密密钥，生成或重复使用脆弱的加密密钥，或者缺少恰当的密钥管理机制；
- 是否强制加密敏感数据，如用户代理（如浏览器）指令和传输协议是否被加密。

（3）加密失败的检测方法

目前，对加密失败（敏感数据泄露）的检测主要有手工挖掘和工具挖掘两种方法：

- 手工挖掘是指通过查看 Web 容器或网页源码代码发现可能存在的敏感信息，如访问 URL 下的目录、直接列出目录下的文件、报错信息包含网站信息等；
- 工具挖掘是指使用爬虫之类的工具扫描敏感文件路径，从而找到敏感数据。

（4）加密失败的防范

为了防止加密失败导致的敏感数据泄露，对一些需要加密的敏感数据，至少应该做到以下几点：

- 对系统处理、存储或传输的数据进行分类，并根据分类进行访问控制；
- 熟悉与敏感数据保护相关的法律和条例，并根据每项法规的要求保护敏感数据；
- 没有必要存储的重要的敏感数据应尽快清除，或者通过 PCIDSS（Payment Card Industry Data Security Standard）标记或拦截，确保未存储的数据无法被窃取；
- 确保存储的所有敏感数据都被加密；
- 确保使用了最新的、强大的标准算法或者密码、参数、协议和密钥，且密钥管理到位；
- 确保传输过程中的数据被加密，如使用 SSL/TLS；
- 确保数据加密被强制执行，如使用 HTTP 严格安全传输协议（HTTP Strict Transport Security，HSTS）强制将 HTTP 跳转至 HTTPS；
- 禁止缓存包含敏感数据的响应；

- 确保使用密码专用算法存储密码，如 Argon2、scrypt、bcrypt，将工作因素（延迟因素）设置在可接受的范围内；

- 单独验证每个安全配置项的有效性。

（5）攻击场景示例

示例 1：一个应用程序使用自动化数据加密系统加密信用卡信息并将其存储在数据库中，不过，当数据被检索时这些信息会自动解密，这就使攻击者能够通过 SQL 注入漏洞以明文形式获得所有信用卡的卡号。

示例 2：一个网站没有对所有网页使用或强制使用 SSL/TLS，或者使用弱加密。攻击者通过监测网络流量（如不安全的无线网络），将网络连接从 HTTPS 降级至 HTTP，就可以截取请求并窃取用户会话 Cookie。然后，攻击者可以复制用户 Cookie 并成功劫持经过认证的用户会话、访问或修改用户个人信息。此外，攻击者可以更改传输过程中的所有数据，如转账的接收者。

示例 3：密码/口令数据库使用未加盐的散列算法或弱散列算法存储每个用户的密码/口令。一个文件上传漏洞使攻击者能够获取密码/口令文件，所有未加盐的散列密码/口令都可以通过彩虹表暴力破解。而且，由简单或快速的散列函数生成的加盐散列可以通过 GPU 或 DPU 破解。

3. 注入

（1）注入的概念

注入是指将不受信任的数据作为命令或查询的一部分发送到解析器，以产生 SQL 注入、OS 注入等缺陷。当用户提供的数据没有经过验证或过滤时，动态查询语句的调用或恶意数据的直接使用等会导致解析器执行非预期命令或访问非授权数据。

（2）容易遭受注入攻击的情形

容易遭受注入攻击的情形很多，下面四种最为常见：

- 用户提供的数据没有经过应用程序的验证、过滤或净化；

- 动态查询语句或非参数化的调用在没有上下文感知转义的情况下被用于解释器；

- 在 ORM（Object Relational Mapping）搜索参数中使用恶意数据，使搜索可能获得敏感或未授权的数据；

- 恶意数据被直接使用，最常见的是在 SQL 语句的动态查询或存储过程中包含恶意数据。

（3）常见的注入

常见的注入包括 SQL 注入、OS 注入、ORM 注入、LDAP 注入、表达式注入、

OGNL 注入。

（4）注入的防范

防止注入需要从以下方面做起。

- 将数据与命令语句、查询语句分开。
- 使用安全的 API，或者提供参数化界面接口，或者迁移到 ORM 或实体框架。但是，在实现参数化时，存储过程仍然可能引起 SQL 注入。例如，如果 PL/SQL 或 T-SQL 将查询和数据连接在一起，或者执行了包含立即执行命令或 exec()函数的恶意数据，就会引起 SQL 注入。
- 使用正确的白名单或者具有恰当的、规范化的输入验证的方法。但是，这不是一个完整的防御方案，因为许多应用程序在输入中需要使用特殊字符（例如，文本区域或移动应用程序的 API）。
- 对于动态查询，可以使用特定转义语法转义特殊字符。OWASP 的 Java Encoder 和类似的库提供了这样的转义例程。但是，由于 SQL 结构（如表名、列名等）无法被转义，所以由用户提供结构名是非常危险的。这也是编程中的一个常见问题。
- 在查询中使用 LIMIT 和其他 SQL 控件，可以防止在 SQL 注入时大量泄露记录。

4. 不安全的设计

（1）不安全的设计的概念

不安全的设计是一个广泛的类别，代表许多不同的弱点，表现为"缺失或无效的控制设计"。导致不安全的设计的因素之一是处于开发过程的软件或系统中缺少固有的业务风险分析机制。

安全设计是一种文化和方法，它不断评估威胁并确保代码经过稳健设计和测试，以防止已知的攻击方法。安全设计需要安全的开发生命周期、某种形式的安全设计模式或者安全的组件库、工具及威胁建模等。

（2）不安全的设计的防范

避免不安全的设计需要注意以下方面：

- 与 AppSec 专业人员建立并使用安全的开发生命周期，以帮助评估、设计与安全和隐私相关的控制机制；
- 建立和使用安全设计模式库；
- 将威胁建模用于关键身份验证、访问控制、业务逻辑和关键流；
- 编写单元测试和集成测试，以验证所有关键流程是否都能抵抗威胁模型。

（3）攻击场景示例

示例 1：凭证恢复工作流程可能包括"问答"。这应被禁止，此类代码应被删除并替换为更安全的代码。

示例 2：连锁影院允许团体预订折扣票。如果攻击者对该流程进行威胁建模，并测试购票者是否可以通过多次请求预订多个座位，就会给影院造成巨大的收入损失。

5. 安全配置错误

（1）安全配置错误的概念

安全配置错误是指缺少安全配置或安全配置不当。安全配置错误使攻击者可通过未修复的漏洞访问默认账号、不再使用的页面、未受保护的文件和目录，以实现对系统的未授权的访问，如堆栈缺失安全加固、云服务权限配置错误、默认账户仍然可用且没有更改、没有对应用程序所在系统进行安全配置等。

（2）容易遭受安全配置错误攻击的情形

容易遭受安全配置错误攻击的情形主要有以下几种：

- 应用程序栈堆的任何部分缺少适当的安全加固，或者云服务的权限配置错误。
- 应用程序启用或安装了不必要的功能（包括不必要的端口、服务、账户、权限等）。
- 默认账户的默认密码没有更改，仍然可用。
- 错误处理机制向用户披露了不当信息，如披露了堆栈跟踪或其他大量错误信息。
- 对更新后的系统，禁用了或不安全地配置了最新的安全功能。
- 没有对应用程序服务器、应用程序框架、库文件、数据库等进行安全配置。
- 服务器不发送 HTTP 安全标头或指令，或者未对服务器进行安全配置。

（3）安全配置错误的防范

防范安全配置错误，需要重点关注以下方面。

- 使用一个可以快速且易于部署在另一个锁定环境中的、可重复的安全加固过程。在开发、质量保证和生产环境中都应进行相同的配置，在不同的环境中应使用不同的密码。这个过程应是自动化的，应尽量减少安装一个新安全环境的消耗。
- 搭建平台应遵循最小化原则，使平台不包含任何不必要的功能、组件、文档和示例，移除或不安装不适用的功能和框架。
- 在更新系统时，应检查和修复安全配置项以适应最新的安全说明、更新和补丁。同时，要特别注意云存储权限，并将其作为更新过程的一部分。
- 使用一个能在组件和用户之间提供有效分离和安全分段的应用程序架构，包括分段、容器化、云安全组件等。

- 确保向客户端发送安全指令，如 HTTP 安全标头。
- 确保在所有环境中都能够自动进行正确的安全配置和设置。

（4）攻击场景示例

示例 1：应用程序服务器附带了未从产品服务器中删除的应用程序样例，而且这些应用程序样例中存在已知的安全漏洞。攻击者可利用这些漏洞对服务器进行攻击。假如其中一个应用程序是管理员控制台，且没有更改默认账户，攻击者就可以通过默认密码登录，从而接管服务器。

示例 2：在服务器端未禁用目录列表。这使攻击者很容易就能列出目录列表，从而找到并下载所有已编译的 Java 类。然后，攻击者可以通过反编译来查看代码，在应用程序中找到访问控制类漏洞或其他安全漏洞。

示例 3：应用服务器配置允许将详细的错误信息（如堆栈跟踪信息）返回用户，这可能会暴露敏感信息或潜在漏洞（如存在已知漏洞的组件的版本信息等）。

示例 4：云服务器向其他 CSP 用户提供默认的网络共享权限。攻击者可由此访问存储在云端的敏感数据。

6. 使用易受攻击和过时的组件

（1）使用易受攻击和过时的组件的概念

使用易受攻击和过时的组件是指使用版本未知的组件或者过时的、没有进行安全配置的软件。

（2）含有已知漏洞组件的常见情形

- 不知道所使用的组件的版本信息（包括服务端和客户端），包括直接使用的组件或其依赖的组件。
- 软件（包括操作系统、Web 服务器、应用程序服务器、数据库管理系统、应用程序、API 和所有的组件、运行环境和库）不再被支持或者过时。
- 没有定期进行漏洞扫描，没有订阅所使用组件的安全公告。
- 没有基于风险及时修复或升级底层平台、框架和依赖库，很可能会受到已修复但未修补的漏洞的威胁。
- 没有对更新的、升级的或打过补丁的组件进行兼容性测试。
- 没有对组件进行安全配置。

（3）使用易受攻击和过时的组件的防范

避免使用含有已知漏洞的组件，需要注意以下方面。

- 制定补丁管理流程。

- 移除不使用的依赖，以及不需要的功能、组件、文件和文档。

- 利用如 Versions、Dependency Check、retire.js 等工具持续记录客户端和服务器端及它们的依赖库的版本信息。持续关注 CVE 和 NVD 等是否发布了已使用组件的漏洞信息（可以使用软件分析工具自动完成此任务）。同时，订阅关于所使用组件的安全漏洞的告警邮件。

- 仅从官方渠道获取组件，并使用签名机制降低组件被篡改或者被添加恶意漏洞的风险。

- 监控那些不再维护或者不发布安全补丁的库和组件。如果不能打补丁，则可考虑部署虚拟补丁来监控、检测或保护。

- 每个组织都应制定相应的计划，对整个软件生命周期进行监控、评审、升级或更改配置。

（4）攻击场景示例

很多时候，组件都是以与应用相同的权限运行的，而组件中的缺陷可能会引发各种各样的问题，可能是偶然出现的（如编码错误），也可能是蓄意设置的（如组件中的后门）。Struts2 远程执行漏洞就是一个已经被利用的漏洞，可在服务端远程执行代码，并已造成巨大影响。

此外，虽然物联网设备一般难以通过打补丁来修复，但对其打补丁是非常重要的（如医疗设备）。

7. 认证和授权失败

（1）认证和授权失败的概念

这里的认证主要指身份认证，用于确认用户的身份，也称为身份验证。在系统登录过程中，常采用用户名和密码/口令的方式对用户的身份进行验证。在对安全性要求较高的应用系统中，常要求使用验证码、客户端证书、Ukey 等辅助工具进行身份认证。

失效的身份认证会导致非授权访问或越权访问等。当攻击者获取数百万有效的用户名和密码的组合或者攻击没有过期的会话密钥时，会造成身份认证失效。此外，当程序中出现允许填充凭证、允许暴力破解、众所周知的密码或弱口令、暴露 URL 的 ID、会话 ID 没有被正确注销的情况时，也容易导致身份认证失败。

（2）容易引起认证和授权失败的情形

开发人员在开发应用程序时，往往只关注应用所需的功能，而且常常会根据实际应用的需求建立自定义的认证和会话方案。在实现这些方案时，如果忽视安全性要求，就可能导致在退出、密码管理、超时、密码找回、账户更新等方面出现漏洞，概括起来有以下几个方面：

- 允许凭证填充，使攻击者能够获得有效的用户名和密码列表；

- 允许暴力破解或其他自动化的攻击方式；

- 允许使用默认的、弱的或众所周知的密码/口令；

- 在忘记密码/口令程序或密码找回程序中使用弱的或失效的验证凭证，如基于知识的答案是不安全的；

- 使用明文、加密或弱散列密码；

- 缺少或失效的多因素身份验证；

- 暴露 URL 中的会话 ID（如 URL 重写）；

- 成功登录后不更新会话 ID。

（3）认证和授权失败的危害

利用会话退出、密码管理、超时、密码找回、账户更新等代码中的漏洞，攻击者可能会窃取或操纵用户会话和 Cookie，进而模仿合法用户，使身份认证失效，达到窃取用户凭证和会话信息、冒充用户身份查看或变更记录，甚至执行事务、访问未授权的页面和资源、执行超越权限的操作等目的，危害严重。

（4）认证和授权失败的防范

为了防范身份认证和授权失败，需要在代码开发过程中从多个方面加以注意。

- 区分公共区域和受限区域。根据站点内容的敏感程度和对用户要求的不同，将站点的访问区域分为公共区域和受限区域。站点的公共区域允许任何用户进行匿名访问，受限区域则只接受特定用户的访问，而且用户必须通过站点的身份验证。此外，将站点分成公共区域和受限区域，可在站点的不同区域使用不同的身份验证和授权规则，从而限制对 SSL 的使用。由于使用 SSL 会导致性能下降，所以，为了避免不必要的系统开销，在设计站点时，应只在要求验证访问的区域限制使用 SSL。

- 对用户账户使用账户锁定策略。如果用户账户数次尝试登录但失败，就可禁用该账户或将该事件写入日志。如果使用 Windows 验证（如 NTLM 或 Kerberos），那么操作系统可以自动配置并应用这些策略。如果使用表单验证，配置和应用策略就是应用程序应该完成的任务，必须在程序设计阶段将这些策略合并到应用程序中。需要注意的是，账户锁定策略不能用于抵御针对服务的攻击。例如，应使用自定义账户名代替已知的默认服务账户的账户名（如 IUSR_MACHINENAME），以防止获得了 Internet 信息服务（IIS）或 Web 服务器名称的攻击者锁定这一重要账户。

- 支持密码/口令有效期。程序开发人员需要有密码/口令不应固定不变的理念，并把密码更新作为常规密码/口令维护的一部分，通过设置密码有效期强制要求对密码/口令进行更新。在应用程序设计阶段，考虑提供口令定期更新的功能。

- 能够禁用账户。在系统面临威胁时，使凭证失效或禁用账户可以避免遭受进一步的攻击。因此，应提供禁用账户的功能。

- 不要明文存储用户密码/口令。明文存储很容易造成密码/口令泄露。在实际应用中没有必要明文存储密码，因为对用户进行认证，只需验证其密码是否正确，不需知道密码的明文。对于存储密码的单向散列值，在需要验证用户身份时，将使用用户提供的密码重新计算散列值，只要两个散列值相同即可实现对用户身份的验证。不过，只存储散列值无法避免字典攻击。为了降低字典攻击的威胁，可以使用强密码加盐的方式存储，即将随机盐值与密码结合进行散列运算。

- 要求使用强密码/口令。由于攻击者能轻松破解弱密码/口令，所以，应要求用户使用强密码。尽管有很多密码编制指南，但通常的做法是，要求密码包含至少 8 位字符，并要包含大写字母、小写字母、数字和特殊字符。这一做法可有效抵御暴力破解攻击。在暴力破解攻击中，攻击者总是试图通过试错法来破解密码，而强密码/口令可以大大提高破解难度。

- 不在网络上以纯文本形式发送密码/口令。以纯文本形式在网络上发送密码，很容易被窃听。为了避免窃听，应确保通信通道安全，如使用 SSL 对数据流进行加密。

- 保护身份验证 Cookie。身份验证 Cookie 被窃取，意味着登录信息被窃取。可以通过加密和安全的通信通道来保护身份验证 Cookie。另外，应限制身份验证 Cookie 的有效期，以防止因遭受重放攻击而产生欺骗威胁。在重放攻击中，攻击者可以捕获 Cookie，并使用它非法访问目标站点。缩短 Cookie 超时时间，虽然不能阻止重放攻击，但确实能限制攻击者利用窃取的 Cookie 访问站点的时间。

- 使用 SSL 保护会话身份验证 Cookie。不通过 HTTP 连接传递身份验证 Cookie。在授权 Cookie 内设置安全的 Cookie 属性，以便指示浏览器只通过 HTTPS 连接向服务器传递 Cookie。

- 对身份验证 Cookie 的内容进行加密。即使使用了 SSL，也要对 Cookie 的内容进行加密。当攻击者试图利用 XSS 攻击窃取 Cookie 时，对身份验证 Cookie 的内容进行加密就可以防止攻击者查看和修改 Cookie。在这种情况下，虽然攻击者仍可以使用 Cookie 访问应用程序，但只有当 Cookie 有效时才能访问成功。

- 限制会话寿命。缩短会话寿命可以降低会话劫持和重复攻击的风险。会话寿命越短，攻击者捕获会话 Cookie 并利用它访问应用程序的时间就越有限。

- 避免未经授权访问会话状态。为了避免未经授权访问会话状态，需要考虑会话状态的存储方式。为了获得最佳性能，往往要将会话状态存储在 Web 应用程序的进程地址空间中。然而，这种方法在 Web 场景中的可伸缩性和对内存的需求都会受到限制，无法保证来自同一用户的请求由同一服务器处理。在这种情况下，就需要在专用的状态服务器上进行进程状态存储，或者在共享数据库中进行永久性的状态存储。ASP.NET 支持这三种存储方式。对于从 Web 应用程序到状态存储服务器之间的网络连接，应使用 IPSec 或 SSL 确保其安全，以降低被窃听的风险。此外，需考虑 Web 应用程序如何通过状态存储服务器的身份验证。在可能的地方使用 Windows 验证，既可以避免通过网络传递纯文本的身份验证凭证，也可以利用安全的 Windows 账户策略带来的好处。

- 采用多因素身份验证。在可能的情况下，采用多因素身份验证防止凭证填充、暴力破解、被盗凭证再利用等攻击。

- 避免使用默认的凭证。不使用、不发送、不部署默认的凭证，特别是管理员用户。

- 保持密码策略的一致性。使密码长度、复杂性和循环策略与基于证据的密码策略一致。

- 使用相同的提示消息。确认注册、凭证恢复和 API 路径，通过对所有输出结果使用相同的消息来抵御账户枚举攻击。

- 限制尝试登录次数。应限制尝试登录的次数或逐渐延长登录尝试失败的时间间隔。记录所有失败信息，并在凭证填充、暴力破解或其他攻击被检测到时提醒管理员。

（5）攻击场景示例

示例 1：凭证填充、使用已知密码的列表是常见的攻击方式。如果应用程序不限制身份验证尝试次数，攻击者就可以将应用程序作为密码数据库，以确定凭证是否有效。

示例 2：只使用密码进行身份验证。大多数身份验证攻击都是由使用密码作为唯一的身份认证因素导致的。

示例 3：应用会话超时的设置不正确。例如，当用户使用公共计算机访问应用程序后离开时，直接关闭浏览器而不是选择"注销"，攻击者在 1 小时后使用同一浏览器浏览网页，当前的用户状态仍然是经过身份验证的。

8. 软件和数据完整性故障

（1）软件和数据完整性故障的概念

软件和数据完整性故障与不能防止完整性违规的代码和基础设施有关。如果对象或数据被序列化为攻击者可以更改的结构，就很容易受到不安全的反序列化的影响。另一种形式是应用程序依赖来自不受信任的来源、存储库和内容交付网络（CDN）的插件、库或模块。不安全的 CI/CD（Continuous Integration/Continuous Delivery，持续集成/持续交付）管道可能会导致未经授权的访问、恶意代码植入或者使系统受损。

现在的许多应用程序都有自动更新功能。如果在没有充分进行完整性验证的情况下下载更新包并将其应用于以前受信任的应用程序，就会给攻击者上传自己的更新包并在所有应用程序上安装和运行创造机会。

（2）软件和数据完整性故障的防范

防范软件和数据完整性故障，应重点关注以下方面：

- 确保未签名或未加密的序列化数据不会在没有通过完整性检查或没有使用数字签名的情况下发送到不受信任的客户端；
- 通过签名或类似机制验证软件或数据是否来自预期的来源；
- 确保库和依赖项（如 npm 或 Maven）使用受信任的存储库；
- 确保使用软件供应链安全工具（如 OWASP 的 Dependency Check、CycloneDX）来验证组件是否包含已知漏洞；
- 确保 CI/CD 管道具有正确的配置和访问控制，从而确保流经构建和部署过程的代码的完整性。

（3）攻击场景示例

示例 1：不安全的反序列化。一个 React 应用程序序列化用户状态，并在每次请求时来回传递。攻击者注意到，对程序中的某个 Java 对象，可以在反序列化过程中改变其行为，并使用远程工具在应用服务器上实现远程代码执行。

示例 2：无须签名即可更新。由于许多家用路由器、机顶盒、设备固件和其他固件不通过签名固件验证即可更新，所以，未签名的固件逐渐成为攻击者的目标，且估计情况会越来越严重。

9. 安全日志记录和监控失败

（1）安全日志记录和监控失败的概念

如果安全日志记录和监控失败，那么攻击者可依靠监控和响应的不足（例如，未记录可审计的事件、没有利用系统 API 来监控活动、日志仅在本地存储、没有定义合理的告警阈值、进行渗透测试或使用扫描工具时没有触发告警等）实现攻击。

（2）容易造成安全日志记录和监控不足的情形

- 未记录可审计的事件，如登录、登录失败和高额交易；
- 告警和错误事件未能产生日志或产生的日志信息不足、不清晰；
- 没有利用应用系统和 API 的日志信息监控可疑活动，日志信息仅在本地存储；
- 没有定义合理的告警阈值和制定相应的处理流程；
- 没有对渗透测试和使用 DAST 工具（如 OWASPZAP）扫描等行为触发告警；
- 无法对实时或准实时攻击进行检测、处理和告警。

（3）安全日志记录和监控失败的防范

根据应用程序存储或处理数据的风险，从以下方面防范安全日志记录和监控失败：

- 确保所有登录、访问控制失败、输入验证失败能够被记录到日志中，并保留足够的用户上下文信息，以识别可疑或恶意账户，并为后期取证预留足够的时间；
- 确保日志以一种能被集中日志管理解决方案使用的形式生成；
- 确保高额交易有完整性控制方面的审计信息，以防止其被篡改或删除，如确保审计信息保存在只能增加记录的数据库表中。
- 建立有效的监控和告警机制，使可疑活动在可接受的时间范围内被发现和应对；
- 建立或采取应急响应机制和恢复计划。

（4）攻击场景示例

示例 1：一个由小团队运营的开源项目论坛软件被攻击者利用其内在漏洞攻陷了。攻击者设法删除了包含下一版本的内部源代码仓库及所有论坛内容。虽然代码被恢复了，但由于缺乏监控、日志记录和告警，导致了更加严重的问题。最终，该论坛软件不再活跃。

示例 2：攻击者使用通用密码进行用户扫描，并获取了所有使用此密码的账户，对其他账户而言，将仅有一次失败的登录尝试记录。一段时间以后，攻击者使用另一个通用密码再次进行此活动。如果日志记录和监控到位，那么这类攻击完全可以被避免。

10. 服务端请求伪造

（1）服务端请求伪造的概念

如果 Web 应用程序未验证用户提供的 URL 就允许其获取远程资源，就会出现服务端请求伪造（SSRF）缺陷。该缺陷允许攻击者强制应用程序将其精心设计的请求发送到意外的目的地，即使受到防火墙、VPN 或其他类型的网络访问控制列表（ACL）的保护也是如此。

随着 Web 应用程序的普及及其为最终用户提供的功能的增加，获取 URL 成为一种常见情况，因此，SSRF 的发生率正在上升。此外，基于云服务和架构的复杂性，SSRF 带来的危害也越来越严重。

（2）服务端请求伪造的防范

开发人员可以从网络层和应用层实施部分或全部深度防御控制，以防止服务端请求伪造攻击的发生。

从网络层防范 SSRF，主要包括以下两个方面：

- 通过对单独的网络进行分段来限制远程资源访问功能，以减少 SSRF 的影响；
- 强制执行"默认拒绝"防火墙策略或网络访问控制规则，以阻止基本流量之外的所有流量。

从应用层防范 SSRF，主要从以下五个方面着手：

- 验证所有客户端提供的输入数据；
- 不要向客户端发送原始响应；
- 禁用 HTTP 重定向；
- 注意 URL 的一致性，以避免 DNS 重新绑定等攻击；
- 不要通过使用拒绝列表或正则表达式来缓解 SSRF（因为攻击者可能拥有有效负载列表、工具和技能，从而绕过拒绝列表）。

（3）攻击场景示例

攻击者利用 SSRF 攻击受 Web 应用程序防火墙、防火墙或网络 ACL 保护的系统，常见的攻击场景如下。

示例 1：扫描内部服务器端口。如果网络架构是未分段的，那么攻击者可以绘制内部网络，并根据连接结果、连接或拒绝 SSRF 负载连接所用的时间来确定内部服务器上的端口是打开的还是关闭的。

示例 2：敏感数据暴露。攻击者可访问本地文件或内部服务，以获取敏感信息，如 file://etc/passwd</span>和 http://localhost:28017。

示例 3：破坏内部服务。攻击者可能会滥用内部服务进行进一步的攻击，如远程代码执行（RCE）、拒绝服务（DoS）。

以上是 2021 年 OWASP Top 10 中的漏洞。接下来，对 2013 年和 2017 年 OWASP Top 10 中的其他常见漏洞进行介绍。

11. XML 外部实体

（1）XML 外部实体的概念

XML 即可扩展标记语言，是标准的通用标记语言的子集，也是一种用于标记电子文件，使其具有结构性的标记语言。XML 可以用于标记数据、定义数据类型，是一种允许用户对自己的标记语言进行定义的源语言，是 Internet 环境中一种跨平台的、依赖内容的技术，也是当今处理分布式结构信息的有效工具。

XML 外部实体（XML External Entity，XXE）是指 URL 所指向的外部文件的实际内容，用 SYSTEM 关键字标识。通过 XML 外部实体，XML 解析器可以从本地文件或远程 URL 中读取数据。这样，攻击者就可以通过上传 XML 文档，或者在 XML 文档中添加恶意内容，将自己构造的恶意代码传递到存在缺陷的 XML 处理器中进行解析，从而实现攻击。

（2）容易受到 XML 外部实体注入攻击的情形

Web 应用程序和基于 XML 的 Web 服务或向下集成，可能在以下情形遭受 XML 外部实体注入攻击：

- 直接接收 XML 文件或允许 XML 文件上传，特别是来自不受信任的来源的 XML 文件，或者将不受信任的数据插入 XML 文件并提交给 XML 处理器；

- 为了实现安全性或单点登录（SSO），应用程序常使用 SAML 进行身份认证，而 SAML 使用 XML 进行身份确认；

- 应用程序使用 1.2 版本之前的 SOAP，并将 XML 外部实体传递到 SOAP 框架。

需要注意的是，存在 XXE 缺陷的应用程序更容易受到拒绝服务攻击。

（3）XML 外部实体注入攻击的防范

对开发人员进行培训是识别和减少 XXE 缺陷的关键。此外，防止 XXE 缺陷，需要关注以下几个方面：

- 尽可能使用简单的数据格式（如 JSON），避免对敏感数据进行序列化；

- 及时修复或更新应用程序或底层操作系统使用的所有 XML 处理器和库，通过依赖项检测将 SOAP 更新到 1.2 以上版本；

- 在应用程序的所有 XML 解析器中禁用 XML 外部实体和 DTD 进程；

- 在服务器端采取积极的（白名单）输入验证、过滤和清理措施，防止在 XML 文档、标题或节点中出现恶意数据；

- 验证 XML 或 XSL 文件上传功能是否使用了 XSD 或其他类似的验证方法来验证上传的 XML 文件；

- 尽管在许多集成环境中，手工代码审查是大型复杂应用程序的最佳选择，但 SAST 工具可以检测源代码中的 XXE 缺陷；

- 使用虚拟修复程序、API 安全网关或 Web 应用程序防火墙来检测、监控和防止 XML 外部实体注入攻击。

（4）攻击场景示例

大量 XXE 缺陷已经被发现并公开，其中就包括嵌入式设备的 XXE 缺陷。XXE 缺陷常存在于意想不到的地方，包括深嵌套的依赖项。常见的攻击方法是上传可被接受的恶意 XML 文件。

示例 1：攻击者尝试从服务端提取数据，代码如下。

```
<?xmlversion="1.0"encoding="ISO-8859-1"?>
<!DOCTYPEfoo[
<!ELEMENTfooANY>
<!ENTITYxxeSYSTEM"file:///etc/passwd">]>
<foo>&xxe;</foo>
```

在以上代码中，XML 外部实体 xxe 被赋值"file:///etc/passwd"。在解析 XML 文档的过程中，实体 xxe 的值会被替换为 URL（file://etc/passwd）的内容（也就是 passwd 文件的内容）。关键字 SYSTEM 会告诉 XML 解析器，实体 xxe 的值将从其后的 URL 中读取，并用读取的内容替换"xxe"。假如 SYSTEM 后面的内容可以被用户控制，那么恶意用户（攻击者）可将其替换为其他内容，从而读取服务器本地文件（file:///etc/passwd）。

示例 2：攻击者通过将示例 1 中的实体更改为以下内容来探测服务器的专用网络。

```
<!ENTITYxxeSYSTEM"https://192.168.1.1/private">]>
```

示例 3：攻击者通过恶意文件执行拒绝服务攻击，代码如下。

```
<!ENTITYxxeSYSTEM"file:///dev/random">]>
```

XML 外部实体可动态包含来自给定资源的数据，并允许 XML 文档包含来自外部 URL 的数据。除非另行配置，XML 外部实体会迫使 XML 解析器访问 URL 所指定的资源。如果 XML 解析器尝试使用/dev/random 文件中的内容代替 XML 实体，那么以上代码会使服务器崩溃。

12. 跨站脚本

（1）跨站脚本的概念

跨站脚本是指攻击者通过向 Web 页面插入恶意 Script 代码，导致当用户浏览该页面时恶意 Script 代码被执行，从而达到攻击的目的。如果应用程序的新网页中包含不受信任的、未经恰当验证或转义的数据，或者使用可以创建 HTML 或 JavaScript 的浏览器 API 更新现有网页，就会造成跨站脚本漏洞。攻击者可以通过跨站脚本在用户（受害者）的浏览器中执行自己定义的脚本，达到劫持用户会话、破坏网站、将用户重定向到恶意网站的目的。

（2）跨站脚本攻击的分类

按照实现方式的不同，可将跨站脚本攻击分为反射型 XSS、存储型 XSS 和基于 DOM 的 XSS。

在反射型 XSS 中，将应用程序或 API 包含的未经验证或转义的用户输入作为 HTML 输出的一部分。一次成功的攻击可让攻击者在被攻击者的浏览器中执行任意的 HTML 和 JavaScript 代码。反射型 XSS 通常需要用户与由攻击者控制的页面上的某些恶意链接进行交互，如恶意漏洞网站、广告或类似的内容。

反射型 XSS 攻击的流程，如图 8-2 所示。

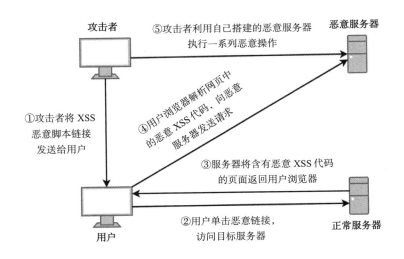

图 8-2　反射型 XSS 攻击的流程

在存储型 XSS 中，应用或 API 会先存储未净化的用户输入，再在其他用户或管理员的页面上将其展示出来。

存储型 XSS 攻击的流程，如图 8-3 所示。

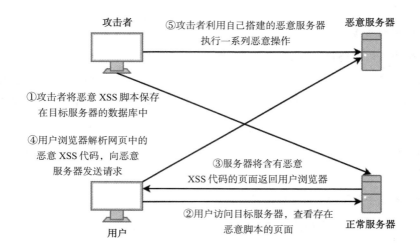

图 8-3　存储型 XSS 攻击的流程

还有基于 DOM（Document Object Model，文档对象模型）的 XSS。DOM 是 W3C 推荐的用于处理可扩展标记语言的标准编程接口，是一种与平台和语言都无关的 API。当页面到达浏览器时，浏览器首先为页面创建一个顶级文档对象，然后为每个页面元素生成一个子文档对象。通过 JavaScript 脚本对文档对象进行编辑，可以修改页面元素，即客户端的脚本程序可以通过 DOM 动态访问程序和脚本，更新其内容、结构和文档风格，以便从客户端获取 DOM 中的数据并在本地执行。基于 DOM 的 XSS 是指将攻击者可控的内容动态添加到页面的 JavaScript 框架、单页面程序或 API 中。

（3）跨站脚本攻击的防范

防止跨站脚本攻击，需要将不可信数据与动态的浏览器内容分开，基本措施如下：

- 使用在设计上通过自动编码解决 XSS 问题的框架（如 Ruby 3.0 或 ReactJS），了解每个框架的 XSS 防护局限性，并适当处理未覆盖的用例；

- 要想避免反射型或存储型 XSS，最好的办法是根据 HTML 输出的上下文（包括主体、属性、JavaScript、CSS 或 URL）对所有不可信的 HTTP 请求数据进行恰当的转义；

- 在客户端修改浏览器文档时，为了避免基于 DOM 的 XSS 攻击，最好使用对上下文敏感的数据编码；

- 使用内容安全策略对 XSS 进行深度防御。只要不存在可以通过本地文件植入恶意代码的其他漏洞（例如，路径遍历覆盖允许在网络中传输易受攻击的库），内容安全策略就是有效的。

13. 不安全的反序列化

（1）不安全的反序列化的概念

反序列化是指应用程序读取序列化之后的数据，并将其恢复成在应用程序中本来的样子。不安全的反序列化最严重的后果是导致远程代码执行，常见的后果是通过修改序列化之后的数据使应用程序变得脆弱（包括对数据和数据结构的篡改）。

（2）不安全的反序列化的类型

不安全的反序列化能为攻击者提供恶意对象或者篡改后的对象，这会使应用程序和 API 变得脆弱，通常可能导致以下两种类型的攻击。

- 对象和数据结构攻击：如果应用中有在反序列化过程中或者反序列化之后行为被改变的类，那么攻击者可以改变应用的逻辑或者实现远程代码执行。

- 典型的数据篡改攻击：对于与访问控制有关的攻击，攻击者可以通过修改序列化之后的数据字段，提升权限或者进行越权操作。

（3）不安全的反序列化的防范

防范不安全的反序列化，可以采用的安全架构模式是不接受来自不受信任的来源的序列化对象，或者使用只信任原始数据类型的序列化媒体。如果这两项都无法满足，则考虑使用以下方法：

- 执行完整性检查，如检查任何序列化对象的数字签名，以防止恶意对象被创建或数据被篡改；

- 在创建对象前强制执行严格的类型约束（代码通常被期望是一组可定义的类，而已经证明有绕过这种技术的方法，故不能完全依赖这种技术）；

- 尽可能将那些在低特权环境中反序列化的代码隔离运行；

- 记录反序列化的例外情况和失败信息，如传入的类型不是预期的类型、反序列化处理引发的例外情况；

- 限制或监视来自容器或者服务器传入和传出的反序列化网络连接；

- 监控反序列化，当用户持续进行反序列化时对用户发出警告。

（4）攻击场景示例

示例 1：一个 React 应用程序序列化用户状态，并在每次发送请求时传递。攻击者注意到，对程序中的某个 Java 对象，可以在反序列化过程中改变其行为，并使用远程工具在应用服务器上实现远程代码执行。

示例 2：一个 PHP 论坛使用 PHP 对象序列化来保存一个"超级"Cookie。该 Cookie 包含用户的 ID、角色、密码散列值和其他状态，序列化结果如下。

```
a:4:{i:0;i:132;i:1;s:7:"Mallory";i:2;s:4:"user";
i:3;s:32:"b6a8b3bea87fe0e05022f8f3c88bc960";}
```

攻击者通过更改序列化对象，使自己获得 admin 权限。更改后的序列化对象如下。

```
a:4:{i:0;i:1;i:1;s:5:"Alice";i:2;s:5:"admin";
i:3;s:32:"b6a8b3bea87fe0e05022f8f3c88bc960";}
```

示例 3：某大型零售企业内部使用沙箱对系统进行恶意软件监测和分析。尽管沙箱检测到一些可能不需要使用的软件，但没有人响应此检测结果。在一个境外银行不正当的信用卡交易被检测出来前，沙箱一直在发送告警信息。显然，如果安全日志记录和监控措施到位，就完全可以根据告警信息避免这次不正当的信用卡交易。

14. 未验证的重定向和转发

（1）重定向和转发的概念

在实际应用中，人们访问网络时通常会浏览多个网页，进行多次跳转。将一个域名引导到另一个域名有两种方式，分别是重定向和转发。

重定向是指服务端根据逻辑发送一个状态码（通常为 3xx），用于告诉浏览器要去重新请求的那个地址，这样，浏览器地址栏显示的就是新的 URL（重定向是在客户端完成的）。显然，重定向不会隐藏路径。

转发是指在服务器内部将请求转发给另一个资源，并读取该 URL 的响应内容，然后把这些内容发送给浏览器。然而，浏览器并不知道服务器发送的内容是从哪里来的。由于这个跳转过程是在服务器内部实现的，而不是在客户端实现的，所以，客户端并不知道这个跳转动作，它的浏览器地址栏的内容还是原来的内容（转发是在服务器端完成的）。也就是说，转发会隐藏路径。

（2）重定向和转发的区别

- 重定向是浏览器向服务器发送一个请求，并在收到响应后再次向一个新地址发出请求。转发是服务器收到请求后，为了完成响应跳转到一个新地址。

- 重定向有两次请求，不共享数据。转发有一次请求，共享数据。

- 重定向后，浏览器地址栏的内容会发生变化。转发后，浏览器地址栏的内容不会发生变化。

- 重定向的地址可以是任意地址。转发的地址只能是当前应用的类的某个地址。

（3）重定向的方式

重定向通常有以下几种方式。

- 手工重定向：通过单击 href 链接跳转到新页面。

- 响应状态码重定向：用 location 表示重定向后的网页，主要有两种，分别是 301

永久重定向（网站在响应头的 location 内）和 302 临时重定向。

- 服务器端重定向：服务器端重定向是通过修改 Web 服务器配置文件或脚本实现重定向的。
- meta refresh：利用 HTTP 的 refresh 标签或者响应头的 refresh 属性设置重定向。
- 客户端跳转：利用 URL 参数实现重定向。如果控制不严，就可能导致用户访问恶意网站。

（4）漏洞场景示例

一个典型的漏洞场景是没有对带有用户输入参数的目的 URL 进行验证。这时，攻击者可以引导用户访问他们想要用户访问的站点。

现实中最常见的此类场景是钓鱼网站。例如，攻击者把 "http://www.baidu.com/sss. php?target=http://diaoyu.com" 这个钓鱼链接发给受害者，安全检测软件会判断这个链接来自百度，是可信任的站点，但是，受害者单击该链接后会跳转到钓鱼网站或者其他欺骗木马之类的站点等。

此外，未验证的重定向和转发可能导致敏感信息泄露、访问恶意网站、随意跳转、安装恶意软件等。

（5）未验证的重定向和转发攻击的防范

为了防止攻击者利用未验证的重定向和转发发起攻击，在重定向到外部网站时，需要验证目标网站是否在白名单中，在转发内部网站时，需要验证是否有权限（有权限才能转发）。

8.2.3　OWASP 安全测试指导方案

OWASP Top 10 为安全测试人员提供的指导方案包括五个方面的内容。安全审计人员需要具备这五个方面的能力。

（1）理解威胁模型

在进行测试前，一定要了解哪些是重要业务或者耗时业务。测试的优先级来源于威胁模型。如果没有威胁模型，就要在测试前建立一个威胁模型。可考虑使用 *OWASP ASVS* 和《OWASP 安全测试指南》作为指导，不要依赖工具厂商给出的结果来判断哪些是重要业务。

（2）理解软件开发流程

安全测试方法必须与软件开发流程（SDLC）中的人员、工具和流程高度匹配。理解软件开发流程，有助于收集安全信息并将其在安全测试流程中体现出来。

（3）测试策略

测试策略的选择原则为：选择最简单、速度最快、最准确的方法验证每项需求。

OWASP 安全知识框架和《OWASP 应用程序安全验证标准》可帮助测试人员在单元测试或集成测试中完成功能性或非功能性的安全测试。同时，应注意考虑工具误报带来的人力成本和漏报造成的危害。

（4）全面性和准确性

全面性并不是说从一开始就测试所有内容，而是要把重点放在重要的事情上，并随着时间的推移逐步扩大验证范围。这意味着，应逐步扩展正在自动验证的安全防御和风险集，以及逐步扩展所涵盖的应用程序和 API 集合，使所有应用程序和 API 的基本安全性都得到验证。

（5）体现测试报告的价值

测试报告应展示对程序运行的理解，不要使用晦涩难懂的专业用语，要清晰描述漏洞被滥用的风险，然后在预设场景中展现攻击过程。要对漏洞发现与利用的难度及引发的后果进行真实的评估。最后提交结果时，应使用开发团队正在使用的文档格式。

8.2.4 OWASP 安全计划指导方案

OWASP 建议企业建立一个应用程序安全计划，以深入了解并改善其应用程序组合的安全性。为了实现应用程序的安全性，需要企业或组织中的不同部门之间能够有效地协同工作，这包括安全与审计、软件开发、商业和执行管理等。其中，安全应该可视化和可量化，以便各种角色的人员都可以看到并理解应用程序的安全态势。同时，要通过消除或降低风险的方式帮助提高信息系统的安全性。

OWASP Top 10 为企业提供的应用程序安全计划指导方案的内容如下。

（1）准备工作

为了有效地实施一个应用程序安全计划，在准备阶段应从以下四个方面开展工作：

- 大型企业或组织应在配置管理数据库（CMDB）中记录所有的应用程序和相关数据资产；

- 建立一个应用程序安全计划并使其被采纳；

- 进行能力差距分析，通过比较所在组织和行业，定义需要重点改善的领域并执行计划；

- 在得到管理层批准后，进行针对整个 IT 组织的应用程序安全意识宣传活动。

（2）采用基于风险的组合方法

采用基于风险的组合方法确定应用程序安全计划，主要包括以下四个方面的内容：

- 从业务角度识别应用程序组合的保护需求，这在一定程度上应该受到与隐私和数据资产有关的法律和条例的保护；

- 建立一个通用的风险等级模型，该模型中的潜在影响要素应该与企业的风险承受能力一致；

- 优先处理所有的应用程序和 API，将结果添加到 CMDB 中；

- 建立保证准则，合理定义所需的覆盖范围和级别。

（3）做好基础工作

做好基础工作是应用程序安全计划有效执行的保障。为此，需要做好以下工作：

- 建立一套重点政策和标准，为所有开发团队提供应用安全基准；

- 定义一组通用的可重用安全控制规则，以便对采用的政策和标准进行补充；

- 建立针对不同开发角色和主题的安全培训课程。

（4）将安全性整合到现有流程中

将安全性整合到现有流程中是应用程序安全计划的目的，可从以下三个方面进行：

- 定义安全实施和验证活动，并将其集成到现有的开发和操作流程中；

- 安全实施和验证活动包括安全威胁建模、安全设计与设计审查、安全编码与代码审查、渗透测试和补救；

- 为项目开发团队的成功提供主题专家和安全支持服务。

（5）提高管理层对安全的可见度

提高管理层对安全的可见度，能够有效提升应用程序安全计划的执行效率，可从以下两个方面进行：

- 使用指标进行管理，根据捕获的指标和分析数据推动改进和辅助决策，衡量标准包括遵守安全的实践与活动、引入的漏洞、缓解的漏洞、应用程序覆盖率、按类型和实例计数划分的缺陷密度等；

- 分析来自实施和验证活动的数据，寻找造成漏洞的根本原因和漏洞的模式，以对整个企业进行战略性和系统性的改进，同时，注意从错误中学习并提供积极的激励措施来促进改进。

8.2.5 OWASP 应用程序管理方案

OWASP Top 10 为应用程序管理者提供了指导方案，并指出应用程序是由人创建和维护的最复杂的系统之一。应用程序的 IT 管理应该由 IT 专家完成，并由 IT 专家负责应用程序的整个 IT 生命周期。建议建立应用程序管理器角色，并使其与应用程序所有者相对应。

OWASP 应用程序管理方案的具体内容如下。

（1）安全需求和资源管理

安全需求和资源管理主要包括以下三个方面的内容：

- 收集并协商业务需求，包括收集所有数据资产的机密性、完整性和可用性方面的保护要求；

- 编写技术要求，包括功能性和非功能性安全要求；

- 制定计划和谈判预算，包括设计、建造、测试和运营的所有方面及安全活动。

（2）请求建议与合同

为了建立有效的应用程序管理方案，需要征求相关人员的建议并按照要求和合同进行核对，主要包括以下四个方面的内容：

- 与内部或外部开发人员针对需求进行协商，包括关于安全程序的指导方针和安全要求，如 SDLC、最佳实践；

- 评估所有技术要求的完成情况，包括粗略的计划和设计；

- 针对所有技术要求开展洽谈，包括设计安全与服务水平协议（SLA）；

- 使用模板（如《OWASP 安全软件合同附件》）核对需求清单。

（3）规划与设计

应用程序管理方案规划与设计主要涉及以下四个方面的工作：

- 与开发人员和内部利益关系人（如安全专家）针对规划方案和设计方案进行磋商；

- 在安全专家的支持下，根据保护需要和规划的环境安全级别，定义安全架构、控制机制和对策；

- 确保应用程序所有者接受剩余的安全风险或提供额外的资源；

- 在规划与设计的最后阶段，应确保为功能需求创建安全场景，为非功能需求添加约束。

（4）部署、测试和展示

部署、测试和展示包括以下六个方面的内容：

- 对安全任务自动化应用程序、接口和所有需要的组件进行安全设置，必要的授权是至关重要的；

- 测试技术功能并使其与 IT 架构集成，同时协调业务测试；

- 从技术和业务角度考虑测试用例和滥用；

- 根据内部流程、保护需求和应用程序部署的安全级别管理安全测试；

- 运行应用程序，或者将以前使用的应用程序迁移到新版本；

- 完成所有文档，包括 CMDB 和安全架构。

（5）运营和变更管理

运营和变更管理主要包括以下三个方面的内容：

- 提高用户的安全意识，解决可用性与安全性之间的冲突；

- 计划和变更管理，如迁移到应用程序的新版本或其他组件（如操作系统、中间件和库）；

- 更新所有文档，包括 CMDB 文档、安全架构文档、控制和对策文档、运行手册和项目文档。

（6）停用机制

停用机制主要涉及以下三个方面的内容：

- 实现数据保留（删除）策略和满足安全归档数据的业务需求；

- 安全地关闭应用程序，包括删除未使用的账户、角色和权限；

- 将应用程序在 CMDB 中的状态设置为停用。

8.3　CWE

CWE 是一个常见软件弱点的正式列表，一种用于描述软件安全弱点的通用语言，一个安全软件用来定位漏洞的标尺，一个用于弱点识别、缓解和预防的基准。CWE 的目标是促进代码审计行业的标准化和成熟，大力提升各类组织对其采购或开发的软件的质量进行审查的能力。

2021 年常见弱点枚举的前 25 名最危险的软件弱点（CWE 前 25 名）是 2019 年和 2020 年遇到的最常见和影响最大的弱点或漏洞问题的示范列表。这些弱点不仅容易被攻击者发现和利用，还可能导致攻击者完全接管系统、窃取数据或阻止应用程序运行，危害很大。CWE Top 25 榜单是非常有价值的社区资源，有助于开发人员、测试人员、安全研究人员、项目经理、用户、教育工作者等了解当前最严重的安全问题。

2021 年 CWE Top 25 的内容，如表 8-1 所示。

表 8-1　2021 年 CWE Top 25

排名	CWE 编号	名称
1	CWE-787	越界写入
2	CWE-79	生成 Web 页面时对输入的转义处理不当（跨站脚本）
3	CWE-125	越界读取
4	CWE-20	输入验证不当
5	CWE-78	对操作系统命令中使用的特殊元素转义处理不当（操作系统命令注入）
6	CWE-89	对 SQL 命令中使用的特殊元素转义处理不当（SQL 注入）
7	CWE-416	释放后使用
8	CWE-22	对路径名的限制不当（路径遍历）
9	CWE-352	跨站请求伪造
10	CWE-434	危险类型文件的不加限制上传
11	CWE-306	关键功能的认证机制缺失
12	CWE-190	整数溢出或回绕
13	CWE-502	不可信的数据反序列化
14	CWE-287	不正确的认证
15	CWE-476	空指针解引用
16	CWE-798	使用硬编码的凭证
17	CWE-119	缓冲区边界限制不当
18	CWE-862	授权机制缺失
19	CWE-276	默认权限不正确
20	CWE-200	将敏感信息暴露给未经授权的行为者（越权方）
21	CWE-522	凭证保护不足
22	CWE-732	关键资源的权限分配不正确
23	CWE-611	对 XML 外部实体引用的限制不当（XXE 缺陷）
24	CWE-918	服务端请求伪造
25	CWE-77	在命令中使用的特殊元素转义处理不当（命令注入）

为了便于理解，下面对 2021 年 CWE Top 25 中的部分漏洞进行梳理，对其表现形式、危害和解决方案进行分析。

1. 越界写入

（1）描述

越界写入是指在缓冲区的预期末尾或开始之前写入数据。

（2）危害

越界写入可能导致数据损坏、崩溃或代码执行，从而产生意外的结果。

（3）解决方案

避免越界写入的解决方案主要有以下四种。

- 使用不允许越界写入发生的语言或者提供容易避免越界写入的结构，如 Java、C#等。

- 使用经过审查的库或框架，且这些库或框架不允许发生越界写入或者提供了容易避免越界写入的构造。

- 使用自动保护机制，以减轻或消除利用缓冲区溢出的功能或扩展来运行或编译软件的情况。

- 在使用数组前对其进行越界检查。检查数组的界限和字符串（也是以数组方式存储的字符串）的结束符，以保证数组索引值在合法范围内。例如：在编写处理数组的函数时，一般应该设置参数范围；在处理字符串时，需要检查是否遇到空字符 "\0"。

（4）漏洞代码示例

下面是一个越界写入示例。由于这段代码（语句 int id_sequence[3]）仅为该数组分配 3 个元素的空间，所以，有效索引为 0 到 2，而对 id_sequence[3]的赋值超出了索引的有效范围。

```
int id_sequence[3];
/*
填充 id 数组
*/
id_sequence[0] = 123;
id_sequence[1] = 234;
id_sequence[2] = 345;
id_sequence[3] =456;
```

2. 越界读取

（1）描述

越界读取也称越界访问。简单地说，就是预先申请一块内存，但在使用这块内存时超出了申请的范围，从而引发越界。例如，当程序访问一个数组中的元素时，如果索引值超出数组的长度，就会访问数组之外的内存。

C/C++语言没有对数组做边界检查。虽然不检查下标是否越界可以提升程序运行的效率，但是这相当于把检查是否越界的任务交给了开发人员。因此，开发人员在编写程序时需要额外注意避免越界访问。

（2）危害

越界访问是 C/C++语言中常见的缺陷，它并不一定会造成编译错误，导致的后果也不确定。当发生越界时，由于无法得知被访问空间存储的内容，所以会产生不确定的行为，可能是程序崩溃、运算结果非预期，也可能不产生影响。

（3）解决方案

要想避免越界访问，在程序代码中需要注意以下几点。

- 进行有效的边界检查，确保操作在合法范围内。特别地，当使用外部输入数据作为数据源进行内存相关操作时，应重点进行边界检查。原因在于，污染数据是造成越界访问的重要条件之一。

- 显式指定数组边界，能够提高程序的可读性。同时，大多数的编译器在数组长度大于初始化的长度值时会发出警告信息，这些警告信息可以帮助开发人员尽早发现越界访问问题。

- 在使用循环遍历数组元素时，应注意防范 off-by-one（一个字节越界）错误。

（4）漏洞代码示例

在下面的代码中，getvalueFromArray()方法从特定数组索引位置检索一个值，而索引位置是由该方法的输入参数给出的。

```c
int getvalueFromArray(int * array, int len, int index)
{
int value;
//检查数组下标是否比最大值小
if(index < len)
{
    //获取对应下标的元素
    value = array[index];
}
else{
printf("value is: %d\n", array[index]);
value = -1;
}
return value;
}
```

由于 getvalueFromArray()方法仅验证给定的数组索引是否小于数组的最大长度，不检查最小值，而这会允许将输入的负数作为数组索引，所以，将负数当作无符号数会导致超出范围的读取，并可能允许访问敏感内存。

为了避免越界访问，应检查输入的数组索引以验证其是否在数组定义范围内。针对以上代码，应修改 if 语句以使其包含对最小范围的检查。修改后的代码如下。

```c
int getvalueFromArray(int * array, int len, int index)
{
int value;
//检查数组下标是否比最大值小
if(index >= 0 && index < len)
{
    //获取对应下标的元素
    value = array[index];
```

```
}
else{
printf("value is: %d\n", array[index]);
value = -1;
}
return value;
}
```

3. 输入验证不当

（1）描述

输入验证不当是指没有验证或没有正确地验证输入数据。

（2）危害

当软件无法正确地验证输入数据时，攻击者就能够以应用程序不希望的形式编写输入，这将导致系统的各部分接收意外的输入，进而导致控制流更改、资源的任意控制或代码的任意执行。

（3）解决方案

为了避免输入验证不当，应考虑从以下两个方面对待输入。

- 假设所有输入都是恶意的。应使用严格符合规范的、可接受的输入列表；拒绝任何不严格符合规范的输入，或者将其转换为严格符合规范的输入。

- 在进行输入验证时，要考虑所有可能相关的属性，包括长度、输入类型、可接受的值的完整范围、语法、相关字段之间的一致性及与业务规则的符合性。

（4）漏洞代码示例

示例 1：以下代码演示了购物互动过程，用户可以自由指定要购买的商品数量。

```
public static final double price = 20.00;
int quantity = currentUser.getAttribute("quantity");
double total = price * quantity;
chargeUser(total);
```

显然，用户无法控制价格，但程序不会阻止用户将数量设为负数。如果攻击者输入的购买数量为负数，就会导致程序将消费金额记入卖家账户，而不是记入买家账户。

示例 2：以下代码采用用户提供的数值来分配对象数组，然后对该数组进行操作。

```
private void buildLisyt(int untrustedListSize)
{
    if(0 > untrustedListSize)
    {
        die("Negative value supplied for list size, die evil hacker!")
    }
    Widget[] list = new Widget[untrustedListSize];
    list[0] = new Widget();
```

```
    }
```

可以看出，程序在以用户指定的值构建列表之前，对该值进行了检查，以确保提供的是非负值。但是，如果攻击者将值指定为 0，就会构建一个大小为 0 的数组，当程序尝试在第一个位置存储新的值时，就会导致异常。

4. 释放后使用

（1）描述

当动态分配的内存被释放时，该内存的内容是不确定的，有可能保持完整并可以被访问（因为什么时候重新分配或回收已释放的内存是由内存管理程序决定的）。但是，被释放的内存的内容可能已经被改变，而这会导致意外的程序行为。因此，当内存被释放后，要确保不再对其进行写入或读取。

（2）危害

有问题的内存在被释放后的某个时刻，会被有效地分配给另一个指针，指向被释放的内存的原始指针会再次被使用，并指向新分配的某个位置。随着数据的更改，会破坏内存的有效使用，而这会引发不确定行为，包括程序异常终止、任意代码执行和拒绝服务攻击等。

（3）解决方案

避免内存的释放后使用，需要注意以下几点。

- 释放内存时务必将指针置为空。虽然这种方法对多重或复杂数据结构的有效性有限，但可以从一定程度上规避一部分问题。
- 在循环语句中进行内存分配或释放内存时，要谨慎确认是否存在问题。
- 使用源代码静态分析工具进行自动化检测，可以有效地发现源代码中的内存释放后使用问题。

（4）漏洞代码示例

下面的代码用于说明内存在被释放后被错误使用的情形。

```c
char * ptr = (char *)malloc(SIZE);     .
if(err)
  {
      abrt = 1;
      free(ptr);
  }
...
if(abrt)
{
      logError("operation aborted before commit", ptr);
}
```

可以看出，当 err 为真时，指针将立即被释放。此后，该指针在 logError()函数中的使用是错误的。

5. 路径遍历

（1）描述

路径遍历是指应用程序接收了未经合理校验的用户参数并将其用于与文件读取和查看相关的操作。如果该参数包含特殊字符（如 ".." "/"），攻击者就可以摆脱程序保护机制的限制，越权访问一些受保护的文件、目录或者覆盖敏感数据。

（2）危害

路径遍历利用应用程序中的特殊符号（如 "~/" "../"）可以进行目录回溯这一特点，使攻击者能够越权访问或者覆盖敏感数据，如网站配置文件、系统核心文件等。

（3）解决方案

避免路径遍历，需要注意以下几点：

- 程序需要对非受信的用户输入数据进行净化，对网站用户提交的文件名进行硬编码或统一编码，以过滤非法字符；

- 对文件后缀名进行白名单控制，拒绝文件名包含恶意符号或空字节的文件；

- 合理配置 Web 服务器的目录权限。

（4）漏洞代码示例

下面的代码可用来说明路径遍历漏洞。

```java
private void badSink(String data ) throws Throwable
{
    String root;
    if(System.getProperty("os.name").toLowerCase().indexOf("win") >= 0)
    {
        /* running on Windows */
        root = "C:\\uploads\\";
    }
    else
    {
        /* running on non-Windows */
        root = "/home/user/uploads/";
    }
    if (data != null)
    {
        /* POTENTIAL FLAW: no validation of concatenated value */
        File file = new File(root + data);
        FileInputStream streamFileInputSink = null;
        InputStreamReader readerInputStreamSink = null;
        BufferedReader readerBufferdSink = null;
```

```
    if (file.exists() && file.isFile())
    {
        ...
    }
}
public void bad() throws Throwable
{
    String data;
    data = System.getenv("ADD");
    badSink(data);
}
```

可以看到，以上代码通过参数获取环境变量的值 data，在 data 非空时，又利用 data 的值创建了一个 File 对象，但对构造 File()函数的参数传入的环境变量值 data 没有进行合理性校验。当环境变量的值为 "../file.bat" 时，若文件路径有效，则可能导致读取 uploads 目录下的 file.bat 文件，形成路径遍历漏洞。

为了避免该漏洞，在调用 badSink()函数之前，需要对传入的参数进行处理。获取环境变量并将其赋值给 data 后，使用正则表达式将特殊字符 "/" "\" """ ":" "|" "*" "?" "<" ">" 过滤掉。当再次调用 badSinks()函数时，即使 data 的值为 "../file.bat"，也会经过过滤变为 "..file.bat"，使可以被访问的文件在 "C:\uploads\" 下，避免了路径遍历。修改后的代码如下。

```
public void bad() throws Throwable
{
    String data;
    data = System.getenv("ADD");
    String s = filter(data);
    badSink(s);
}
public string filter (String data)
{
    Pattern pattern = Pattern.compile ("[\\s\\\\/:\\*\\?\\\"<>\\|]") ;
    Matcher matcher = pattern.matcher(data);
    data = matcher.replaceAll("");
    return data;
}
```

6. 跨站请求伪造

（1）描述

跨站请求伪造（Cross-Site Request Forgery，CSRF）是一种对网站的恶意利用，即通过伪装来自受信任用户的请求对受信任的网站进行利用。

（2）原理

CSRF 攻击的原理比较简单，如图 8-4 所示。其中，Web A 为存在 CSRF 漏洞的网站，Web B 为攻击者构建的恶意网站，用户为 Web A 网站的合法用户。

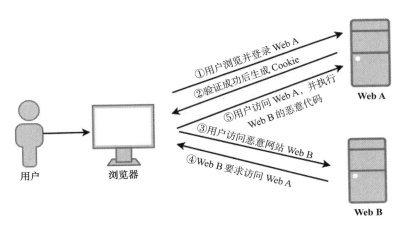

图 8-4　CSRF 攻击的原理

CSRF 攻击的基本步骤如下。

① 用户打开浏览器，访问受信任的网站 Web A，输入用户名和密码，请求登录 Web A。

② 用户的登录信息通过验证后，Web A 产生 Cookie 信息并返回浏览器。此时，用户登录 Web A 成功，可以正常发送请求到 Web A。

③ 用户退出 Web A 之前，在同一浏览器中，打开一个 Tab 页，访问 Web B。

④ Web B 接收到用户请求后，返回一些攻击性代码，并发出一个请求，要求访问第三方网站 Web A。

⑤ 浏览器在收到这些攻击性代码后，根据 Web B 的请求，在用户不知情的情况下，携带用户的 Cookie 信息，向第三方网站 Web A 发出请求。由于第三方网站 Web A 不知道该请求其实是由 Web B 发起的，所以，会根据用户的 Cookie 信息以用户的权限处理该请求，导致来自 Web B 的恶意代码被执行。

（3）危害

如果将 Web 服务器设计为接收来自客户端的请求而没有任何机制验证该请求是否是有意发送的，那么攻击者可能会诱使客户端向 Web 服务器发出恶意请求，而该请求将被视为真实的。这可能导致数据暴露或意外的代码执行。

（4）攻击实例

为了解读 CSRF 攻击，假设受害者 Bob 在银行有一笔存款，通过对银行的网站发送请求 "http://bank.example/withdraw?account=bob&amount=1000000&for=bob2"，要求把 Bob 名下值为 1000000 的存款转到 bob2 的账号下。

在通常情况下，该请求被发送到网站后，服务器会先验证该请求是否来自一个合法的会话且该会话的用户 Bob 已经成功登录。

攻击者 Mallory 在该银行也有账户。URL"http://bank.example/withdraw?account= bob&amount=1000000&for=bob2"用于把 Bob 的钱转到 bob2 的账号下。Mallory 可以将请求"http://bank.example/withdraw?account=bob&amount=1000000&for=Mallory"发送给银行，要求把 Bob 的钱转给自己。但是，这个请求来自 Mallory 而非 Bob，Mallory 无法通过安全认证，因此，该请求不会起作用。

如果 Mallory 想要使用 CSRF 攻击，就需要架设一个网站，并在网站中放置下面的代码。

```
src="http://bank.example/withdraw?account=bob&amount=1000000&for=Mallory
```

接下来，Mallory 通过广告等诱使 Bob 访问他的网站。当 Bob 访问 Mallory 的网站时，该 URL 就会从 Bob 的浏览器向银行网站发出请求，而这个请求会将 Bob 浏览器中的 Cookie 一起发给银行的服务器。

在大多数情况下该请求会失败，因为银行网站会要求验证 Bob 的身份信息。但如果 Bob 当时恰巧刚刚访问了自己的银行账户，那么他的浏览器与银行网站之间的会话可能尚未过期，也就是说，浏览器的 Cookie 中含有 Bob 的认证信息。这样，这个 URL 请求就会得到响应，钱将在 Bob 毫不知情的情况下从 Bob 的账号转移到 Mallory 的账号。等 Bob 发现自己的钱少了，即使去银行查询日志，也只能发现一个来自他本人的合法的资金转移请求，没有任何被攻击的痕迹。

（5）解决方案

目前，防御 CSRF 攻击主要有三种策略。

一是验证 HTTP Referer 字段。

在 HTTP 头中有一个字段叫作 Referer，它记录了该 HTTP 请求的来源地址，通常和访问一个安全受限的页面的请求来自同一个网站。例如，要访问 http://bank.example/ withdraw?account=bob&amount=1000000&for=Mallory，用户必须先登录，然后通过单击页面上的按钮触发转账事件。这时，该转账请求的 Referer 值是转账按钮所在页面的 URL。如果攻击者要想对银行网站实施 CSRF 攻击，就只能在自己的网站构造请求，当用户通过攻击者的网站将请求发送到银行网站时，该请求的 Referer 值将指向攻击者的网站。因此，要想防御 CSRF 攻击，银行网站只需要对每个转账请求验证 Referer 值，如果 Referer 值指向其他网站，就可能存在 CSRF 攻击，应拒绝该请求。

这种方法的好处是简单易行，网站的普通开发人员不需要关心 CSRF 漏洞，只需要在最后给所有安全敏感的请求统一增加一个拦截器来检查其 Referer 值，也不需要改变当前系统的任何已有代码和逻辑，没有风险，非常便捷。

然而，验证 HTTP Referer 字段的方法也存在漏洞。因为 Referer 值是由浏览器提供的，虽然 HTTP 协议有明确的要求，但是每个浏览器对 Referer 字段的具体实现可能会有差别，而且不能保证浏览器自身没有安全漏洞。使用验证 Referer 值的方法，实际上是把安全交给第三方（浏览器）来保障。在理论上，这种方法并不安全。事实上，对于某些浏览器（如 IE6），已经有一些可以篡改 Referer 值的方法。攻击者完全可以通过对用户浏览器的 Referer 值进行修改来骗过验证，从而实施 CSRF 攻击。

即使使用最新的浏览器，并且攻击者无法篡改 Referer 值，通过验证 HTTP Referer 字段抵御 SCRF 攻击的方法仍然存在问题。因为 Referer 值会记录用户的访问来源，而有些用户认为这样会侵犯他的隐私权，特别是有些组织担心 Referer 值会把组织内网中的某些信息泄露到外网，所以，用户可能会更改浏览器设置，使其在发送请求时不再提供 Referer 值。在正常访问银行网站时，该网站会因为请求中没有 Referer 值而被认为是 CSRF 攻击，导致合法用户的访问被拒绝。

二是在请求地址中添加 Token 并进行验证。

CSRF 攻击之所以能够成功，是因为攻击者可以完全伪造用户的请求，且该请求中所有的用户验证信息都存在于 Cookie 中，因此，攻击者可以在不知道这些验证信息的情况下直接利用用户的 Cookie 通过安全验证。要想抵御 CSRF 攻击，就需要在请求中添加攻击者无法伪造的信息，且该信息不能存在于 Cookie 中。我们可以在 HTTP 请求中以参数的形式添加一个随机产生的 Token，并在服务器端建立一个拦截器来验证这个 Token。若请求中没有这个 Token 或者 Token 的内容不正确，则认为可能存在 CSRF 攻击而拒绝该请求。

这种方法比检查 Referer 值要安全一些，原因在于 Token 可以在用户登录后产生并存放于 Session 中，然后在每次请求时把 Token 从 Session 中取出，与请求中的 Token 进行比对。这种方法的难点在于如何把 Token 以参数的形式添加到请求中。

对于 GET 请求，可将 Token 附在请求地址之后，这样 URL 就变成了 "http://url?csrftoken=tokenvalue"。而对于 POST 请求，需要在 form 的最后加上 "<input type="hidden" name="csrftoken" value="tokenvalue"/>"，把 Token 以参数的形式添加到请求中。

一个网站中可以接受请求的地方很多，为所有请求添加 Token 是非常麻烦的，并且很容易遗漏。通常的方法是在每次加载页面时，使用 JavaScript 遍历 dom 树，在 dom 树的所有 a 和 form 标签后放置 Token。尽管这样做可以解决大部分问题，但对于在页面加载之后动态生成的 HTML 代码，这种方法就没有效果了。这时，需要程序员在编码时手动添加 Token。

此外，在请求地址中添加 Token 并进行验证的方法难以保证 Token 本身的安全。特别是在一些支持用户自己发表内容的论坛或网站中，由于攻击者可以在上面发布自己网站的地址，并且系统会在这个地址后面添加 Token，所以，攻击者可以在自己的网站上得到这个 Token，并立即利用这个 Token 发起 CSRF 攻击。为了避免这种攻击，系统可以在添加 Token 后增加一个判断机制：如果当前链接是指向本站的，就在后面添加 Token；反之，就不在后面填加 Token。不过，即使 CSRF Token 不以参数的形式附加在请求中，攻击者的网站也可以通过 Referer 值得到这个 Token，从而发起 CSRF 攻击——这也是一些用户喜欢手动关闭浏览器 Referer 功能的原因之一。

三是在 HTTP 头中自定义属性并进行验证。

在 HTTP 头中自定义属性并进行验证，本质上也是使用 Token 进行验证。与在请求地址中添加 Token 并进行验证的方法不同的是，此方法并不是把 Token 以参数的形式置于 HTTP 请求中，而是把它放到 HTTP 头自定义的属性里。通过 XMLHttpRequest 类，可以一次性给所有这类请求加上 CSRF Token 的 HTTP 头属性，并把 Token 值置入，这样就解决了在请求中添加 Token 的问题。同时，通过 XMLHttpRequest 请求的地址不会出现在浏览器的地址栏中，这样我们就不用担心 Token 会通过 Referer 泄露了。

但是，在 HTTP 头中自定义属性并进行验证的方法局限性很大。XMLHttpRequest 请求通常用于 Ajax 方法对页面局部的异步刷新，因此，并非所有的请求都适合使用这个类来发起。而且，通过该类请求得到的页面不能被浏览器记录，这样前进、后退、刷新和收藏等操作就会给用户带来不便。此外，对于没有进行 CSRF 防护的系统来说，要采用这种方法，就要把所有请求都改为 XMLHttpRequest 请求，而这几乎要重写整个网站，其代价是我们无法承受的。

7. 有符号整数溢出

（1）描述

C/C++语言中的整数分为有符号整数和无符号整数。有符号整数的最高位表示符号（正或负），其余位表示数值的大小。无符号整数的所有位都用于表示数值的大小。

有符号整数的取值范围为 $[-2^{n-1}, 2^{n-1}-1]$。当有符号整数的值超出了有符号整数的取值范围时，就会出现整数溢出。导致有符号整数溢出的重要原因之一是对有符号整数的运算操作不当。常见的运算符有"+""-""*""/""%""++""--"等。如果没有对运算过程中有符号整数的值的范围进行判断和限制，就很容易导致有符号整数溢出。

（2）危害

有符号整数溢出会产生数值错误。错误数值使用的位置不同（例如，将错误数值用于内存操作，错误数值导致循环恒为真），可能导致的安全问题也不同，常见的有拒绝服务攻击、破坏内存等。

（3）解决方案

避免有符号整数溢出，需要注意以下几点：

- 在进行有符号整数操作时，需要对有符号数整数的取值范围进行有效的判断；
- 在对来自不可信来源的有符号整数进行运算操作时，需要特别注意数值的范围；
- 使用源代码静态分析工具进行自动化检测，可以有效地发现源代码中的有符号整数溢出问题。

（4）漏洞代码示例

有符号整数溢出的代码示例如下。

```
void CWE190_Integer_Overflow_int64_t_max_multiply_01_bad()
{
    int64_t data;
    data = OLL;
    data = LLONG MAX;
    if(data > 0) /* ensure we won't have an underflow */
    {
        int64_t result = data * 2;
        printLongLongLine(result);
    }
}
```

分析以上代码可以看出：虽然 if(data>0)语句保证了 data 的值不会小于等于 0，但没有对 data 的值的上限进行限制，当进行 data * 2 运算并将运算结果赋给 result 时，就会超出 result 的最大值，从而导致有符号整数溢出。

为了避免这个问题，需要在代码中增加 if()语句，对 data 的最大值进行限制。修改后的代码如下。

```
staric void goodB2G
{
    int64_t data;
    data = OLL;
    data = LLONG MAX;
    if(data > 0) /* ensure we won't have an underflow */
    {
        if(data < (LLONG_MAX/2))
        {
            int64_t result = data * 2;
            printLongLongLine(result);
        }
        else
        {
            printLine("data value is too large to perform arithmetic
safely")
```

```
            }
        }
    }
```

8. 无符号整数回绕

（1）描述

首先了解一下无符号整数的取值范围。表 8-2 列出了 ANSI 标准定义的无符号整数类型及其取值范围。

表 8-2　无符号整数类型及其取值范围

类型	位数	最小取值范围
unsigned int	16/32	0 ~ 65535
unsigned short int	16	0 ~ 65535
unsigned long int	32	0 ~ 4294967295
unsigned long long int	64	$2^{64}-1$

尽管涉及无符号整数的计算不会产生溢出，但当数值超过无符号整数的取值范围时会发生回绕。具体表现为：无符号整数的最大值加 1 会返回 0；无符号整数的最小值减 1 会返回该类型的最大值。

造成无符号整数回绕的操作符有 "+" "-" "*" "++" "--" "+=" "-=" "*=" "<<=" "<<" 等。

（2）危害

根据无符号整数回绕的原理，无符号整数回绕导致的最直接的问题是数值错误，即计算所得值不符合程序的预期。当无符号整数回绕产生一个最大值时，如果所得值用于诸如 memcpy() 之类的内存拷贝函数，就会复制一个巨大的数据，这可能导致错误或者破坏堆栈。

此外，无符号整数回绕最可能被利用的情况之一是内存分配。例如，使用 malloc() 函数分配内存，当 malloc() 函数的参数产生回绕时，即参数可能为 0 或最大值，就会导致所分配的内存长度为 0 或者内存分配失败。

（3）解决方案

避免无符号整数回绕，需要注意以下几点：

• 当函数的参数类型为无符号整数时，需要对传入的参数值的范围进行有效判断，避免直接或者在运算后产生回绕；

• 应对来自不可信来源的数据进行过滤和限制；

• 使用源代码静态分析工具进行自动化检测，可以有效发现源代码中的无符号整数回绕问题。

（4）漏洞代码示例

无符号整数回绕的代码示例如下。

```
void CWE_190_Integer_Overflow_unsigned_int_fscanf_multiply_01_bad()
{
    unsigned int data;
    data = 0;
    fscanf(stdin, "%u", &data);
    if(data > 0)
    {
        unsigned int result = data * 2:
        printUnsignedLine(result);
    }
}
```

以上代码使用 fscanf()函数从输入流（Stream）中读取数据。虽然对读取数据的下限进行了限制，但没有对 data 值的上限进行限制。进行 data * 2 运算后将结果赋给 result，如果 data * 2 运算的结果大于 UNIT_MAX，就会产生无符号整数回绕。

可以使用 if 语句对 data 的最大值进行限制，以避免在进行 data * 2 运算时产生无符号整数回绕。修改后的代码如下。

```
static void goodB2G
{
    unsigned int data;
    data = 0;
    fscanf(stdin, "%u", &data);
    if(data > 0)
    {
        if(data < (UNIT_MAX/2))
        {
            unsigned int result = data * 2;
            printUnsignedLine(result);
        }
        else
        {
            printLine("data value is too large to perform arithmetic
safely");
        }
    }
}
```

9. 空指针解引用

（1）描述

在 C 语言中，空指针的值为 NULL。NULL 指针一般指向进程的最小地址，其值通常为 0。如果试图通过空指针访问数据，就会导致运行时错误。当程序试图解引用一个期望非空而实际为空的指针时，就会发生空指针解引用错误。对空指针的解引用会导致未定义的行为。在很多平台上，解引用空指针会导致程序异常终止或者拒绝服务。例如，在 Linux 操作系统中访问空指针，会产生段错误（Segmentation Fault）。

（2）危害

空指针解引用是 C/C++程序中普遍存在的内存缺陷。当指针指向无效的内存地址且对其进行解引用时，有可能产生不可预见的错误，导致系统崩溃、拒绝服务等诸多严重后果。

（3）解决方案

为了避免空指针解引用的发生，需要养成良好的编程习惯，例如：

- 在使用指针前对其进行健壮性检查，以避免空指针解引用；
- 当调用函数的返回值可能为空时，对函数的返回值进行是否为空的验证，以避免空指针解引用；
- 在释放指针指向的地址空间后，将指针赋值为空；
- 确保异常能够被正确处理。

（4）漏洞代码示例

空指针解引用的代码示例如下。

```
void foo (int * argument, int * p)
{
    if (goodEnough (argument))
    {
        return;
    }
    *argument = *p;
}
void npd_check_call_might(int *argument)
{
    int *p = getValue();
    if (p !=0)
    {
        //非空验证
        *p=1;
    }
    if (some_other_check())
    {
        return;
    }
    foo(argument, p); //空指针解引用
}
```

可以看出，以上代码虽然在 npd_check_call_might()函数中对指针 p 进行了非空验证，但由于验证逻辑不完整，所以传入 foo()函数的指针 p 仍有可能为空指针，导致空指针解引用的发生。

为了避免空指针解引用，需要对指针 p 为空的情况进行处理：当指针 p 为空时，让 npd_check_call_might()函数直接返回，从而避免传入 foo()函数的指针 p 为空。修改后的代码如下。

```
void foo (int * argument, int * p)
{
    if (goodEnough (argument))
    {
        return;
    }
    *argument = *p;
}
void npd_check_call_might(int *argument)
{
    int *p = getValue();
    if (p !=0)
    {
        *p=1;
    }
    else
    {
        return;
    }
    if (some_other_check())
    {
        return;
    }
    foo(argument, p); //空指针解引用
}
```

10. 缓冲区边界限制不当

（1）描述

缓冲区边界限制不当是指在内存缓冲区执行操作，造成缓冲区溢出。造成缓冲区溢出的原因很多，列举如下。

- C/C++语言中有一系列危险函数，这些函数在对缓冲区进行操作时，不执行边界检查，很容易造成缓冲区溢出（如 strcpy()、strcat()、sprintf()、gets()等）。
- 数据来自不可信的来源。缓冲区操作依赖于不可信的来源的输入，是导致缓冲区溢出的另一个重要原因。不可信的来源包括命令行参数、配置文件、网络通信、数据库、环境变量、注册表值及来自应用程序以外的输入等。

　　缓冲区溢出又可以细分为缓冲区上溢和缓冲区下溢。缓冲区上溢是指当填充数据溢出时，溢出部分覆盖的是上级缓冲区。与之对应的是缓冲区下溢，是指当填充数据溢出时，溢出部分覆盖的是下级缓冲区。

　　（2）危害

　　缓冲区溢出是 C/C++程序中非常严重的漏洞类型。攻击者可能通过对与其他变量、数据结构或内部程序数据相关联的存储器执行读取或写入操作，执行任意代码、更改预期的控制流、读取敏感信息甚至造成系统崩溃。

　　（3）解决方案

　　为了避免缓冲区溢出，在分配和管理应用程序的内存时，需遵循以下原则。

- 在向缓冲区中填充数据时，必须进行边界检查。特别地，当使用外部输入数据作为数据源进行与内存相关的操作时，应重点进行边界检查。数据污染是造成缓冲区上溢的重要原因之一。

- 在使用可接受多字节复制的函数时，需要注意：如果目标缓冲区的大小等于源缓冲区的大小，那么该字符串不能以 NULL 结尾。

- 如果以循环方式访问缓冲区，则应检查缓冲区边界，并确保所写入的数据没有超出分配空间的危险。

- 在将所有输入的字符串传递给复制功能之前，应将其截断为合理的长度。

- 尽量避免使用表 8-3 中所列的不安全的内存操作函数。

表 8-3　不安全的内存操作函数

函数	举例
有关字符串拷贝的 API	strcpy、strcpyA、strcpyW、wcscpy、_tcscpy、_tccpy、_mbscpy、lstrcpy、lstrcpyA、lstrcpyW
有关字符串合并的 API	strcat、strcatA、strcatW、_mbscat、lstrcat、lstrcatA、lstrcatW、wcscat、_tccat、_tcscat、StrCatBuff、StrCatBuffA、StrCatChainW
有关 sprintf 的 API	wnsprintf、wnsprintfA、wnsprintfW、sprintf、sprintfA、sprintfW、wsprintf、wsprintfA、wsprintfW、swprintf、_stprintf

　　（4）漏洞代码示例

　　下面用两段示例代码解读缓冲区溢出漏洞。其中，示例 1 包含缓冲区下溢漏洞，示例 2 包含缓冲区上溢漏洞。

　　示例 1：

```
#define SRC_STRING "AAAAAAAAAA"
#ifndef OMITBAD
void CWE121_Stack_Based_Buffer_Overflow__CWE193_char_alloca_cpy_01_bad()
```

```
{
char * data;
char * dataBadBuffer = (char *)ALLOCA((10)*sizeof(char));
char * dataGoodBuffer = (char *)ALLOCA((10+1)*sizeof(char));
/* FLAW: Set a pointer to a buffer that does not leave room for a NULL
 * terminator when performing string copies in the sinks */
data = dataBadBuffer;
data[0] = '\0'; /* null terminate */
{
char source[10+1] = SRC_STRING;
/* POTENTIAL FLAW: data may not have enough space to hold source */
strcpy(data, source);
printLine(data);
}
}
#endif /* OMITBAD */
```

在以上代码中，对指针 data 进行了赋值。通过赋值操作可以看出，指针 data 指向 dataBadBuffer。当使用 strcpy()函数进行内存拷贝时，由于源缓冲区长度大于目的缓冲区长度而产生溢出，溢出部分超出 dataBadBuffer 的下边界，所以发生了缓冲区下溢。

为了避免缓冲区下溢，在对指针 data 进行赋值时要让 data 指向 dataGoodBuffer。此时，data 的长度与 source 一致。这样，在使用 strcpy()函数进行拷贝操作时，源缓冲区与目的缓冲区长度相同，从而避免了缓冲区下溢。此外，缓冲区下溢问题可以通过边界检查等方法来避免。

修改后的代码如下。

```
#define SRC_STRING "AAAAAAAAAA"
#ifndef OMITBAD
static void goodG2B
{
    char * data;
    char * dataBadBuffer = (char *)ALLOCA((10)*sizeof(char));
    char * dataGoodBuffer = (char *)ALLOCA((10+1)*sizeof(char));

    data = dataGoodBuffer;
    data[0] = '\0'; /* null terminate */
    {
        char source[10+1] = SRC_STRING;
        /* POTENTIAL FLAW: data may not have enough space to hold source */
        strcpy(data, source);
        printLine(data);
    }
}
```

　　示例 2：

```
void bad()
```

```
{
char * data;
data = NULL;
    {
        char * dataBuffer = new char[100];
        memset(dataBuffer, 'A', 100-1);
        dataBuffer[100-1] = '\0';
        /* FLAW: Set data pointer to before the allocated memory buffer */
        data = dataBuffer - 8;
    }
    {
        char source[100];
        memset(source, 'C', 100-1); /* fill with 'C's */
        source[100-1] = '\0'; /* null terminate */
        /* POTENTIAL FLAW: Possibly copying data to memory before the
         * destination buffer */
        strcpy(data, source);
        printLine(data);
        /* INCIDENTAL CWE-401: Memory Leak - data may not point to location
         * returned by new [] so can't safely call delete [] on it */
    }
}
```

在以上代码中，对指针 data 进行了赋值。通过赋值操作可以看出，指针 data 指向的内存地址在 dataBuffer 之前。当使用 srtcpy()函数进行内存拷贝时，由于源缓冲区长度大于目的缓冲区长度而产生溢出，溢出部分超出 dataBuffer 的上边界，所以发生了缓冲区上溢。

为了避免缓冲区上溢，可让 data 指向 dataBuffer。这样，data 的长度就与 dataBuffer 一致。在进行拷贝操作时，源缓冲区与目的缓冲区长度相同，从而避免了缓冲区上溢。此外，缓冲区上溢问题可以通过边界检查来修复。

修改后的代码如下。

```
static void goodG2B()
{
    char * data;
    data = NULL;
    {
        char * dataBuffer = new char[100];
        memset(dataBuffer, 'A', 100-1);
        dataBuffer[100-1] = '\0';
        /* FLAW: Set data pointer to before the allocated memory buffer */
        data = dataBuffer;
    }
    {
        char source[100];
        memset(source, 'C', 100-1); /* fill with 'C's */
        source[100-1] = '\0'; /* null terminate */
```

```
        /* POTENTIAL FLAW: Possibly copying data to memory before the
         * destination buffer */
        strcpy(data, source);
        printLine(data);
        /* INCIDENTAL CWE-401: Memory Leak - data may not point to location
         * returned by new [] so can't safely call delete [] on it */
    }
}
```

11. 将敏感信息暴露给越权方

（1）描述

将敏感信息暴露给越权方是指向未经明确授权的访问人员公开敏感信息。

（2）危害

将敏感信息暴露给越权方会导致敏感信息泄露。

（3）解决方案

为了避免将敏感信息暴露给越权方，可以进行特权分离，即对系统进行分区，使系统具有安全区域。这样，可以明确信任边界，不让敏感数据超出信任范围。

（4）漏洞代码示例

以下代码的作用是对用户名和密码的有效性进行检查，并将登录成功或失败的结果告知用户。

```
my $username = param('username');
my $password = param('password');
if (IsValidUsername($username) == 1)
{
    if(IsValidPassword($username,$password)==1)
    {
    print"Login Successful";
    }
    else
    {
    print"Login Failed - Incorrect password";
    }
}
else
{
    print "Login Failed - unknown username";
}
```

在以上代码中，针对用户名错误和密码错误分别给出了错误信息。这种做法能够帮助潜在的攻击者了解用户的登录状态，并且允许攻击者通过尝试不同的值来发现有效的用户名，直到返回密码错误的消息为止。尽管此类信息可能对用户有帮助，但对潜在的攻击者而言也是很有用的，会使攻击者更容易破解密码。

为了避免通过错误提示信息将过多的信息暴露给攻击者，应使两种失败情形的提示信息相同，如同为"Login Failed - Incorrect password Or username"（登录失败 - 用户名或密码错误）。修改后的代码如下。

```
my $username = param('username');
my $password = param("password");
if (IsValidUsername($username) == 1)
{
    if(IsValidPassword($username,$password)==1)
    {
    print"Login Successful";
    }
    else
    {
    print"Login Failed - Incorrect password Or username ";
    }
}
else
{
    print "Login Failed - Incorrect password Or username";
}
```

第9章 国内源代码漏洞测试规范

目前软件测试的基本思想、方法和技术已比较成熟。使用不同程序设计语言开发的代码具有不同的特点，在测试过程中需要关注的重点也不同。我国信息安全相关部门针对不同的源代码开发语言制定了不同的漏洞测试开发规范，主要有以下三个：

- GB/T 34944—2017《Java语言源代码漏洞测试规范》
- GB/T 34943—2017《C/C++语言源代码漏洞测试规范》
- GB/T 34946—2017《C#语言源代码漏洞测试规范》

为了对这些漏洞测试规范进行梳理和解读，本章先对软件测试的概念、原则和方法等进行梳理，再分别对这三个漏洞测试规范进行详细解读。

9.1 软件测试

1. 软件测试概述

软件测试是伴随软件的产生而产生的。早期的软件规模一般很小、复杂程度较低，开发过程不规范，测试的含义比较狭隘。开发人员常将测试等同于调试，目的仅仅是纠正软件中的已知故障，一般由开发人员自己完成。对测试的投入也很少，通常是等到代码成形、产品已经基本完成时才会进行。

到了20世纪80年代初，软件和IT行业进入大发展时期，软件规模趋向大型化，软件复杂程度越来越高，软件质量越来越重要。这时，一些软件测试的基础理论和实用技术开始形成，而且，人们开始为软件开发设计各种流程和管理方法，软件开发过程逐渐由无序的开发过程过渡到结构化的开发过程，以结构化分析与设计、结构化评审、结构化程序设计、结构化测试为特征。

随着人们将质量的概念融入软件，软件测试的定义发生了改变。测试不再是一个单纯的发现错误的过程，而是作为软件质量保证的主要手段，包含软件质量评价的内容。Bill Hetzel 在 *The Complete Guide of Software Testing* 一书中指出：测试是以评价程序或者系统属性为目标的一种活动，是对软件质量的度量。这个定义至今仍被引用。软件开发人员和测试人员也开始一起探讨软件工程和测试问题。

目前，软件测试已经有了行业标准（IEEE/ANSI）。1983年 IEEE 提出的软件工程术语中给软件测试的定义是：使用人工或自动的手段运行或测定某个软件系统的过程，其目的在于检验它是否满足了规定的需求或弄清了预期结果与实际结果的差别。这个定义明确指出，软件测试的目的是检验软件系统是否满足需求。软件测试不再是一种一次性的、开发后期的活动，而是要与整个开发流程融为一体。现在，软件测试已成为一个专业，需要专门的人才和专家运用专业的方法和手段来实施。

2. 软件测试原则

为了提高测试工作的效率和质量，进行软件测试应遵循软件测试原则。目前，有很多软件测试原则可用于指导软件测试工作，帮助测试人员以最低的人力、物力、时间成本等尽早发现软件中存在的问题。下面对常用的十项软件测试原则进行解读。

（1）用户需求的原则

用户需求的原则是指所有测试都应建立在用户需求之上，测试的目的在于了解系统是否满足需求。

（2）不断测试的原则

通过一次测试找出所有错误是不可能的。测试只能证明软件中有错误，但不能证明软件中没有错误。因此，应将不断测试的原则贯穿开发过程，即从最初的单个程序模块的测试到集成模块的测试，再到系统测试，而不是一次性全程测试。

（3）尽早测试的原则

越早进行测试，修复的缺陷成本越低。

（4）缺陷集群性原则（二八原则）

在测试过程中，应充分了解测试中的群集现象。通常，大约 80%的问题出现在大约20%的模块中。因此，应重点关注出现问题较多的程序模块，并对其进行更深入的测试。

（5）第三方测试的原则

程序员应避免自己检查自己的程序。由第三方进行测试，更加专业、客观、公正、有效。

（6）基于上下文的原则

测试活动应基于上下文。因为不同软件的用途不同，所以，应根据软件的用途、类型等采取相应的测试方法和技术。

（7）不可穷尽原则

由于时间和资源的限制，穷举测试（对各种输入和输出的全部组合进行测试）是不可能实现的。因此，应根据应用程序的风险评估结果和优先级，在测试成本、风险和收益之间进行平衡。

（8）避免缺陷免疫的原则

在软件测试中，缺陷是会产生免疫性的。同样的测试用例被反复使用，发现缺陷的能力会越来越差。测试人员对软件越熟悉，就越容易忽略一些看起来比较小的问题，导致发现缺陷的能力越来越差，这是由测试人员没有及时更新测试用例，或者对测试用例和测试对象过于熟悉、形成了思维定势所致。要想避免缺陷免疫，需要根据测试目的、各种边界条件、特殊情况和意外状态等，不断设计新的测试用例，或者对已有的测试用例进行修改和评审，以提高测试的效率，发现更多的错误，提高程序的可靠性。

（9）避免错误关联的原则

由于程序的不同部分之间存在逻辑关联，所以，在进行回归测试时，应重点关注修改一个错误是否会引起更多的错误。

（10）测试过程文档的妥善保存原则

应重视并妥善保存测试过程中的所有文档，如测试计划、测试用例、测试报告等，以备回归测试和维护时使用。

3. 软件测试方法

软件测试方法有很多。根据测试过程中程序的执行状态，可将软件测试分为静态测试和动态测试；根据具体实现的算法细节和系统的内部结构，可将软件测试分为黑盒测试、白盒测试和灰盒测试；根据测试的执行方式，可将软件测试分为人工测试和自动化测试。

（1）静态测试

静态测试是指通过对软件源代码的静态分析进行测试。静态测试过程中应用的数据较少，主要通过人工推断或计算机辅助测试来测试程序中的运算方式和算法的正确性，完成测试过程。静态测试的优点在于能够以较短的时间和较少的资源完成对软件和软件源代码的测试并发现其中较为明显的错误。静态测试的适用范围较广，尤其适合在大型软件的测试中使用。

（2）动态测试

动态测试的主要目的是检测软件运行中出现的问题。与静态测试相比，动态测试需要依赖程序的运行来检测软件中的动态行为是否缺失、软件运行效果是否良好。动态测试最为明显的特征是进行动态测试的软件必须处于运行状态，只有这样，才能在测试过程中发现软件的缺陷并进行修复。动态测试过程涉及两个因素，分别是被测试的软件和测试所需的数据。这两个因素决定了动态测试能否正确、有效地开展。

（3）黑盒测试

黑盒测试将软件测试环境模拟为一个内部不可见的"黑盒"。根据输入数据观察软件的输出数据，以此来检查软件的内部功能是否正常。在进行黑盒测试时，将设计好的测试数据输入软件，将输出的数据与预期的数据进行对比，如果一致，则测试通过，否则（即使二者的差异很小）说明软件内部有问题，需要尽快解决。

（4）白盒测试

相对于黑盒测试，白盒测试具有一定的透明性。白盒测试的原理是基于软件内部应用、源代码等对软件内部的工作过程进行测试，测试过程中常将软件与内部结构协同并展开分析。白盒测试的最大优点是能够有效解决软件内部应用程序出现的问题。

判定测试是白盒测试中最重要的程序测试结构之一，此类程序结构作为对程序逻辑结构的整体实现，对程序测试具有重要作用。判定测试针对程序中不同类型的代码进行覆盖式检测，覆盖范围较广。

在实际应用中，白盒测试常与黑盒测试并用。这里以通过动态测试发现的未知错误为例进行说明。通常，先使用黑盒测试，若程序的输入数据与输出数据相同，则证明内部数据未出现问题。若出现问题，则需要使用白盒测试，针对软件内部结构进行分析，直至发现问题（对问题要及时修改）。

（5）灰盒测试

灰盒测试介于黑盒测试和白盒测试之间。灰盒测试除了重视输出的正确性，还重视程序的内部结构。但是，灰盒测试不可能像白盒测试那样详细和完整，它只是简单依靠一些具有象征性的现象或标志来判断程序内部的运行情况。因此，在程序内部结构出现错误但输出结果正确的情况下，可以采用灰盒测试（在这种情况下，灰盒测试的效率比白盒测试高）。

（6）自动化测试

自动化测试即软件测试的自动化，是指在预先设定的条件下，使用自动化测试工具或软件运行被测程序，并分析其运行结果。可以说，自动化测试是将以人为驱动的测试行为转换为机器执行的过程。

（7）手动测试

在设计测试用例之后，需要测试人员根据所设计的测试用例一步一步执行测试，以得到程序的运行结果，并将其与期望的结果进行对比。

4. 软件测试过程

软件测试过程可以分为单元测试、集成测试、系统测试、验收测试四个阶段。

（1）单元测试

单元测试也称为模块测试，是指对软件的各个模块进行的测试。单元测试的目的是发现模块的实际功能缺陷和编码错误。由于模块的规模通常不大，且功能单一、结构简单，测试人员通过阅读源程序即可知道其逻辑结构，所以，单元测试首先应采用静态测试，根据模块设计的控制流程图对模块的源程序进行分析，以满足逻辑测试要求的覆盖率。

此外，在单元测试阶段可以采用黑盒测试，通常是先设计一组基本的测试用例进行黑盒测试，再通过白盒测试进行验证。若黑盒测试所使用的测试用例满足不了对覆盖率的要求，则可以通过白盒测试补充测试用例。对覆盖率的要求应根据模块的具体情况确定。对于一些对质量和可靠性要求较高的模块，一般要满足所需条件的组合覆盖或者路径覆盖标准。

（2）集成测试

集成测试是软件测试的第二阶段。

在集成测试阶段，通常要对已经严格按照程序设计要求和标准组装起来的模块同时进行测试，明确该程序结构组装的正确性，发现与接口有关的问题，例如：模块接口的数据是否会在穿越接口时丢失；各模块之间是否因某种疏忽而产生了不利的影响；将各模块的功能组合起来后，产生的功能是否达到了预期的功能要求；一些在误差范围内且可接受的误差，是否由于长时间的积累而达到了不能被接受的程度；数据库是否因单个模块发生错误而造成自身出现错误；等等。

由于集成测试是介于单元测试和系统测试之间的，因此具有承上启下的作用。在集成测试阶段，通常采用白盒测试和黑盒测试相结合的方法，验证程序设计的合理性及功能的正确性。

（3）系统测试

系统测试一般采用黑盒测试的方法，目的是检查该系统是否满足软件需求。系统测试阶段的工作可以细分为健壮性测试、性能测试、功能测试、安装或反安装测试、用户界面测试、压力测试、可靠性和安全性测试等。

为了保证客观性，系统测试必须由独立的测试小组或第三方进行。同时，系统测试过程比较复杂，在系统测试阶段经常会变更需求，这会导致功能的删除或增加，从而使程序不断出现相应的更改，而程序在更改后可能会出现新的问题，或者原本没有问题的功能由于更改而出现了问题。这就要求进行回归测试。

（4）验收测试

验收测试是软件测试的最后一个阶段，是软件产品正式投入运行前要进行的测试。

系统测试与验收测试的执行人员不同，验收测试是由用户执行的。验收测试的主要目的是向用户展示开发出来的软件是否能够满足预定的要求和符合相关标准，并验证软件在实际工作中的有效性和可靠性，确保用户能使用该软件顺利完成既定任务。通过了验收测试，软件产品就可以发布了。

不过，开发人员是无法预测在交付用户后软件的用户在实际使用过程中是如何操作的。因此，从用户的角度出发，测试人员还应进行 Alpha 测试或 Beta 测试。Alpha 测试是指在软件开发环境或者模拟的实际操作环境中由用户进行的测试，主要目的是对软件产品的功能、界面、可用性、性能等方面进行评价。Beta 测试是指在实际环境中由多个用户对软件进行测试，并将测试过程中发现的错误反馈给开发人员。无论是 Alpha 测试还是 Beta 测试，在测试过程中用户都必须定期将遇到的问题反馈给开发人员。此外，在使用过程中，用户也应定期将遇到的问题反馈给开发人员。

5. 软件测试的重要性

软件测试的目的是确保软件的质量、确认软件能以正确的方式实现预期功能。软件测试的主要工作是发现软件中的错误、有效定义和实现软件组件由低层到高层的组装过程、验证软件是否满足任务书和系统定义的文档所规定的技术要求、为软件质量模型的建立提供依据等。软件测试不仅要确保软件的质量，还要给系统开发人员提供信息，为风险评估做准备。更重要的是，软件测试要贯穿软件开发过程，以保证整个软件开发过程是高质量的。

软件测试在软件设计及程序编码之后、运行之前进行最为合适。考虑到在软件开发过程中需要寻找 Bug、避免软件开发过程中的缺陷、关注用户需求等，软件测试要嵌入整个软件开发过程。例如，在软件的设计和程序的编码等阶段都要嵌入软件测试，实时检查软件的可行性。

6. 软件测试的发展趋势

软件测试的发展趋势，可从以下两个方面分析。

从整体行业背景的角度：一方面，我国的很多软件企业存在重开发、轻测试的现象，造成软件产品质量问题频出；另一方面，行业内软件测试人员偏少、岗位缺口较大，不少企业常常以开发人员暂代测试人员来应急。

从个人职业发展的角度，软件测试人才更强调岗位的经验积累。从业者拥有几年测试经验后，可逐步转向管理岗位或者资深测试工程师岗位，甚至担任测试经理或者部门主管，从而有效延长自己的职业寿命。另外，由于国内软件测试工程师人才匮乏，并且通常只有大中型企业才会单独设立软件测试部门，所以，软件测试人员的工资待遇普遍较高。

9.2　《Java 语言源代码漏洞测试规范》解读

Java 语言是一种面向对象的、运行于 Java 虚拟机之上的高级程序设计语言，广泛应用于各种大型信息系统和智能终端应用软件的开发。由于多种因素的影响，每个软件的源代码中都难免存在漏洞，而信息泄露、数据或代码被恶意篡改等安全事件的发生大都与源代码漏洞有关。为了尽量减少 Java 语言源代码中的漏洞，我们有必要了解 Java 语言的源代码漏洞测试规范。

源代码漏洞测试既可以在开发过程中或软件编码活动之后实施，也可以在运行和维护过程中实施。

《Java 语言源代码漏洞测试规范》中的漏洞分类与漏洞说明主要参考了 MITRE 公司发布的 CWE，同时涵盖了当前行业主流的自动化静态分析工具在测试实践中发现的典型漏洞。

《Java 语言源代码漏洞测试规范》仅对自动化静态分析工具支持的关键漏洞进行说明。在应用《Java 语言源代码漏洞测试规范》开展源代码漏洞测试时，应根据实际需要对漏洞进行删减和补充。

9.2.1　适用范围

《Java 语言源代码漏洞测试规范》规定了 Java 语言源代码漏洞测试的测试总则和测试内容，适用于开发方或第三方机构的测试人员利用自动化静态分析工具对 Java 语言源代码开展漏洞测试活动，Java 语言的程序设计和编码人员、审计人员及源代码漏洞测试工具的设计人员也可以参考使用。

9.2.2　术语和定义

《Java 语言源代码漏洞测试规范》涉及大量的术语和定义，下面逐一进行解读。

（1）访问控制

访问控制是一种保证数据处理系统的资源只能由被授权主体按授权方式进行访问的手段。

（2）攻击

在信息系统中，任何对系统或信息进行破坏、更改，使其丧失功能或发生泄露的尝试（包括窃取数据），都可以称为攻击。

（3）密码分组链接

密码分组链接是分组密码算法的一种加密模式。在对信息进行加密时，每个明文块都依赖前一密文块的加密方式。

（4）加密

加密是指在密钥的作用下对数据进行加密变换以产生密文的过程。该变换通常使用一套算法和一套输入参量。输入参量常被称作密钥。

（5）密文

密文是指利用加密算法在密钥的作用下对明文进行加密变换得到的数据，是信息内容被隐藏后的数据。

（6）解密

解密是指将密文转换为明文的处理过程，是加密过程的逆过程。

（7）字典攻击

字典攻击是指使用遍历给定的口令或密钥列表的方式对密码系统进行攻击。例如，将存储的特定口令值或密钥值列表或者来自自然语言字典中的单词列表作为口令或密钥，尝试进入系统。

（8）域名服务器（DNS）欺骗

DNS欺骗是攻击者冒充域名服务器的一种欺骗行为。

（9）硬编码

硬编码是指在程序开发过程中，把输入或输出的相关参数直接编码在源代码中，而不是从外部输入或者使用从外部获得的数据生成。

（10）散列/杂凑函数

散列/杂凑函数是用于将消息或比特串映射为长度固定的比特串的函数，需满足以下两个特性。

• 单向性：对于给定的输出找出映射为该输出的输入，在计算上是不可行的。

• 抗碰撞性：对于给定的输入找出映射为同一输出的第二个输入，在计算上是不可行的。

（11）散列值

散列值是散列/杂凑函数输出的比特串。

（12）注入

注入是指由于对输入字符过滤不严谨而导致的漏洞。

（13）最优非对称加密填充

最优非对称加密填充是 RSA 算法的一种加密填充方案，可将原有的确定性加密方案转换成一种随机性方案，并能防止密文的部分解密或其他信息泄露。

（14）填充

填充是指给数据/比特串附加额外的比特。

（15）口令

口令也称密码，是指用于身份鉴别的秘密的字、短语、数字或字符序列，通常需要被用户默记，是弱秘密。

（16）明文

明文是指未加密的信息。

（17）彩虹表

彩虹表是一个为进行散列函数的逆运算而预先计算好的表，常用于破解散列值。

（18）重定向

重定向是指通过对服务器进行特殊设置，将访问当前域名的用户引导到另一个指定的网络地址，即将一个域名指向另一个已经存在的站点，或者将一个页面引导至另一个页面。

（19）反向域名解析

与域名解析相反，反向（逆向）域名解析是指根据 IP 地址查询服务器的域名。

（20）盐值

盐值是作为单向散列函数或加密函数的二次输入而添加的随机变量，在基于口令的验证中可用于抵抗字典攻击。

（21）脚本

脚本是指使用特定的描述性语言，依据一定的格式编写的纯文本程序。

（22）种子

种子是一种用作伪随机数生成器（Deterministic Random Bit Generators，DRBG）的输入的比特串。伪随机数生成器的部分状态是由种子确定的。

（23）敏感信息

敏感信息是一个相对的概念，在这里是指由权威机构确定的必须受到保护的信息。敏感信息的泄露、修改、破坏或丢失，会对当事人或事产生可预知的损害。

（24）序列化

序列化是指将对象的状态消息转换成可以存储或传输的字节序列的过程。

（25）会话

会话是指用于识别和跟踪负责客户端与服务器之间的交互、保存用户身份和信息的对象。

（26）源代码漏洞

源代码漏洞是指存在于软件源代码中的漏洞。

（27）漏洞

漏洞是指计算机信息系统在需求分析、设计、实现、配置、运行等过程中有意或无意产生的缺陷。这些缺陷以不同的形式存在于计算机信息系统的各个层面和环节中，如果被不当或恶意利用，就会对计算机信息系统的安全造成损害，从而影响计算机信息系统的正常运行。

9.2.3　Java 源代码漏洞测试总则

Java 源代码漏洞测试总则对源代码漏洞测试的目的、过程和管理分别进行了定义。

1.　源代码漏洞测试目的

源代码漏洞测试的目的主要有以下两个：

- 发现、定位和解决软件源代码中的漏洞；
- 为软件产品的安全性测量和评价提供依据。

2.　源代码漏洞测试过程

源代码作为软件产品的重要组成部分，其漏洞测试过程基本等同于软件产品的漏洞测试过程。《Java 语言源代码漏洞测试规范》将源代码漏洞测试过程分为测试规划、测试设计、测试执行、测试总结四个阶段。

（1）测试规划

测试规划是指对源代码漏洞测试的整个过程进行策划，包括明确测试的目标、范围、依据、环境与工具，以及分析与评估测试风险并制定应对措施等。此外，测试规划要重点明确源代码漏洞测试应该划分的阶段及各阶段的人员角色、任务、时间和工作成果，形成如表 9-1 所示的源代码漏洞测试进度计划表。

表 9-1　源代码漏洞测试进度计划表

测试阶段	人员角色	任务	时间	工作成果
测试规划				（测试计划）
测试设计				（测试说明）
测试执行				（测试日志）
测试总结				（测试报告）

（2）测试设计

测试设计应根据测试目标，结合被测源代码的业务和技术特点，明确测试环境和测试工具，确定测试需求、测试方法、测试内容、测试准入条件、测试准出条件。测试应采用自动化静态分析工具扫描与人工分析相结合的方法。Java 语言源代码漏洞测试的测试内容应包括但不限于以下类型的漏洞：

- 行为问题；

- 路径错误；

- 数据处理；

- 处理程序错误；

- 不充分的封装；

- 安全功能；

- 时间和状态；

- Web 问题；

- 用户界面错误。

如果被测源代码采用了 Java 语言的第三方框架，那么测试人员还应根据被测源代码的实际情况，在测试内容中增加与第三方框架有关的漏洞测试。

测试设计的一个重要内容是设计测试用例。Java 语言源代码漏洞测试的测试用例应包括但不限于以下要素：

- 名称和编号；

- 自动化静态分析工具的操作步骤和参数配置；

- 自动化静态分析工具的期望操作结果。

（3）测试执行

测试执行包括自动化静态分析工具扫描和人工分析两个阶段。

在实际应用中，应根据测试用例所明确的操作步骤，使用自动化静态分析工具进行测试，记录测试执行过程及测试结果。

然后，对自动化静态分析工具的测试结果进行人工分析。人工分析通常包括但不限于以下任务：

- 按漏洞类别或者漏洞风险级别从高到低的顺序分析自动化静态分析工具扫描得到的所有源代码漏洞；

- 结合源代码的上下文和业务需求，验证疑似漏洞，删除误报的源代码漏洞；

- 与开发人员沟通，确认源代码漏洞分析结果。

（4）测试总结

测试总结是指对整个源代码漏洞测试过程进行总结，包括但不限于以下任务：

- 核查测试环境、工具、内容、方法和结果是否正确；

- 确认测试目标和测试需求是否得到满足；

- 总结测试内容、方法和结果，出具测试报告。

3. 源代码漏洞测试管理

源代码漏洞测试管理包括过程管理、过程评审、配置管理三个方面的内容。

（1）过程管理

过程管理是指对源代码漏洞测试过程进行管理，一般包括以下内容：

- 提出源代码漏洞测试各个阶段的任务要求和质量要求；

- 安排对源代码漏洞测试的过程进行质量监督和阶段评审，包括监督和评审所需的环境、设备、资金和人员，质量监督记录应形成文档；

- 对源代码漏洞测试的风险进行管理，提供规避风险所需的相关资源；

- 提供完成源代码漏洞测试各项任务所需的资源，包括测试的环境、工具、资金、人员等。

表 9-2 给出了源代码漏洞测试的人员配备参考。

表 9-2　源代码漏洞测试的人员配备参考

工作角色	具体职责
测试项目负责人	管理监督测试项目，提供技术指导，获取适当的资源，制定基线，进行技术协调，负责项目的安全保密、过程管理和质量管理，负责测试规划和测试总结
测试设计员	开展测试需求分析，确定测试内容、测试方法、测试（软/硬件）环境、测试工具，设计测试用例，建立测试环境
测试员	执行测试任务，记录测试过程和结果
测试分析员	对自动化静态分析工具的测试结果进行人工分析
测试系统管理员	对测试环境和资产进行管理和维护
配置管理员	设置、管理和维护测试配置管理数据库
测试评审员	对测试的各个阶段进行评审

注 1：当测试由软件的提供方实施时，配置管理员由软件开发项目的配置管理员承担；当测试由独立的测试机构实施时，需配备测试活动的配置管理员。

注 2：一个人可承担多个角色的工作，一个角色可由多个人承担

（2）过程评审

过程评审覆盖源代码漏洞测试的全过程，即在测试规划、测试设计、测试执行、测

试总结四个阶段结束时都应开展阶段评审。评审的级别和参加人员应根据被测源代码的重要程度确定。

- 测试规划评审。完成测试规划后，应对所制定的测试规划进行评审，形成测试规划评审表。测试规划评审的具体内容应包括：

    ◇ 评审测试环境、工具等测试实施条件要素是否全面、合理；

    ◇ 评审测试人员分工和进度计划等测试组织要素是否具有可实施性；

    ◇ 评审风险分析是否全面、合理，以及是否具有可行的应对安全风险的措施。

- 测试设计评审。完成测试设计后，应对测试说明和测试就绪情况进行评审，形成测试设计评审表。测试设计评审的具体内容应包括：

    ◇ 评审测试需求分析是否合理；

    ◇ 评审测试内容和方法是否符合测试需求；

    ◇ 评审测试用例的操作步骤和参数配置是否详细、正确、可实施；

    ◇ 评审测试用例的期望结果描述是否准确；

    ◇ 评审测试人员、环境和工具是否配备齐全并符合要求。

- 测试执行评审。完成测试执行后，应对测试过程中产生的日志进行评审，形成测试执行评审表。测试执行评审的具体内容应包括：

    ◇ 评审测试用例的执行是否完整；

    ◇ 评审操作结果是否真实、有效；

    ◇ 评审操作结果描述是否清晰、准确；

    ◇ 对于和预期结果不一致的操作结果，评审是否详细记录了问题；

    ◇ 评审人工分析的结果是否正确。

- 测试总结评审。完成测试总结后，应对测试总结报告进行评审，形成测试总结评审表。测试总结评审的具体内容应包括：

    ◇ 评审测试需求和测试目标是否全面、准确完成；

    ◇ 评审测试结论与测试结果追溯的合理性；

    ◇ 评审是否具备结束测试的条件；

    ◇ 评审测试风险的规避方式是否合理。

（3）配置管理

配置管理是指按照软件配置管理的要求，将测试过程中产生的各种软件产品纳入配置管理。配置要求见 GB/T 20158—2006《信息技术 软件生存周期过程 配置管理》。

9.2.4 Java 源代码漏洞测试工具

在选择源代码漏洞测试工具时，应首先明确 GB/T 15532—2008《计算机软件测试规范》4.8 节的要求，重点考虑工具的漏报率和误报率，然后通过调查或比较来评估工具的漏报率和误报率。所选择的测试工具应覆盖但不限于《Java 语言源代码漏洞测试规范》中指定的源代码漏洞测试内容，在测试前应对工具的漏洞规则库和测试引擎进行必要的升级和维护。

此外，选择源代码漏洞测试工具，应结合项目的具体需求。若有条件，应优先考虑选用商用自动化静态分析工具。若条件不具备，也可选用开源自动化静态分析工具。

1. 测试工具分类

软件测试工具分为静态测试工具、动态测试工具和其他支持测试活动的工具。各类测试工具在功能和特征方面有相似之处，能支持一种或多种测试活动，如表 9-3 所示。

表 9-3　各类测试工具

工具类型	功能和特征说明	举例	备注
静态测试工具	对软件需求、结构设计、详细设计和代码进行审计和审查的工具	复杂度分析、数据流分析、控制流分析、接口分析、句法和语法分析等工具	针对软件需求、结构设计、详细设计的静态分析工具很少
动态测试工具	支持执行测试用例和评价测试结果的工具，包括支持选择测试用例、设置环境、运行所选测试用例、记录执行活动、故障分析、测试工作有效性评价等	覆盖分析、捕获和回放、存储器测试、变异测试、仿真器及性能分析、测试用例管理等工具	测试捕获与回放及数据生成器可用于测试设计
其他支持测试活动的工具	支持测试计划、测试设计和整个测试过程的工具	测试计划生成、测试进度和人员安排评估，以及基于需求的测试设计、测试数据生成、问题管理、测试配置管理等工具	复杂度分析可用于测试计划的制订，捕获与回放、覆盖分析可用于测试设计与实现

2. 测试工具选择

软件测试应尽量采用测试工具进行，避免或减少人工工作。在实际应用中，应根据测试要求选择合适的工具。为了让工具在测试工作中发挥应有的作用，需要确定对测试工具的详细需求，并制定统一的工具评价、采购（开发）、培训、实施和维护计划。

在选择软件测试工具时，应重点从需求分析、成本收益、整体质量三个方面考虑。

（1）需求分析及确认

• 应明确对测试工具的功能、性能、安全性等的需求，并据此进行验证或确认。

• 可通过在实际运行环境中的演示来确认工具是否满足需求，确认过程应依据工具的功能和技术特征、用户使用信息（安装和使用手册等）及工具的操作环境描述等进行。

（2）成本和收益分析

- 估计工具的总成本。除了最基本的产品价格，总成本还包括附加成本，如工具的挑选、安装、运行、培训、维护和支持等成本，以及因未使用工具而改变测试过程或流程所产生的成本等。
- 分析工具的总体收益，如工具的首次使用范围和长期使用前景、工具应用效果、工具与其他工具协同工作对生产力的提高程度等。

（3）整体质量因素

影响测试工具整体质量的因素主要有：

- 易用性；
- 互操作性；
- 稳定性；
- 经济实用性；
- 维护性。

9.2.5　Java 源代码漏洞测试文档

源代码漏洞测试文档一般包括测试计划、测试说明、测试日志、测试报告。源代码漏洞测试文档可单独出具，也可与其他类型的测试出具的测试文档合并。

Java 源代码漏洞测试文档的基本内容，以第三方测试机构利用自动化静态分析工具对使用 Java 语言开发的开源 Web 应用程序 LibrePlan（版本号 1.4.1，共 212902 行源代码）的测试为例进行说明。

1．测试描述

本次测试由第三方机构的测试人员利用自动化静态分析工具对使用 Java 语言开发的开源 Web 应用程序 LibrePlan（版本号 1.4.1）的 212902 行源代码进行测试。

2．测试依据

本次测试的测试依据为 GB/T 34944—2017《Java 语言源代码漏洞测试规范》。

3．测试目的

本次测试的目的有两个，具体如下：

- 指导《Java 语言源代码漏洞测试规范》的读者理解该标准；

- 发现并定位 LibrePlan（版本号 1.4.1）的源代码中的漏洞。

4. 测试过程

本次测试采用标准的四阶段测试过程，即测试规划、测试设计、测试执行、测试总结。

（1）测试规划

测试规划包括以下六个方面的内容。

- 确定测试工具。采用 Checkmarx CxEnterprise 工具进行测试。

- 确定源代码编译环境。被测源代码是在 Windows 操作系统中通过 Eclipse 4.4 开发的，选择的测试工具 Checkmarx CxEnterprise 支持该编译环境。

- 确定测试进度。测试进度安排，如表 9-4 所示。

表 9-4　LibrePlan 源代码漏洞测试进度

测试阶段	人员角色	职责	时间 （工作日）	工作成果
测试规划	测试项目负责人	负责项目的组织管理、资源保障和过程评审，明确项目规划，制定测试进度计划	1	测试计划
测试设计	测试设计员	开展测试需求分析，确定测试内容、测试方法、测试环境和测试工具，编写测试用例	3	测试说明
测试执行	测试员	执行测试，记录测试过程和结果	1	测试日志
	测试分析师	人工分析测试结果	2	
测试总结	测试项目负责人	对整个源代码漏洞测试过程进行总结	2	测试报告

- 分析与评估测试风险并制定应对措施。可能存在的测试风险及应对措施如下。

◇ 测试工具无法正常对被测源代码进行扫描。应对措施：查看测试工具记录的日志，找出原因并解决问题。若无法找到引发问题的原因或无法解决问题，应联系测试工具厂商提供技术支持。

◇ 由于技术等原因导致实际进度滞后于计划进度。应对措施：若实际进度滞后于计划进度，应在人工分析时应增加人员，进行测试结果分析。

- 形成测试计划。整理以上四个方面的内容，形成测试计划文档。

- 评审测试计划。组织管理层对测试计划进行评审，评审结果如下。

◇ 测试计划明确了测试需要的工具和环境，对测试实施条件、要素的考虑全面、合理。

◇ 测试计划所明确的测试人员分工和进度计划具有可实施性。

◇测试计划中对测试风险的分析全面、合理，且具有可行的应对风险的措施。

（2）测试设计

测试设计包括分析测试需求、明确测试内容、确定测试方法、明确测试工具、明确测试环境、设计测试用例、形成测试说明、评审测试设计八个方面的内容。

- 分析测试需求。LibrePlan 是使用 Java 语言开发的 B/S 架构的网站，可通过互联网访问，容易受到来自互联网的恶意攻击。所有使用 Java 语言开发的 B/S 架构的软件的源代码中可能存在的九类漏洞（漏洞说明参见 9.2.6 节），也是 LibrePlan 受到恶意攻击的根源，应分别进行测试。

- 确定测试内容。根据对测试需求的分析，确定针对九类 Java 语言源代码漏洞对 LibrePlan 进行测试。

- 确定测试方法。采用静态自动化分析工具 Checkmarx CxEnterprise 对 LibrePlan 的源代码进行漏洞扫描，然后人工分析静态自动化分析工具的扫描结果，筛选误报的漏洞。

- 明确测试工具。采用的自动化静态分析工具为 Checkmark CxEnterprise 6.2.0。

- 明确测试环境。测试环境，如表 9-5 所示。

表 9-5　LibrePlan 源代码漏洞测试环境

硬件环境		配置	软件环境
设备编号	名称型号		
H-620	惠普 8560w 移动 工作站	Intel Core i7-2720QM （2.2GHz）/16GB/750GB	Windows 7 Professional 中文版（64 位） SQL Server 2008 Express Edition（64 位） IIS 7 IE 8 Checkmarx CxEnterprise 6.2.0（测试工具）

- 设计测试用例。为了检测 LibrePlan 源代码中的漏洞，设计了如表 9-6 所示的测试用例。

表 9-6　LibrePlan 源代码漏洞测试用例

测试用例编号	YMLD-YL-2016-1001-0001	
测试用例名称	LibrePlan 源代码漏洞测试用例	
编号	测试内容、测试过程和测试方法	期望结果
1	使用 IE 8 浏览器打开 Checkmarx CxEnterprise 6.2.0	显示测试工具的登录页面
2	在登录页面输入用户名（administrator@cx）和密码（Sb3396981***），单击"登录"按钮	成功登录测试工具页面

编号	测试内容、测试过程和测试方法	期望结果
3	在测试工具页面选择"行为问题"类的"不可控的内存分配"指标进行测试	明确源代码中是否存在"不可控的内存分配"源代码漏洞
……	其余 5 类 29 个指标的测试内容、测试过程和测试方法同上，此处略	……

测试用例设计人员	……	测试用例设计时间	……

- 形成测试说明。整理上述内容，形成测试说明文档。

- 评审测试设计。组织管理层对测试设计进行评审，评审结果如下。

　　◇测试需求分析合理。

　　◇测试内容和方法符合测试需求。

　　◇测试用例的操作步骤和输入数据详细、正确、可实施。

　　◇测试用例的期望结果描述准确。

　　◇测试人员、环境和工具齐全并符合要求。

（3）测试执行

测试执行即执行测试任务，包括以下四个方面的内容。

- 执行测试并记录测试过程和测试结果。根据测试用例执行测试，测试记录如表 9-7 所示。

表 9-7　LibrePlan 源代码漏洞测试记录

测试记录编号	YMLD-JL-2016-1001-0001		
测试用例名称	LibrePlan 源代码漏洞测试记录		

编号	测试内容、测试过程和测试方法	期望结果
1	使用 IE 8 浏览器打开 Checkmarx CxEnterprise 6.2.0	打开测试工具的登录页面
2	在登录页面输入用户名（administrator@cx）和密码（Sb3396981***），单击"登录"按钮	登录测试工具页面
3	在测试工具页面选择"行为问题"类的"不可控的内存分配"指标进行测试	未发现"不可控的内存分配"源代码漏洞
……	其余 5 类 29 个指标的测试内容、测试过程和测试方法同上，此处略	发现其余 5 类 29 个指标共 240 个源代码漏洞

测试用例设计人员	……	测试用例设计时间	……

- 分析测试结果。通过人工分析，发现自动化静态分析工具由于无法识别部分对用户输入进行过滤的函数，导致出现了 9 个误报。误报的源代码漏洞已在自动化静态分析工具中进行了标记和说明。

- 形成测试日志。整理以上两个方面的内容，形成测试日志文档。

- 评审测试执行。组织管理层对测试执行情况进行评审，评审结果如下。

  ◇ 测试用例的执行已达到 100%。

  ◇ 操作结果真实、有效。

  ◇ 操作结果描述清晰、准确。

  ◇ 在测试中未出现与预期结果不一致的操作结果。

  ◇ 经复核，人工分析结果正确。

（4）测试总结

测试执行完成，需要进行测试总结。测试总结包括编制测试总结报告和评审测试总结两部分内容。

- 编制测试总结报告。在项目周期内，依据《Java 语言源代码漏洞测试规范》，对 LibrePlan 的 212902 行源代码采用静态自动化分析工具扫描和人工分析相结合的方法进行了漏洞测试。测试的内容和结论如下。

  ◇ 本次测试采用 Checkmarx CxEnterprise 6.2.0 测试工具，对不可控的内存分配、不可信的搜索路径等 30 种 Java 语言源代码漏洞进行了扫描，共扫描出 240 个源代码漏洞。经人工分析，发现部分对用户输入进行过滤的函数来源于第三方代码库，自动化静态分析工具由于无法识别这些函数，导致出现 9 个误报。删除误报后，仍存在 231 个漏洞。详细的测试结果，如表 9-8 所示。

表 9-8　LibrePlan 源代码漏洞测试结果

序号	测试内容	测试结果	备注
1	不可控的内存分配	未发现漏洞	
……	其余 5 类 29 个指标内容略	发现其余 5 类 29 个指标共 231 个源代码漏洞	源代码漏洞的详情可到自动化静态分析工具中查看

- 评审测试总结。组织管理层对该项目的测试总结进行了评审，评审结果如下。

  ◇ 测试需求和测试目标已完成。

  ◇ 测试结论能够追溯测试结果。

  ◇ 已具备测试准出条件。

  ◇ 测试过程中风险规避方式合理。

9.2.6　Java 源代码漏洞测试内容

《Java 语言源代码漏洞测试规范》根据软件开发中常用的概念对 Java 语言源代码中的漏洞进行分类，包括行为问题、路径错误、数据处理漏洞、处理程序错误、不充分的封装、安全功能漏洞、时间和状态问题、Web 问题、用户界面错误九类。这九类漏洞就是 Java 语言源代码的漏洞测试内容。下面分别对这九类漏洞进行解读。

1. 行为问题

行为问题是指由应用程序的意外行为引发的安全问题。不可控的内存分配是造成行为问题的主要漏洞。不可控的内存分配，即内存分配受由外部控制的输入数据的影响，而且程序没有指定内存分配的上限。这样，攻击者就可能给程序分配大量内存，导致程序因内存资源不足而崩溃。

一段存在不可控的内存分配问题的不规范 Java 示例代码如下。

```java
public class Example{
    public int exampleFun(int length){
        String[] buffer;
        if(length<0){
            return 0;
        }
        buffer = new String[length];
        ...
    }
}
```

以上代码在分配存储空间之前只检查了要分配空间的下限，没有检查上限，造成了不可控的内存分配问题。

《Java 语言源代码漏洞测试规范》对此提出的修复或规避建议为：在程序中指定内存分配空间的上限，并在分配前对要分配的内存大小进行验证，以确保要分配的内存大小不超过上限。据此对以上代码进行修改。修改后的规范示例代码如下。

```java
public class Example{
    private static int MAX_LENGTH = 1000;
    public int exampleFun(int length){
        if(length > MAX_LENGTH || length <0){
            return 0;
        }
        String[] buffer = new String[length];
        ...
    }
}
```

2. 路径错误

路径错误是指程序在使用关键资源时没有指定资源的路径，而是依赖操作系统去搜索资源而导致的漏洞。不可信的搜索路径是一个典型的路径错误漏洞。由于程序没有指定关键资源的路径，所以要依赖操作系统去搜索资源。这会使攻击者能够在搜索优先级更高的文件夹中放置与用户想要搜索的资源名称相同的资源。

一段存在不可信的搜索路径漏洞的不规范 Java 示例代码如下。该段代码允许攻击者在搜索优先级更高的文件夹中放入与 dir.exe 同名的恶意程序，使 command 无法正确执行。

```
public class Example{
    private String command;
    //本例中 command="dir.exe E:\\data"
    private void exampleFun(){
        /*攻击者可在搜索优先级更高的文件夹中放入与 dir.exe 同名的恶意程序
         *导致 command 无法正确执行*/
        Runtime.getRuntime().exec(command);
        ...
    }
}
```

根据《Java 语言源代码漏洞测试规范》对不可信的搜索路径提出的修复或规避建议，在使用关键资源时，应指定资源所在的路径。修改后的规范示例代码如下。

```
public class Example{
        private String command;
    //本例中 command="dir.exe E:\\data"
    private void exampleFun(){
        /*PATH 是用于存放操作系统中 dir.exe 所在完整路径的变量
         *本例中 PATH="C:\\WINDOWS\\system32"*/
        String cmd = PATH + command;
        Runtime.getRuntime().exec(com);
        ...
    }
}
```

可以看出，修改后的代码在执行 command 命令前使用 PATH 变量存放操作系统中 dir 命令所在的完整路径，以确保 command 能正确执行。

3. 数据处理漏洞

数据处理漏洞是指在数据处理功能中发现的漏洞。这类漏洞比较多，下面对常见的 12 种数据处理漏洞进行解读。

（1）相对路径遍历

相对路径遍历是指路径名受由外部控制的输入数据的影响，而程序没有让能够解析到目录以外位置的字符序列（如 ".."）失效。该漏洞使攻击者可以通过输入能够解析到目录以外位置的字符序列来访问限制目录之外的文件或目录。

一段存在相对路径遍历漏洞的不规范 Java 示例代码如下。

```
import java.io.*;
public class Example{
    private String dataPath;
    //允许访问的目录
```

```
private void exampleFun(String filename){
    //filename 为用户输入的数据，不超过 10 个字符
    String path= dataPath + filename;
    try
    {
File file = new File(path);
if(file.exists())
{
        file.open();
        ...
    }
  ...
    }
catch(...)
{
...
}
}
}
```

　　根据《Java 语言源代码漏洞测试规范》对相对路径遍历提出的修复或规避建议，应在构建路径名之前对输入数据进行验证，以确保外部输入仅包含允许构成路径名的字符。据此对以上代码进行修改：通过正则表达式 regex 校验文件名 filename 的合法性；只有在文件名合法时，才将文件名和路径组成完整的文件访问路径。修改后的规范示例代码如下。

```
import java.io.*;
public class Example {
    private String dataPath;
    //允许访问的目录
    private void exampleFun(String filename) {
        //filename 为用户输入的数据，不超过 10 个字符
        String regex = "^[A-Za-z0-9]+ \.[a-z]+ $";
        /*参数 filename 传入的文件名可能存在漏洞
         *现通过正则表达式 regex 校验文件名 filename 的合法性*/
        //如果校验通过，则访问文件
        if (filename.matches(regex)) {
            //如果文件名合法，则将文件名和路径组成完整的文件访问路径
            String path = dataPath + filename;
            //访问文件，这里的 path 已经是合法的、安全的文件路径，不存在漏洞
            File file = new File(path);
            if (file.exists()) {
                file.open();
                ...
            }
        }
    }
}
```

（2）绝对路径遍历

绝对路径遍历是指路径名由受外部控制的输入数据确定，而程序没有限制路径名允许访问的目录。这种漏洞使攻击者可以通过输入路径名访问任意的文件或目录。

一段存在绝对路径遍历漏洞的不规范 Java 示例代码如下。

```java
import java.io.*
public class Example {
    private void exampleFun(String absolutePath) {
        //absolutePath 为用户输入的数据
        File file = new File(absolutePath);
        //没有限制 absolutePath 可以访问的目录
        if (file.exists()) {
            file.open();
            ...
        }
    }
}
```

根据《Java 语言源代码漏洞测试规范》对绝对路径遍历提出的修复或规避建议，在程序中应指定允许访问的文件或目录，并在访问文件或目录前对路径名进行验证，以确保只允许访问指定的文件或目录。据此对以上代码进行修改，通过使用正则表达式来设置限制访问的目录、验证 absolutePath 是否仅能解析到受限制的目录。修改后的规范示例代码如下。

```java
import java.io.*
public class Example {
    private void exampleFun(String absolutePath) {
        //absolutePath 为用户输入的数据
        String regex = "^C:\\data\\[A-Za-z0-9]+\.[a-z]+$";
        //用正则表达式设置限制访问的目录
        //验证 absolutePath 是否仅能解析到受限制的目录
        if (absolutePath != null && absolutePath(regex)) {
            File file = new File(absolutePath);
            //没有限制 absolutePath 可以访问的目录
            if (file.exists()) {
                file.open();
            ...
            }
        }
    }
}
```

（3）命令注入

命令注入是指使用未经验证的输入数据构建命令。如果程序允许使用未经验证的输入数据构建命令，攻击者就可以构建任意的恶意代码。

一段存在命令注入漏洞的不规范 Java 示例代码如下。

```
import javax.script.*;
public class Example {
    public void example_Fun(String code) {
        //code 为用户输入的数据
        ScriptEngineManager manager = new ScriptEngineManager();
        ScriptEngine engine = manager.getEngineByName("javascript");
        engine.eval(code);
        //code 中可能含有恶意的可执行代码
        ...
    }
}
```

根据《Java 语言源代码漏洞测试规范》对命令注入提出的修复或规避建议，应在构建命令前对输入数据进行验证，以确保输入数据仅能用于构成允许执行的命令。对以上代码进行修改，增加一个正则表达式来限制命令的内容，并验证用户输入的 code 中的内容是否匹配正则表达式。修改后的规范示例代码如下。

```
import javax.script.*;
public class Example {
    public void example_Fun(String code) {
        //code 为用户输入的数据
        ScriptEngineManager manager = new ScriptEngineManager();
        ScriptEngine engine = manager.getEngineByName("javascript");
        String regex = "^document\.write(|ln)\([A-Za-z0-9]+\)\;$";
        //正则表达式
        if(code != null && code.matches(regex)) {
            //验证 code 中的内容是否匹配正则表达式
            engine.eval(code);
            //code 中可能含有恶意的可执行代码
            ...
        }
    }
}
```

（4）SQL 注入

SQL 注入是指使用未经验证的输入数据，采用拼接字符串的方式形成 SQL 语句。SQL 注入漏洞让攻击者可以输入任意 SQL 语句，进而越权查询数据库中的敏感数据、非法修改数据库中的数据、提升数据库操作权限等。

一段存在 SQL 注入漏洞的不规范 Java 示例代码如下。

```
public class Example{
public RsultSet getUserData(ServeletRequest req.Connection con)
throws SQLException{
        String owner=req.getParameter("owner");
        //采用拼接字符串的方式形成 SQL 语句，没有对用户输入的数据 owner 进行验证
        String query="SELECT * FROM user_data WHERE
                userid='"+owner+"'";
        Statement statement=con.createStatment();
```

```
        ResultSet results=statement.executeQuery(query);
        return results;
    }
}
```

《Java 语言源代码漏洞测试规范》对此给出的修复或规避建议为：在拼接 SQL 语句前对用户输入的数据进行验证，确保其中不包含 SQL 语句的关键字符；或者，使用 PreparedStatement 创建 SQL 语句，并将用户输入的数据作为 SQL 语句的参数。基于此，可以从两个角度对以上代码进行修改。

一是使用 PreparedStatement 创建 SQL 语句，修改后的代码如下。

```
public class Example{
    public RsultSet getUserData(ServeletRequest req.Connection con)
        throws SQLException{
            String owner=req.getParameter("owner");
            //使用 PreparedStatment 创建 SQL 语句
            PreparedStatement preStatement=con.prepareStatement("SELECT *
                FROM user_data WHERE userid=?";
            preStatement.setString(1,owner);
            ResultSet results=preStatement.executeQuery();
            return results;
        }
}
```

二是根据对用户名的约定，先使用正则表达式对输入数据的合法性进行验证，再拼接 SQL 语句，以确保输入数据中不包含 SQL 语句的关键字符，从而避免 SQL 注入。修改后的代码如下。

```
public class Example{
    public RsultSet getUserData(ServeletRequest req.Connection con)
        throws SQLException{
    String owner=req.getParameter("owner");
        //假设用户名是一个由 3 到 8 位的数字、字母或下划线组成的字符串
        String regex =" '(\w){3,8}$"; //正则表达式
    if (owner!= null && owner.matches(regex)){ //验证 owner 是否合法
    String  query="SELECT * FROM user_data WHERE userid='"+owner+"'";
            Statement statement=con.createStatement();
            ResultSet results=preStatement.executeQuery();
            return results;
            }
    else {
        ...
        }
    }
}
```

（5）代码注入

代码注入是指使用未经验证的输入数据动态构建代码语句。代码注入漏洞让攻击者

189

可以构建任意的恶意代码，实现恶意代码的植入和执行，达到窃取用户数据、破坏系统等目的。

一段存在代码注入漏洞的不规范 Java 示例代码如下。函数 example_Fun()接收用户输入的数据 code 作为参数，并且在执行前未进行任何检查或验证，而 code 中可能含有恶意的可执行代码。

```java
import javax.script.*;
public class Example {
    public void example_Fun(String code) {
        //code 为用户输入的数据
        ScriptEngineManager manager = new ScriptEngineManager();
        ScriptEngine engine = manager.getEngineByName("javascript");
        engine.eval(code);
        //code 中可能含有恶意的可执行代码
        ...
    }
}
```

为了避免代码注入漏洞，《Java 语言源代码漏洞测试规范》建议：应在动态构建代码语句前对输入数据进行验证，确保其仅能用于构建允许执行的代码。据此对以上代码进行修改。修改后的规范示例代码如下。

```java
import javax.script.*;
public class Example {
    public void example_Fun(String code) {
        //code 为用户输入的数据
        ScriptEngineManager manager = new ScriptEngineManager();
        ScriptEngine engine = manager.getEngineByName("javascript");
        String regex = "^document\.write(|ln)\([A-Za-z0-9]+\)\;$";
        //正则表达式
        if(code != null && code.matches(regex)) {
            //验证 code 中的内容是否匹配正则表达式
            engine.eval(code);
            //code 中可能含有恶意的可执行代码
            ...
        }
    }
}
```

可以看出，修改后的规范示例代码使用正则表达式对 code 进行合法性检查。这样，只有通过检查的 code 才能被执行。

（6）进程控制

进程控制是指由于使用未经验证的输入数据作为动态加载库的标识符而使攻击者有机会加载恶意的代码库。

下面是一段存在进程控制漏洞的不规范 Java 示例代码。可以看到，其中使用输入数据 libraryName 作为动态加载库，但未对 libraryName 进行任何验证，因此可能导致攻击者加载恶意代码库。

```
public class Example {
    void loadLib(String libraryName) {
        //libraryName 为用户输入的数据
        String path = "C:\\" + libraryName;
        //使用未经验证的用户输入数据作为动态加载的库，可能导致攻击者加载恶意代码库
        System.load(path);
        ...
    }
}
```

为了避免进程控制漏洞，《Java 语言源代码漏洞测试规范》建议：在动态加载代码库之前对输入数据进行验证，以确保输入数据仅能用于加载允许加载的代码库。据此对以上代码进行修改。修改后的规范示例代码如下。

```
public class Example {
    boolean verification(String libraryName){
        //验证代码库是否合法
        ...
    }
    private void loadLib(String libraryName) {
        //libraryName 为用户输入的数据
        String path = "C:\\" ;
        if (verification(libraryName)) {
            path + = libraryName;
            System.load(path);
            ...
        }
    }
}
```

可以看出，修改后的代码通过增加库验证函数 verification() 来验证代码库是否合法，从而避免了进程控制漏洞。

（7）信息通过错误消息泄露

信息通过错误消息泄露是指软件呈现给用户的错误消息中包含与环境、用户有关的敏感信息。对攻击者而言，敏感信息本身可能就是有价值的，或者有助于开展进一步行动。

下面是一段存在信息通过错误消息泄露风险的不规范 Java 示例代码。该段代码在连接数据库时有可能抛出异常，页面会跳转至默认的异常页面，而默认的异常页面会暴露数据库的信息（dbUrl）及与用户名和口令有关的错误信息。

```
import sql.*;
import javax.servlet.Servlet;
public class Example extends Servlet {
```

```
    private String dbUrl;
    //数据库的端口和名称
    private String username;
    private String password;
    private void exampleFun(HttpServletRequest request) {
        ...
        Connection con = null;
        //连接数据库有可能抛出异常，页面将跳转至默认异常页面
        con = DriverManager.getConnection(dbUrl, username, password);
        ...
        }
    }
}
```

为了避免敏感信息通过错误消息泄露，必须确保错误消息中仅含有对目标受众有用的少量细节。据此对以上代码进行修改。修改后的规范示例代码如下。

```
import sql.*;
import javax.servlet.Servlet;
public class Example extends Servlet {
    private String dbUrl;
    //数据库的端口和名称
    private String username;
    private String password;
    private void exampleFun(HttpServletRequest request) {
        ...
        Connection con = null;
        try {
            con = DriverManager.getConnection(dbUrl, username, password);
        } catch (SQLException e) {
            //捕获该异常，不将该异常的相关信息呈现给用户
            String msg = "Sorry! We will fix the problem soon!";
            request.getSession().setAttribute(msg, msg);
            ...
        }
    }
}
```

修改后的代码对捕获的异常采用统一的消息进行报告，即只报告"Sorry! We will fix the problem soon!"。这不涉及与异常有关的信息，从而避免了敏感信息通过错误消息泄露的风险。

（8）信息通过服务器日志文件泄露

信息通过服务器日志文件泄露意味着可以将敏感信息写入服务器日志文件。这样，攻击者就有机会通过访问日志文件读取敏感信息。

一段存在信息通过服务器日志文件泄露风险的不规范 Java 示例代码如下。该段代码将用户名和口令正确的信息（包括用户名和口令）写入日志文件。

```
public class Example{
public void writeLog(String msg) {
    //将 msg 写入日志文件
    ...
}
private boolean isTrue(String username, String password) {
    //判断用户名和口令是否正确
    ...
}
public void doGet (HttpServletRequest request, HttpServletResponse
response)
    Throws ServletException, IOException{
        String username = request.getParameter("username");
        String password = request.getParameter("password");
        if (isTrue(username, password)) {
            //用户名和口令正确时调用 writeLog()将其写入日志
            String msg = username + " and " + password + "correct!";
            //msg 中包含敏感信息
            writeLog(msg);
            ...
        }
    }
}
```

为了避免敏感信息通过服务器日志文件泄露，应慎重考虑写入日志文件的信息的隐私需求，不把敏感信息写入日志文件。据此对以上代码进行修改。修改后的规范示例代码如下。

```
public void writeLog(String msg) {
        //将 msg 写入日志文件
        ...
    }
    private boolean isTrue(String username, String password) {
        //判断用户名和口令是否正确
        ...
    }
    public void doGet (HttpServletRequest request,
                    HttpServletResponse response)
        Throws ServletException, IOException{
        String username = request.getParameter("username");
        String password = request.getParameter("password");
        if (isTrue(username, password)) {
            String msg = "Login success";
            //msg 中不包含敏感信息
            writeLog(msg);
            ...
        }
    }
}
```

可以看出，在修改后的代码中，针对正确的连接，只在服务器日志文件中记录登录成功，即"Login success"，避免了敏感信息通过服务器日志文件泄露。

（9）信息通过调试日志文件泄露

信息通过调试日志文件泄露是指应用程序没有对用于调试的日志文件进行充分的访问限制。由于调试日志文件通常包含应用程序的敏感信息，所以，攻击者有机会通过访问调试日志文件读取敏感信息。

一段存在信息通过调试日志文件泄露风险的不规范 Java 示例代码如下。可以看到，该段代码在配置文件中将日志级别设置为 DEBUG，因此，会将调试信息输出到调试日志文件中，造成了信息通过调试日志文件泄露的风险。

```
<!--以下为 log4j.properties 配置文件的部分内容-->
<!--设置日志级别为 DEBUG-->
log4j.rootLogger = DEBUG,LOG1
<!--设置日志输出为文件-->
log4j.appender.LOG1 = org.apache.log4j.FileAppender
<!--设置日志输出的路径-->
log4j.appender.LOG1.File = c:/Data.log
<!--设置日志内容样式-->
log4j.appender.LOG1.layout.ConversionPattern = %d {yyyy-MM-dd HH:mm:ss} %-
5p [%t] %c%x-%m%n

//以下为 DataStore.java 的部分内容
import org.apache.log4j. Logger;
public class DataStore {
    private static Logger logger = Logger.getLogger(DataStore.class);
    private String msg;
    ...
    public static void main(String[] args) {
        logger.debug(msg); //将 msg 输出到调试日志文件中
        ...
    }
}
```

为了避免信息通过调试日志文件泄露，《Java 语言源代码漏洞测试规范》建议：应在产品发布之前移除产生日志文件的代码。据此对以上代码进行修改。修改后的规范示例代码如下。

```
<!--以下为 log4j.properties 配置文件的部分内容-->
<!--设置日志级别为 INFO，低于 INFO 级别的日志将不会被输出-->
log4j.rootLogger = INFO, LOG1
<!--设置日志输出为文件-->
log4j.appender.LOG1 = org.apache.log4j.FileAppender
<!--设置日志输出的路径-->
log4j.appender.LOG1.File = c:/Data.log
<!--设置日志内容样式-->
```

```
log4j.appender.LOG1.layout.ConversionPattern = %d {yyyy-MM-dd HH:mm:ss} %-
5p [%t] %c%x-%m%n

//以下为 DataStore.java 的部分内容
import org.apache.log4j.Logger;
public class DataStore {
    private static Logger logger = Logger.getLogger(DataStore.class);
    private String msg;
    ...
    public static void main(String[] args) {
        logger.debug(msg);
        //由于日志级别为 INFO,所以 DEBUGE 级别的日志将不会被输出
        ...
    }
}
```

修改后的代码在配置文件中将日志级别设置为 INFO，低于 INFO 级别的日志将不会被输出。这样，DEBUGE 级别的日志将不会输出到日志文件中，避免了信息通过调试日志文件泄露。

（10）信息通过持久 Cookie 泄露

信息通过持久 Cookie 泄露是由于将敏感信息存储到持久 Cookie 中造成的。持久 Cookie 是指存储于浏览器所在的硬盘驱动器上的 Cookie。攻击者有机会通过访问硬盘上的 Cookie 文件读取敏感信息。

下面是一段存在信息通过持久 Cookie 泄露风险的不规范 Java 示例代码。该段代码在持久 Cookie 中保存用户名和口令，用于 14 天内自动登录，造成了敏感信息（用户名和口令）通过持久 Cookie 泄露的风险。

```
public class Example{
    public void doPost(HttpServletRequest request. HttpServletResponse
                       response)
    Throws ServletException,IOException{
        String cookieName = "Sender";
        String username = request.getParameter("username");
        String password = request.getParameter("password");
        //在持久 Cookie 中保存用户名和口令,用于 14 天内自动登录
        Cookie cookieUsername = new Cookie(cookieName + "Name:", username);
        cookieUsername.setMaxAge(14 * 24 * 60 * 60);
        //存活期为 14 天
        response.addCookie(cookieUsername);
        Cookie cookiePassword = new Cookie(cookieName + "Password:",
                                password);
        cookiePassword.setMaxAge(14 * 24 * 60 * 60);
        //存活期为 14 天
        response.addCookie(cookiePassword);
        ...
    }
```

```
}
```

为了避免信息通过持久 Cookie 泄露，《Java 语言源代码漏洞测试规范》建议：不要在持久 Cookie 中保存敏感信息。据此对以上代码进行修改。修改后的规范示例代码如下。

```java
public class Example{
    public void doPost(HttpServletRequest request. HttpServletResponse
                        response)
    Throws ServletException,IOException{
        String cookieName = "Sender";
        String username = request.getParameter("username");
        String password = request.getParameter("password");
        ...
        Cookie cookieUsername = new Cookie(cookieName + "Name:", username);
        cookieUsername.setMaxAge(14 * 24 * 60 * 60);
        //存活期为 14 天
        response.addCookie(cookieUsername);
        //由于持久 Cookie 存储于客户端，容易被攻击，所以不应将口令保存到持久 Cookie 中
        ...
    }
}
```

可以看出，以上代码只在 Cookie 中存储了用户名，没有存储口令。

（11）将未检查的输入作为循环条件

将未检查的输入作为循环条件是指软件没有对被当作循环条件的输入进行适当的检查。这样，攻击者就可以通过让软件因循环过多而拒绝服务。

下面是一段将未检查的输入作为循环条件的不规范 Java 示例代码。该段代码使用输入变量 count 作为循环条件，只检查了 count 的下限，没有检查 count 的上限。如果 count 过大，就可能导致软件拒绝服务。

```java
public class Example {
    private void exampleFun(int count) {
        //count 为用户输入的数据
        int i;
        if(count > 0){
            //如果 count 过大，就可能使软件拒绝服务
            for(int i=0;i< count;i++){
                ...
            }
        }
    }
}
```

为了避免将未检查的输入作为循环条件，《Java 语言源代码漏洞测试规范》建议：应规定循环次数的上限，在将用户输入的数据用于循环条件前，应验证用户输入的数据是否超过上限。据此对以上代码进行修改。修改后的规范示例代码如下。

```
public class Example {
    private int MAX_COUNT = 1000;
    //定义最大循环次数
    private void exampleFun(int count) {
        //count 为用户输入的数据
        int i;
        if (count > 0 && count <= MAX_COUNT) {
            //判断 count 是否在最大循环次数内
            for (int i = 0; i < count; i++) {
                ...
            }
        }
    }
}
```

可以看到，在修改后的代码中，定义最大循环次数为 1000 次，并在将 count 作为循环条件时检查 count 是否在最大循环次数内。

（12）Xpath 注入

XPath 注入是指攻击者使用未经验证的数据动态构造 XPath 表达式，以便从 XML 数据库中检索数据。为了解读 Xpath 注入，这里先对 XPath 进行介绍。

XPath 即 XML 路径语言，是一种用来确定 XML 文档中某部分位置的语言。XPath 的设计初衷是作为一种面向可扩展样式表转换语言（Extensible Stylesheet Language Transformations，XSLT）和 XML 指针语言（XML Pointer Language，XPointer）的语言，后来独立成为一项 W3C 标准。

XPath 基于 XML 的树状结构，有不同类型的节点，包括元素节点、属性节点和文本节点。XPath 提供了在数据结构树中找寻节点的能力，可用于在 XML 文档中对元素和属性进行遍历。

XPath 使用路径表达式选取 XML 文档中的节点或者节点集。XPath 路径表达式和我们在常规计算机文件系统中看到的表达式相似，用于在内存中导航整个 XML 树。

XPath 注入与 SQL 注入类似，攻击者构建特殊的输入（一般是 XPath 语法中的一些组合），并将其作为参数传递给 Web 应用程序，从而在执行 XPath 查询时进行想要的操作，如获取 XML 数据的组织结构、访问正常情况下不允许访问的数据。此外，如果 XML 数据被用于用户认证，那么攻击者还可以提升自己的权限。由于 XML 中没有访问控制或者用户认证机制，所以不会遇到在 SQL 中经常遇到的访问限制。这样，如果攻击者有使用 XPath 查询的权限，并且防御系统没有启用或者查询语句没有被防御系统过滤，就能访问整个 XML 文档。XPath 注入经常出现的位置有 cookie、headers、request parameters/input 等。

一个 XML 文件示例如图 9-1 所示。

```
<?xml version="1.0" encoding="UTF-8"?>
<root>
    <users>
        <user>
            <id>1</id>
            <username>admin</username>
            <password type="md5">0192023a7bbd73250516f069df18b500<passwprd>
        </user>
        <user>
            <id>2</id>
            <username>jack</username>
            <password type="md5">1d6c1e168e362bc0092f247399003a88</password>

        </user>
    </users>
</root>
```

图 9-1　XML 文件示例

对于这个 XML 文件示例，攻击者可以很容易地进行以下 XPath 注入攻击。

- 基于用户名进行 XPath 注入。攻击者可直接将 "http://127.0.0.1/xpath/index.html? name=admin' or '1'='1&pwd" 注入 XPath 表达式，即只要知道用户名，就能绕过密码验证，如图 9-2 所示。

```
/root/users/user[username='admin' or '1'='1' and password='d41d8cd98f00b204e9800998ecf8427e']

Welcome

ID:1
Username:admin
```

图 9-2　XPath 注入结果 1

- 基于逻辑表达式进行 XPath 注入。对于无法获得用户名的情况，攻击者可以使用两个 "or" 绕过验证逻辑，即使用 "http://127.0.0.1/xpath/index.html?name=fake' or'1'or'1&pwd= fake" 注入 XPath 表达式，如图 9-3 所示。

```
/root/users/user[username='name' or '1'or '1' and password='144c9defac04969c7bfad8efaa8ea194']

Welcome

ID:1
Username:admin

ID:2
Username:fake
```

图 9-3　XPath 注入结果 2

下面是一段存在 XPath 注入漏洞的不规范 Java 示例代码。该段代码将输入数据 author 用于构建 XPath 查询，但没有对 author 进行任何检查或过滤，而 author 中可能包含恶意的 XPath 表达式。

```
public class Example {
    public void doPost(HttpServletRequest req, HttpServletResponse rsp)
        Throws ServletException, IOException{
        XQDataSourcc ds = new SaxonXQDataSource();
        XQConnection conn = ds.getConnection();
        XQExpression expression = conn.createExpression();
        String author = req.getParameter("author");
        //author 中可能包含恶意表达式
        String query = "for $ x in doc(/"books.xml/")//bookstore//book"
                    + "Where $ x//author= /"" + author + "/""
                    + "return $ x/title";
        XQResultSequence res = expression.executcQuery(query);
        ...
    }
}
```

为了避免 XPath 注入，《Java 语言源代码漏洞测试规范》建议使用参数化的 XPath 查询。例如，使用 XQuery 有助于确保数据平面和控制平面分离，正确验证用户输入，以及在适当的情况下拒绝数据、过滤数据或对数据进行转义等。修改后的规范示例代码如下。

```
public class Example {
    public void doPost(HttpServletRequest req, HttpServletResponse rsp)
        Throws ServletException, IOException{
        XQDataSourcc ds = new SaxonXQDataSource();
        XQConnection conn = ds.getConnection();
        XQExpression xqexp = conn.createExpression();
        String author = req.getParameter("author");
        XQItemType strType =
                conn.CreateAtomicType(XQItemType. XQBASETYPE_STRING);
        if(author != null){
            String query = "declare variable $ author as xs:
                    string external;"
                + "for $ x in doc(/" books.xml / ")//bookstore//book "
                + "where $ x/author = $ author" + "return $ x/title";
            xqexp.bindString(new QName("author"), author, strType);
            XQResultSequence res = xqexp.executeQuery(query);
            ...
        }
        ...
    }
}
```

可以看出，修改后的代码利用 XQuery 将数据平面和控制平面分离，并在 author 不为空的情况下，先对 XPath 表达式的数据进行单独处理，再执行查询语句。

当然，也可以通过正则表达式对 author 进行过滤，以避免 XPath 注入。

4. 处理程序错误

处理程序错误是由于对处理程序管理不当而引发的漏洞，主要表现为未限制危险类型文件的上传，即软件没有限制允许用户上传的文件的类型。这样，攻击者就可以上传危险类型的文件，而这些文件有可能在软件产品的环境中被自动处理。

下面是一段存在处理程序错误的不规范 Java 示例代码。该段代码在对文件进行处理时，没有对文件的类型进行判断和检查。

```java
public class Example {
    public void exampleFun(HttpServletRequest request){
        DiskFileItemFactory factory = new DiskFileItemFactory();
        ServletFileUpload upload = new ServletFileUpload(factory);
        List(FileItem) items = upload.parseRequest(request);
        Iterator(FileItem) iter = items.iterator();
        while(iter.hasNext()){
            FileItem item =iter.next();
            //对文件的操作，没有判断文件类型
            ...
        }
    }
}
```

根据《Java 语言源代码漏洞测试规范》，要想避免处理程序错误，应限制允许用户上传的文件的类型。据此对以上代码进行修改。修改后的规范示例代码如下。

```java
public class Example {
    private String regex ="^[gif|jpg|bmp]$";
    //正则表达式
    public void exampleFun(HttpServletRequest request){
        DiskFileItemFactory factory = new DiskFileItemFactory();
        ServletFileUpload upload = new ServletFileUpload(factory);
        List(FileItem) items = upload.parseRequest(request);
        Iterator(FileItem) iter = items.iterator();
        while(iter.hasNext()){
            FileItem item =iter.next();
            String fileName = item.getName();
            //将 fileName 中的所有 0x00 字符替换成 "_"，规避 00 截断上传漏洞
            fileName = fileName.replaceAll("\p{Cntrl}","_");
            String fileEnd =
            fileName.substring(fileName.lastIndexOf(".")+1),tolowerCase();
            if(fileEnd.matches(regex)){   //验证文件类型
            //对文件的操作
            ...
            }
        }
    }
}
```

在修改后的代码中，不仅将 fileName 中的所有 0x00 字符替换成了 "_"，以规避 00 截断上传漏洞，还在对文件进行相关操作前使用正则表达式对文件的类型进行了验证。

5. 不充分的封装

不充分的封装是由于未充分封装关键数据或功能而引发的漏洞，主要包括可序列化的类包含敏感数据和违反信任边界两类。

（1）可序列化的类包含敏感数据

可序列化的类包含敏感数据是指代码中有一个包含敏感数据的类，但是该类没有显式地拒绝序列化。这样，攻击者就可以通过对包含敏感数据的类进行序列化来使用存储在该类中的敏感数据。

一段存在可序列化的类包含敏感数据问题的不规范 Java 示例代码如下。该段代码中的类 Staff 可以被序列化——即使其中的 name 和 password 是私有的。攻击者可以通过对 Staff 类进行序列化，获得 name 和 password 的值。

```java
class Staff implements Serializable{
    //攻击者可以对类进行序列化
    //从而获得存储在里面的 name 和 password（即使它们是私有的）的值
    private String name;
    private  String password;
    ...
}
```

为了避免对包含敏感数据的类进行序列化，《Java 语言源代码漏洞测试规范》建议：应通过定义 writeObject()方法抛出一个异常来显式地拒绝序列化。据此对以上不规范代码进行修改。修改后的代码如下。

```java
class Staff implements Serializable{
    private String name;
    private String password;
    ...
    private void writeObject(ObjectOutputStream out){
        //定义 writeObject()方法以显式地拒绝序列化
        throw new Exception("Cannot be serialized");
    }
}
```

可以看出，修改后的代码通过定义 writeObject()方法显式地拒绝了序列化，从而避免了对包含敏感数据的类进行序列化处理。

（2）违反信任边界

违反信任边界是指在程序中让数据从不受信任的一边移动到受信任的一边却未进行验证。这会使程序员更容易错误地相信那些未被验证的数据，导致未经验证的数据被攻击者利用。

信任边界被认为是画在程序中的一条线，线的一边是不受信任的数据，线的另一边是受信任的数据。验证逻辑旨在让数据安全地穿过信任边界，即从不受信任的一边移动

201

到受信任的一边。

一段存在违反信任边界问题的不规范 Java 示例代码如下。可以看到，该段代码在设置会话属性 username 时，没有验证它是否可信。

```java
public class Example {
    protected void doPost(HttpServletRequest request,HttpServletResponse
                response) throws ServletException.IOException{
        String username = request.getParameter("username");
        HttpSession session = request.getSession(true);
        session.setAttribute("username",username);
        //没有验证 username 是否可信任
        ...
    }
}
```

为了避免违反信任边界问题，《Java 语言源代码漏洞测试规范》建议：应增加验证逻辑，让数据安全地穿过信任边界，从不受信任的一边移动到受信任的一边。据此对以上代码进行修改。修改后的规范示例代码如下。

```java
public class Example {
    protected void doPost(HttpServletRequest request,HttpServletResponse
                response) throws ServletException.IOException{
        String username = request.getParameter("username");
        HttpSession session = request.getSession(true);
        //没有把不受信任的数据放到 session 中
        //session.setAttribute("username",username);
        ...
    }
}
```

修改后的代码只是将语句"session.setAttribute("username", username)"用注释符屏蔽了，而没有把不受信任的数据 username 直接放到 session 中。在省略的代码处，可以根据需要对不受信任的数据 username 进行验证或处理。

6. 安全功能漏洞

安全功能漏洞是指与身份鉴别、访问控制、机密性、密码学、特权管理等有关的漏洞，涉及的漏洞较多，常见的有 19 个，分别是明文存储口令、存储可恢复的口令、硬编码口令、依赖 Referer 字段进行身份鉴别、Cookie 中的敏感信息明文存储、依赖未经验证和完整性检查的 Cookie、敏感信息明文传输、使用已被破解或危险的加密算法、使用可逆的散列算法、使用密码分组链接模式但未使用随机初始化向量、随机数的随机性不充分、安全关键行为依赖反向域名解析、关键参数篡改、没有要求使用强口令、没有对口令域进行掩饰、通过由用户控制的 SQL 关键字绕过授权、HTTPS 会话中的敏感 Cookie 没有设置安全属性、未使用盐值计算散列值、RSA 算法未使用最优非对称加密填充。下面逐一进行解读。

（1）明文存储口令

明文存储口令就是将口令明文存储，这会降低攻击的难度。攻击者若能获得访问存储口令文件的权限，便可轻易获取口令。

一段存在明文存储口令漏洞的不规范 Java 示例代码如下。在该段代码中，口令 password 和用户标识 id 均以明文形式存储。

```
public class Example {
    public void storePassword(Connection con, String id. String password){
        PreparedStatement ps = con.prepareStatement("UPDATE user SET
                password=? WHERE id=?");
        ps.setString(1, password);
        //明文存储 password
        ps.setString(2, id);
        ResultSet results = ps.executeQuery();
        ...
    }
}
```

根据《Java 语言源代码漏洞测试规范》的建议，要想避免明文存储口令造成的安全问题，应尽量避免在容易受攻击的地方存储口令。如果需要存储口令，就要存储口令的散列值而不是明文。修改后的规范示例代码如下。

```
public class Example {
    public String encrypt(String str){
        //加密函数，返回加密后的字符串
        MessageDigest md = MessageDigest.getInstance("SHA-256");
        ...
    }
    public void storePassword(Connection con, String id. String password){
        PreparedStatement ps = con.prepareStatement("UPDATE user SET
                password = ? WHERE id = ?");
        String psw = encrypt(password);
        //存储加密后的 pws
        ps.setString(1,psw);
        ps.setString(2,id);
        ResultSet results = ps.executeQuery();
        ...
    }
}
```

可以看到，修改后的代码使用 SHA-256 算法对 password 进行散列运算后存储，存储的是口令的散列值。

（2）存储可恢复的口令

存储可恢复的口令是指在存储口令时采用双向可逆的加密算法（通常使用的既可以

加密、也可以解密的算法）加密口令，并将口令存储在外部文件或数据库中。这样，攻击者就有机会对口令进行破解。

下面是一段存储可恢复的口令的不规范 Java 示例代码。在该段代码中，对口令采用 AES 算法加密后存储。一旦攻击者获得密钥，即可对口令进行解密。

```java
import javax.crypto.Cipher
public class Example {
    public String encrypt(String str) {
        Cipher cipher = Cipher.getInstance("AES");
        //使用双向可逆的 AES 算法
        ...
    }
    public void storePassword(Connection con.String id, String password) {
        PreparedStatement ps = con.prepareStatement("UPDATE user SET
                password = ? WHERE id = ?");
        String psw = encrypt(password);
        //加密 password
        ps.setString(1, psw);
        //存储加密后的 psw
        ps.setString(2, id);
        ResultSet results = ps.executeQuery();
            ...
    }
}
```

为了避免存储可恢复的口令，《Java 语言源代码漏洞测试规范》建议：当业务不需要对已存储的口令进行还原时，应使用单向散列函数（Hash/杂凑算法）对口令进行散列运算并存储。据此对以上代码进行修改。修改后的规范示例代码如下。

```java
import javax.crypto.Cipher
public class Example {
    public String encrypt(String str) {
        Cipher cipher = Cipher.getInstance("SHA-256");
        //使用单向不可逆的 SHA-256 算法
        ...
    }

    public void storePassword(Connection con.String id, String password) {
        PreparedStatement ps = con.prepareStatement("UPDATE user SET
                password =? WHERE id=?");
        String psw = encrypt(password);
        //加密 password
        ps.setString(1, psw);
        //存储加密后的 psw
        ps.setString(2, id);
        ResultSet results = ps.executeQuery();
                ...
    }
}
```

可以看到，在修改后的代码中，用 SHA-256 算法代替 AES 算法对口令进行散列运算，而不是加密运算。

（3）硬编码口令

硬编码口令或口令硬编码是指程序代码（包括注释）中包含硬编码口令。若程序代码中存在硬编码口令，攻击者就可以通过反编译或直接读取二进制代码的方式获取硬编码口令。

下面是一段存在硬编码口令的不规范 Java 示例代码。该段代码在 if 语句中直接将输入的口令与预置的口令 021sdg65df4845 进行比较，相当于将口令直接写在了代码中。

```java
public class Example {
    public boolean verifyPassword(String password) {
        //判断口令是否正确
        boolean flag = false;
        if ("021sdg65df4845".equals(password)) {
            //程序代码中包含硬编码口令
            flag = true;
        }
        return flag;
    }
}
```

为了避免使用硬编码口令带来的口令泄露风险，《Java 语言源代码漏洞测试规范》建议：使用单向不可逆的加密算法（如杂凑算法或者散列函数）对口令进行加密（实际上是散列），将结果存储在外部文件或数据库中。据此对以上代码进行修改。修改后的规范示例代码如下。

```java
import java.security. MessageDigest;
public class Example {
    public String encrypt(String str) {
        //加密函数，返回加密后的字符串
        MessageDigest md = MessageDigest.getInstance("SHA-256");
        ...
    }

    private String getPassword(void) {
    //从数据库中获得存储的口令
    }
    public boolean verifyPassword(String password) {
        //判断口令是否正确
        boolean flag = false;
        String dbPassword = getPassword();
        String encryptedPassword = encrypt(password);
        //对用户输入的 password 进行加密
        //将加密得到的 encryptedPassword 和数据库中存储的 dbPassword 进行比较
        if (encryptedPassword != null &&
            encryptedPassword.equals(dbPassword)) {
```

```
        flag = true;
    }
    return flag;
}
}
```

可以看出，修改后的代码先使用 SHA-256 算法对用户输入的口令进行加密（实际上为散列），再将其与数据库中存储的 dbpassword 进行比较，以确定用户输入的口令是否正确。显然，存储在数据库中的口令 dbpassword 是对原始口令或预置口令进行 SHA-256 运算得到的散列值。

（4）依赖 Referer 字段进行身份鉴别

依赖 Referer 字段进行身份鉴别，就是依赖 HTTP 请求中的 Referer 字段进行身份鉴别。为了解读这个漏洞，先对 Referer 字段进行简单的介绍。

Referer 字段是 HTTP 请求中头信息 header 的一部分。当浏览器向 Web 服务器发送请求时，header 中的 Referer 字段表示一个来源。例如，在 Chrome 浏览器里单击超链接 www.baidu.com，它的 header 信息里会有 "Referer=http://www.baidu.com"。如果系统依赖 Referer 字段进行身份鉴别，攻击者就可以通过修改 HTTP 请求的 Referer 字段来冒用其他用户的身份。

下面是一段存在依赖 Referer 字段进行身份鉴别问题的不规范 Java 示例代码。该段代码使用 if (referer.equals(trustedReferer))语句实现用户身份鉴别。此语句对 Referer 进行了引用，也就是依赖 Referer 字段对用户的身份进行鉴别。

```java
public class Example {
    public boolean exampleFun(HttpServletRequest request) {
        String referer = request.getHeader("referer");
        String trustedReferer = "http://www.example.com/";
        if (referer.equals(trustedReferer)) {
            //依赖 Referer 字段进行身份鉴别
            ...
        }
else {
            ...
        }
    }
}
```

为了避免依赖 Referer 字段进行身份鉴别，《Java 语言源代码漏洞测试规范》建议：应通过用户名和口令、数字证书等其他手段对用户身份进行验证，以避免依赖 Referer 字段进行身份鉴别带来的安全风险。据此对以上代码进行修改。修改后的规范示例代码如下。

```java
public class Example {
    private boolean userExists(String username, String password) {
```

```
        //判断用户名和口令是否正确
        ...
    }
public boolean exampleFun(HttpServletRequest request) {
    String username = request.getParameter("username");
    String password = request.getParameter("password");
    if (username != null && password != null) {
        //通过用户名和口令进行身份鉴别
        if (userExists(username, password)) {
            ...
        } else {
            ...
        }
    }
}
}
```

可以看到，修改后的代码通过用户名和口令进行身份鉴别，可避免基于 Referer 字段进行身份鉴别的潜在风险。

（5）Cookie 中的敏感信息明文存储

敏感信息在 Cookie 中明文存储会使攻击者有机会通过读取 Cookie 获取敏感信息，进而造成敏感信息泄露。针对 Cookie 的攻击较多，为了方便解读，这里先对 Cookie 和 Cookie 面临的威胁进行简单介绍。

Cookie 是保存在客户端的小型文本文件，是某些网站为了辨别用户身份、进行会话跟踪而暂时或永久储存在用户本地终端的数据。一个 Cookie 由一个名称（Name）、一个值（Value）和几个用于控制 Cookie 有效期、安全性、使用范围的可选属性组成。

- Name/Value：用于设置 Cookie 的名称及其对应的值。对于认证 Cookie，Value 包含 Web 服务器所提供的访问令牌。

- Expires 属性：用于设置 Cookie 的生存期。根据该属性，可将存储类型的 Cookie 分为会话型和持久型。

- Path 属性：用于定义 Web 站点上可以访问该 Cookie 的目录。

- Domain 属性：用于指定可以访问该 Cookie 的 Web 站点或域。

- Secure 属性：用于指定是否使用 HTTPS 安全协议发送 Cookie。

- HttpOnly 属性：用于防止客户端脚本通过 document.cookie 属性访问 Cookie。该属性为 True 时有助于保护 Cookie 不被跨站脚本攻击、窃取或篡改。

Cookie 面临的安全威胁或存在的漏洞主要有以下四种。

- Cookie 捕获/重放：攻击者通过各种手段窃取存储在用户硬盘或内存中的 Cookie。

- 恶意 Cookie：在 Cookie 中通过特殊标记语言引入可执行的恶意代码。这会造成严重的安全隐患。

- 会话定制：攻击者向受害者的主机注入由其控制的认证 Cookie 等信息，目的是使受害者以攻击者的身份登录网站，从而窃取受害者的会话信息。

- CSRF 攻击：攻击者可能利用网页中的恶意代码，强迫受害者的浏览器向目标站点发送伪造的请求，篡夺受害者的认证 Cookie 等身份信息，从而假冒受害者并对目标站点执行指定的操作。

Cookie 中的敏感信息如果以明文形式存储，就会由于 Cookie 捕获/重放造成敏感信息丢失。

下面是一段存在 Cookie 中的敏感信息明文存储问题的不规范 Java 示例代码。在该段代码中，用户地址信息 address 被明文存储在 Cookie 中。

```java
public class Example {
    public void exampleFun(String address){
        //address 为用户的敏感信息
        //在 Cookie 中明文存储 address
        Cookie cookie = new Cookie("Address",address);
        ...
    }
}
```

为了避免 Cookie 中存储的敏感信息被泄露，《Java 语言源代码漏洞测试规范》建议：对于需要存储到 Cookie 中的敏感信息，先加密，再存储。据此对以上代码进行修改，在输入 address 后，先用 AES 算法对其进行加密，再将结果存储到 Cookie 中。修改后的规范示例代码如下。

```java
public class Example {
    public String encrypt(String str){
        //加密函数，返回加密后的字符串
        Cipher cipher = Cipher.getInstance("AES");
        ...
    }
    public void exampleFun(String address){
        //address 为用户的敏感信息
        String addr = encrypt(address);
        //加密 address
        Cookie cookie = new Cookie("Address",address);
        //将加密得到的 addr 存储到 Cookie 中
        ...
    }
}
```

（6）依赖未经验证和完整性检查的 Cookie

依赖未经验证和完整性检查的 Cookie 是指应用程序在执行重要的安全操作时依赖 Cookie 的存在或它的值，但没有使用正确的方法保证这些设置对相关用户是有效的。

如果应用程序的安全操作依赖未经验证和完整性检查的 Cookie，攻击者就可以很容易地在浏览器中或浏览器外的客户端代码中修改 Cookie，以绕过验证，执行像 SQL 注入那样的注入攻击或跨站脚本攻击，或者以应用程序不期待的方式修改输入。

下面是一段依赖未经验证和完整性检查的 Cookie 的不规范 Java 示例代码。该段代码直接使用在 Cookie 中存储的 isAdmin 字段判断用户是否为系统管理员。一旦 Cookie 被恶意篡改，攻击者就可以冒充系统管理员进行非法操作。

```java
public class Example{
    public void doGet(HttpServletRequest request,
                      HtrpServletResponse response)
        Throws ServletException.IOException{
        Cookie[] cookies = request.getCookies();
        if(cookies != null){
            for(int i=0;i<cookies.length;i++){
                if("isAdmin".equals(cookies[i].getName())){
                    String isAdmin = cookies[i].getValue();
                    //用 Cookie 中存储的 isAdmin 字段判断用户是否为系统管理员
                    if("true".equals(isAdmin)){
                        ...
                    }
                    ...
                    break;
                }
            }
        }
    }
}
```

为了避免依赖未经验证和完整性检查的 Cookie，《Java 语言源代码漏洞测试规范》建议：在做一个与安全相关的决定时，应依赖服务器端存储的数据，避免依赖客户端传过来的 Cookie。据此对以上代码进行修改。修改后的规范示例代码如下。

```java
public class Example {
    public void doGet(HttpServletRequest request, HtrpServletResponse
                      response)
        Throws ServletException.IOException
        {
        HttpSession session = request.getSession();
        String isAdmin = session.getAttribute("isAdmin");
        if ("true".equals(isAdmin)) {
            //根据 session 判断用户是否为系统管理员
            ...
        }
        ...
    }
}
```

可以看到，修改后的代码根据会话的属性判断用户是否为系统管理员，避免了对

Cookie 的依赖。

（7）敏感信息明文传输

如果敏感信息被明文传输，攻击者就有机会在传输过程中截取或复制报文，从而获取敏感信息。

下面是一段存在敏感信息明文传输漏洞的不规范 Java 示例代码。在该段代码中，敏感信息 account 在传输前并未进行加密处理，采用的是明文传输。

```java
public class Example{
    public void sendMessage(String str) {
        //将传入的字符串发送出去
        public void doGet (HttpServletRequest request,
                           HttpServletResponse response)
            Throws ServletException, IOException {
                String account = request.getParameter("account");
                sendMessage(account);
                //传输 account 前没有进行加密
                ...
            }
        }
}
```

为了避免敏感信息泄露，《Java 语言源代码漏洞测试规范》建议：在发送敏感信息前，应对敏感信息进行加密或采用加密通道传输敏感信息。据此对以上代码进行修改。修改后的规范示例代码如下。

```java
import javax.crypto.Cipher;
public class Example {
public void encrypt (String str) {
        //加密函数，返回加密后的字符
        Cipher cipher =
                Cipher.getInstance("RSA/ECB/OAEPWITHSHA256AndMGF1Padding");
        ...
    }
        public void sendMessage(String str) {
            //将传入的字符串发送出去
            ...
        }
        public void doGet(HttpServletRequest request,
                          HttpServlet Response response)
            Throws ServletException,IOException{
                String account = request.getParameter("account");
                String encryptedAccount = encrypt(account);
                //加密 account
                sendMessage( encryptedAccount);
                //传输加密得到的 encryptedAccount
        ...
    }
}
```

可以看到，修改后的代码在发送 account 前，采用 RSA 算法，基于使用最优非对称加密填充和 ECB 加密模式对敏感信息进行了加密，充分保证了 account 的安全性。

（8）使用已被破解或危险的加密算法

如果软件使用已被破解或危险的加密算法，攻击者就有可能破解该加密算法，从而解密算法所保护的数据，造成秘密数据被破解或泄露。

下面是一段存在使用已被破解或危险加密算法漏洞的不规范 Java 示例代码，其中使用了安全强度较低的 DES 算法对初始化密钥进行加密，存在被破解的风险。

```java
import javax.crypto.SecretKey;
import javax.crypto. KeyGenerator;
import javax.crypto.Cipher
public class Example {
    public void encrypt(String str){
        Cipher cipher = Cipher.getInstance("DES");
        //使用安全强度较低的 DES 算法
        SecretKey secretKey = KeyGenerator.getInstance("DES").generateKey);
        //定义密钥
        cipher.init(Cipher.ENCRYPT_MODE, secretKey);
        //使用加密模式初始化密钥
        byte[] result =cipher.doFinal(str.getBytes());
        //加密
        ...
    }
}
```

为了避免使用已被破解或危险的加密算法带来的安全风险，《Java 语言源代码漏洞测试规范》建议：采用目前加密领域中安全强度较高的加密算法。使用 AES 算法取代以上代码中的 DES 算法对初始化密钥进行加密，得到的规范示例代码如下。

```java
import javax.crypto.SecretKey;
import javax.crypto. KeyGenerator;
import javax.crypto.Cipher
public class Example {
    public void encrypt(String str){
        Cipher cipher = Cipher.getInstance("AES");
        //使用安全强度较高的 AES 算法
        SecretKey secretKey = KeyGenerator.getInstance("AES").generateKey);
        //定义密钥
        cipher.init(Cipher.ENCRYPT_MODE, secretKey);
        //使用加密模式初始化密钥
        byte[] result =cipher.doFinal(str.getBytes());
        //加密
        ...
    }
}
```

（9）使用可逆的散列算法

密码学意义上的散列函数是单向的或不可逆的。这里的可逆散列算法是指已经被破解的散列算法或不安全的散列算法，如 MD5、SHA-1 等。如果软件采用的是已经被破解的散列算法，攻击者就可根据该算法生成的散列值确定原始输入，或者找到一个能够产生与已知散列值相同的散列值的输入，即找到具有相同散列值的输入，从而绕过依赖该散列算法的安全认证机制。

下面是一段使用可逆的（不安全的）散列算法的不规范 Java 示例代码，其中包含已被破解的 SHA-1 算法。

```java
import java.security. MessageDigest;
public class Example {
    public void encrypt(String str){
        //使用 SHA-1 算法
        MessageDigest md = MessageDigest.getInstance("SHA-1");
    }
}
```

《Java 语言源代码漏洞测试规范》建议：在软件中应使用当前公认的不可逆的标准散列算法，即安全的散列算法。使用 SHA-256 算法代替以上代码中的 SHA-1 算法，得到如下规范示例代码。

```java
import java.security. MessageDigest;
public class Example {
    public void encrypt(String str){
        //使用 SHA-256 算法
        MessageDigest md = MessageDigest.getInstance("SHA-256");
    }
}
```

（10）使用密码分组链接模式但未使用随机初始化向量

密码分组链接模式是分组密码算法的一种加密模式，在加密第一个分组时，需要使用一个随机的初始化向量将明文随机化。如果使用的初始化向量不是随机数，攻击者就有机会通过字典式攻击读取加密的数据。

下面是一段使用密码分组链接模式但未使用随机初始化向量的不规范 Java 示例代码。该段代码虽然看上去使用了初始化向量，但将初始化向量置为全 0，相当于没有使用初始化向量。

```java
import javax.crypto.SecretKey;
import javax.crypto.KeyGenerator;
import javax.crypto.Cipher;
public class Example {
    public static byte[] encryptData(String plaintext){
        byte[] iv = {
                //设置初始化向量为固定的值
```

```
                0x00, 0x00, 0x00, 0x00, 0x00, 0x00, 0x00, 0x00
        };
        KeyGenerator kg =  KeyGenerator.getInstance("AES");
        Secretkey key = kg.generatekey();
        Cipher cipher = Cipher.getInstance("AES/ECB/PKCS5Padding");
        IvParameterSpec ips =new IvParameterSpec(iv);
        //使用固定的初始化向量
        cipher.init(Cipher.ENCRYPT_MODE, key, ips);
        return cipher.doFinal(plaintext.getBytes());
    }
}
```

《Java 语言源代码漏洞测试规范》建议：在基于密码分组链接模式加密时，应使用随机的初始化向量。据此对以上代码进行修改。修改后的规范示例代码如下。

```
import javax.crypto.SecretKey;
import javax.crypto.KeyGenerator;
import javax.crypto.Cipher;
import javax.security.*;
public class Example {
    public static byte[] encryptData(String plaintext){
        byte[] iv = new byte[8];
        Random random = new SecureRandom(); //基于加密的伪随机数生成器
        random.nextBytes(iv); //随机生成初始化向量
        KeyGenerator kg = KeyGenerator.getInstance("AES");
        Secretkey key = kg.generatekey();
        Cipher cipher = Cipher.getInstance("AES/ECB/PKCS5Padding");
        IvParameterSpec ips =new IvParameterSpec(iv);
        //使用随机的初始化向量
        cipher.init(Cipher.ENCRYPT_MODE, key, ips);
        return cipher.doFinal(plaintext.getBytes());
    }
}
```

可以看出，修改后的代码使用由 SecureRandom()函数产生的随机数作为初始化向量，避免了未使用初始化向量或使用非随机的初始化向量造成的安全风险。

（11）随机数的随机性不充分

随机数的随机性不充分，意味着不是真正的随机数或未通过随机性测试。如果软件中与安全有关的代码依赖不充分的随机数，攻击者就可以预测即将生成的随机数，从而绕过基于随机数的安全保护机制。

以下代码中使用的 Random()是一个不充分的伪随机数生成器。因此，以下代码是一段存在随机数的随机性不充分问题的不规范 Java 示例代码。

```
public class Example {
    public void exampleFun(){
        byte[] iv = new byte[8];
        Random random = new Random();
        //不充分的伪随机数生成器
```

```
        random.nextBytes(iv);
        ...
    }
}
```

为了避免使用随机性不充分的随机数，《Java 语言源代码漏洞测试规范》建议：应使用目前被业界专家认为较强的、经过良好审核的伪随机数生成算法 PRNG；同时，初始化伪随机数生成器时应使用具有足够长度且不固定的种子。据此对以上代码进行修改，用 SecureRandom()取代 Random()来产生随机数。修改后的规范示例代码如下。

```
public class Example {
    public void exampleFun(){
        byte[] iv = new byte[8];
        Random random = new SecureRandom();
        //基于加密的伪随机数生成器
        random.nextBytes(iv);
        ...
    }
}
```

（12）安全关键行为依赖反向域名解析

安全关键行为依赖反向域名解析是指需要通过反向域名解析获取 IP 地址所对应的域名，依赖域名对主机进行身份鉴别。如果安全关键行为依赖反向域名解析，攻击者就可以通过 DNS 欺骗修改 IP 地址与域名的对应关系，从而绕过依赖域名的安全措施（如主机身份鉴别）。

下面是一段存在安全关键行为依赖反向域名解析问题的不规范 Java 示例代码。该段代码使用 InetAddress.getByName(ip)语句获取 IP 地址，这样，攻击者就可以通过 DNS 欺骗绕过依赖域名的主机身份鉴别机制。

```
import java.net.*;
public class Example {
    private boolean trusted;
    ...

    public void getTrust(HttpServletRequest request) {
        String ip = request.getRemoteAddr();
        InetAddress address = InetAddress.getByName(ip);
        //攻击者可以通过 DNS 欺骗绕过依赖域名的主机身份鉴别机制
        if (address.getCanonicalHostName().endsWith("trustme.com")) {
            trusted = true;
        }
    }
}
```

为了避免安全关键行为依赖反向域名解析问题，《Java 语言源代码漏洞测试规范》建议：应通过用户名和口令、数字证书等手段对主机身份进行鉴别。据此对以上代码进行修改，使用用户名和口令取代逆向域名解析，对主机身份进行鉴别。修改后的规范示例代码如下。

```java
import java.net.*;
public class Example {
    private boolean trusted;
    private boolean userExists(String username, String password) {
        //判断用户名和口令是否正确
        ...
    }
    ...
    public void getTrust(HttpServletRequest request) {
        String username = request.getParameter("username");
        String password = request.getParameter("password");
        if (username != null && password != null) {
            //通过用户名和口令进行主机身份鉴别
            if (userExists(username, password)) {
                trusted = true;
            }
        }
    }
}
```

（13）关键参数篡改

关键参数篡改是指软件使用了未经验证的、可能被篡改了的关键参数（如资产数据等）。一些数据（如页面隐藏域字段、Cookie、URL 等）通过外部渠道传入的关键参数等可能会被恶意的浏览器插件和代理服务器等篡改。若程序获取该类数据后不加验证就直接使用，则可能造成信息泄露、数据异常、系统故障等安全事件。

下面是一段存在关键参数篡改漏洞的不规范 Java 示例代码。该段代码依赖页面隐藏域传回的商品单价 price（关键参数）生成账单，攻击者可以通过篡改商品单价实现"0元"购物。

```java
class Exampled {
    public String encode(String str) {
        //编码转义函数，用于规避 SQL 注入、跨站脚本等攻击行为
        ...
    }
    public void exampleFun() {
        //本例模拟攻击者攻击购物网站
        String prices = request.getParameter("price");
        //price 是页面隐藏域中的商品单价，属于关键参数
        double price = Double.parseDouble(encode(prices));
        String numbers = request.getParameter("number");
        //number 是商品数量，不属于关键参数
        int number = Integer.parseInt(encode(numbers));
        //该购物网站依赖页面隐藏域传回的商品单价生成账单
        //攻击者可篡改商品单价，实现"0 元"购物
```

```
    double amount = price * number;
    ...
    }
}
```

为了避免关键参数被篡改，《Java 语言源代码漏洞测试规范》建议：应将关键参数缓存到服务端的会话中，当程序使用关键参数时需通过会话获取。据此对以上代码进行修改，将依赖页面隐藏域传回关键参数 price 改为依赖服务端缓存关键参数 price，以避免商品单价 price 这一关键参数被篡改。修改后的规范示例代码如下。

```java
class Exampled {
    public String encode(String str) {
        //编码转义函数，用于规避 SQL 注入、跨站脚本等攻击行为
        ...
    }
    public void exampleFun() {
        HashMap<String,double> priceMap = new HashMap<String, double>();
        //商品 ID 与商品单价对应表
        ...
        String productID = request.getParameter("productID");
        double price = priceMap.get(encode(productID));
        String numbers = request.getParameter("number");
        //number 是商品数量，不属于关键参数
        int number = Integer.parseInt(encode(numbers));
        //该购物网站依赖服务端缓存的商品单价生成账单
        //规避了商品单价这一关键参数被篡改的风险
        double amount = price * number;
        ...
    }
}
```

（14）没有要求使用强口令

没有要求使用强口令是指软件没有要求用户使用具有足够复杂度的口令。这样，攻击者就可以很容易地猜出用户的口令或者暴力破解用户的口令。

以下代码没有对用户的口令做任何限制，是一段存在没有要求使用强口令问题的不规范 Java 示例代码。

```java
class Staff{
    ...
    public void storePassword(String psw) {
        //存储用户输入的口令
        ...
    }
    public void doGet(HttpServletRequest req, HttpServletResponse rsp)
        Throws ServletException, IOException {
        String password = req.getParameter("password");
        storePassword(password);
        //口令强度可能不足
```

```
        ...
        }
    }
```

为了避免口令被猜测或暴力破解，《Java 语言源代码漏洞测试规范》建议，在代码中应要求用户使用具有足够复杂度的口令，口令复杂度策略应满足下列属性：

- 最小和最大长度；

- 包含字母、数字和特殊字符；

- 不包含用户名；

- 定期更改口令；

- 不使用旧的或用过的口令；

- 身份鉴别失败达到一定次数后要锁定用户。

据此对以上代码进行修改，按照要求的口令属性对用户口令进行检查，以确保用户设置的口令的复杂度和使用口令的期限等。修改后的规范示例代码如下。

```
class Staff{
    private string username;
    //用户名
    private string[] passwordlist;
    //口令表
    private string createPasswordDate;
    //口令创建时间
    private int passwordOutdateDays;
    //口令过期天数（可配置）
    private boolean userExists(String username, String password){
        //判断用户名和口令是否正确
        ...
    }
    public void storePassword(String password){
        //存储用户输入的口令
        ...
    }
    public boolean checkLength(String password) {
        //验证口令长度
        ...

    }
    public boolean checkMode(String password){
        //判断口令是否包含字母、数字和特殊字符，缺少其中一种或以上表示口令强度弱
        ...
    }

    public boolean checkExcludeName(String password) {
        //判断口令是否包含用户名（应为不包含）
        ...
```

```java
    }
    public boolean checkTime(String password) {
        //通过比较当前时间和口令创建时间判断口令是否过期
        ...
    }

    public boolean checkIsUsed(String password) {
        //通过查询口令表判断口令是否使用过
        ...
    }
    public boolean checkPasswordLevel(String password){
        //口令强度检测
        if (! checkLength (password)){
            System.out.println("口令长度不符合要求!");
            return false;
        }
        if(! checkMode(password)) {
            System.out.println("口令组合等级弱!");
            return false;
        }
        if(! checkExcludeName( password)) {
            System.out.printIn("口令包含用户名!");
            return false;
        }
        if(! checkIsUsed( password)) {
            System.out.printIn("口令曾经使用过!");
            return false;
        }
        ...
        return true;
    }
    public void doGet(HttpServletRequest req, HttpServletResponse rsp)
        Throws ServletException,IOException{
        String password =req.getParameter("password");
        if(checkPasswordLevel( pass word)) {
            //检测 password 的口令强度
            storePassword(password);
        }
            else {
                ...
            }
    }
    //用户登录时自动判断口令使用期限并提示用户更新口令
    public void checkUser( String username, String password) {
        if (userExists(username, password)) {
            //身份鉴别
            if (!checkTime(password)) {
                //检测 password 是否过期
                //提示用户口令已过期，建议其修改口令
                ...
            }
```

```
            }
        ...
    }
}
```

（15）没有对口令域进行掩饰

没有对口令域进行掩饰是指在用户输入口令时没有对口令域进行屏蔽。这会提高攻击者通过观察屏幕获取用户口令的可能性。

以下代码会直接回显用户输入的口令，是一段典型的没有对口令域进行掩饰的不规范 Java 示例代码。

```
import javax.swing.*;
public class Example {
    public void exampleFun(){
        //口令域使用明文输入的 JTextField 控件
        JTextField passwordfield = new JTextField();
        ...
    }
}
```

为了避免用户口令在输入过程中被窃取，《Java 语言源代码漏洞测试规范》建议：在用户输入口令时，应对口令域进行掩饰。通常用户在口令域输入的每一个字符都应该以星号或井号等形式回显，以掩饰或屏蔽实际的字符。据此对以上代码进行修改，将口令域的回显符号设置为星号。修改后的规范示例代码如下。

```
import javax.swing.*;
public class Example {
    public void exampleFun(){
        //口令域使用明文输入的 JTextField 控件
        JTextField passwordfield = new JTextField();
        passwordfield.setEchoChar('*');
        //设置回显符号为"*"
        ...
    }
}
```

（16）通过由用户控制的 SQL 关键字绕过授权

通过由用户控制的 SQL 关键字绕过授权是指软件使用的数据库表中包含某个用户无权访问的记录，但该软件执行的一个 SQL 语句中的关键字却可以受该用户控制。如果用户可以将关键字设置为任意值，攻击者就可以通过修改该关键字访问未经授权的记录。

下面是一段通过由用户控制的 SQL 关键字绕过授权的不规范 Java 示例代码。该段代码直接根据输入的 staffID 访问数据库，而用户可能没有访问 staffID 的权限。

```
import java.sql.*;
public class Example {
    public void sqlQuery(Connection con, String staffID) {
```

```
    //staffID 为用户输入的数据
    PreparedStatement ps = con.prepareStatement("SELECT * FROM
            userData WHERE staffID =?");
    ps.setString(1, staffID);
    //用户可能没有访问 staffID 的权限
    }
}
```

为了避免通过由用户控制的 SQL 关键字绕过授权，《Java 语言源代码漏洞测试规范》建议：对用户输入的关键字进行验证，以确保用户只能访问其有权访问的记录。据此对以上代码进行修改。修改后的规范示例代码如下。

```
import java.sql.*;
public class Example {
    private String username;
    private String findDepartID(String);
        {
        ...
        }
    //根据用户名返回其所在部门的部门 ID
    public void sqlQuery(Connection con, String staffID){
        //staffID 为用户输入的数据
        //在查询语句中添加关于部门 ID 的查询条件
        PreparedStatement ps = con.prepareStatement("SELECT * FROM
            employee WHERE staffID = ?" + "and DepartID = ?");
        ps.setString(1,staffID);
        ps.setString(2,findDepartID(username));
        ...
    }
}
```

可以看出，修改后的代码根据用户输入的 staffID 和基于用户名查询的部门 ID 共同确定用户可以访问的数据，避免了通过由用户控制的 SQL 关键字绕过授权的风险。

（17）HTTPS 会话中的敏感 Cookie 没有设置安全属性

HTTPS 会话中的敏感 Cookie 没有设置安全属性，会使敏感 Cookie 以明文形式发送，导致敏感 Cookie 被攻击者窃取。

在以下代码中，没有设置 cookieID 的 secure 属性，存在 HTTPS 会话中的敏感 Cookie 没有设置安全属性的问题。

```
import javax.crypto.Cipher;
public class Example
    {
        private String encrypt(String plaintext)
        {
            //加密函数，返回加密后的字符串
            Cipher cipher = Cipher.getInstance("AES");
            ...
        }
```

```
public void doPost( HttpServletRequest request,
                    HttpServletResponse response)
    Throws ServletException, IOException
{
    String userID = request.getParameter("userlD");
    String id = encrypt(userID); //加密敏感信息 userID
    Cookie cookieID = new Cookie("userID", id);
    response.addCookie(cookieID); //没有设置 cookieID 的 secure 属性
    ...
}
}
```

为了避免敏感 Cookie 以明文形式发送而导致敏感 Cookie 泄露,《Java 语言源代码漏洞测试规范》建议:应在代码中设置 HTTPS 会话中敏感 Cookie 的安全属性。据此对以上代码进行修改,将 cookieID 的 secure 属性设置为 True。修改后的规范示例代码如下。

```
import javax.crypto.Cipher;
public class Example
{
    private String encrypt(String plaintext)
    {
        //加密函数,返回加密后的字符串
        Cipher cipher = Cipher.getInstance("AES");
        ...
    }
    public void doPost( HttpServletRequest request, HttpServletResponse
                        response)Throws ServletException, IOException
    {
        String userID = request.getParameter("userlD");
        String id = encrypt(userID); //加密敏感信息 userID
        Cookie cookieID = new Cookie("userID", id);
        //设置 cookieID 的 secure 属性为 true
        cookieID.setSecure(true);
        response.addCookie(cookieID);
        ...
    }
}
```

（18）未使用盐值计算散列值

未使用盐计算散列值是指软件针对口令等要求不可逆的输入,在使用单向散列函数进行散列运算时未使用盐值。这样,攻击者就可以很容易地利用彩虹表等字典攻击技术来破解口令。

下面是一段存在未使用盐值计算散列值问题的不规范 Java 示例代码。

```
import java.security.spec.*;
import java.security.MessageDigest;
public class Example {
    private String encrypt(String password, KeySpec key){
        //加密函数,返回加密后的字符串
```

```
        MessageDigest md = MessageDigest.getInstance("SHA-256");
        ...
    }
    public void storePassword(String password){
        KeySpec keyspec = new PBEKeySpec(password.toCharArray());
        //生成密钥
        //仅使用单向加密，口令容易被攻击者利用彩虹表等方式破解
        String encryptedPassword = encrypt(password, key);
        //将 encryptedPassword 存储到数据库中
        ...
    }
}
```

为了提高攻击者破解口令的难度，《Java 语言源代码漏洞测试规范》建议：在对输入的口令进行散列运算时要使用盐值计算其散列值。使用 random.nextBytes(salt)语句生成随机的盐值，并基于该盐值和口令生成密钥。修改后的规范示例代码如下。

```
import java.security.spec.*;
import java.security.MessageDigest;
import javax.crypto.Cipher;
public class Example {
private String encrypt(String password, KeySpec key) {
        //加密函数，返回加密后的字符串
        MessageDigest md = MessageDigest.getInstance("SHIA-256");
        ...
    }
    private void sendSalt(String salt){
        //用 AES 算法加密盐值后传输到另一台服务器上
        Cipher cipher = Cipher.getInstance("AES");
        ...
    }
    private int iterationCount = 1000 ;
    //迭代次数
    private int length=32;
    //盐值长度
    public void storePassword(String password){
        byte[] salt = new byte[length];
        Random random =new SecureRandom();
        random.nextBytes(salt);
        //随机生成盐值
        //使用盐值生成密钥
        KeySpec key = new PBEKeySpec( password.toCharArray(),
                    salt,iterationCount);
        String encryptedPassword = encrypt(password, key);
        //提高攻击者破解口令的难度
        //将 encryptedPassword 存储到数据库中
        ...
        //在另一台服务器的数据库中存储盐值
        sendSalt(salt);
        ...
```

```
    }
}
```

（19）RSA 算法未使用最优非对称加密填充

在使用 RSA 算法时未使用最优非对称加密填充，会降低攻击者解密的难度。

以下代码中的 RSA 算法使用的是 Pkcsl 加密标准，相应的，采用的填充方法是 Pkcsl。显然，以下代码中存在 RSA 算法未使用最优非对称加密填充的问题。

```java
import javax.crypto.Cipher;
public class Example {
    public void encrypt(String str){
        Cipher cipher = Cipher.getInstance("RSA/ECB/PKCS1Padding");
        //使用 Pkcsl 填充
        ...
    }
}
```

为了提高 RSA 算法的安全强度或者攻击者解密由 RSA 算法加密的数据的难度，《Java 语言源代码漏洞测试规范》建议：在使用 RSA 加密算法时应使用最优非对称加密填充。据此对以上代码进行修改，用最优非对称加密填充（OAEP）加密标准代替 Pkcsl 加密标准。修改后的规范示例代码如下。

```java
import javax.crypto.Cipher;
public class Example {
    public void encrypt(String str){
        //使用 OAEP 加密标准
        Cipher cipher = Cipher.getInstance(
                        "RSA/ECB/OAEPWITHSHA256AndMGF1Padding");
    }
}
```

7. 时间和状态问题

时间和状态问题是指多用户系统的进程或线程在并发计算的环境下由于时间和状态管理不当而引发的漏洞，主要有会话固定和会话永不过期两种情况。

（1）会话固定

会话固定是指在对用户进行身份鉴别并建立一个新的会话时没有让原来的会话失效。这样，攻击者就可以诱使用户在攻击者创建的会话的基础上进行身份鉴别，以窃取用户通过身份鉴别后的会话，冒充用户进行恶意操作。

以下代码在使用用户名和口令对用户进行身份鉴别时，使用的是已存在的会话，即没有建立新的会话并让原来的会话失效，是一段典型的存在会话固定漏洞的不规范 Java 示例代码。

```java
public claks Example {
    private boolean userExists(String username, String password){
```

```
//判断用户名和口令是否正确
public void doGet(HttpServletRequest request, HIttpServletResponse
                  response)Throws ServletException.IOException {
        String username = request.getParameter("username");
        String password = request.getParameter("password");
        if (username != null && password != null) {
            //通过用户名和口令进行身份鉴别
            if (userExists(username.password) {
                //没有建立新的会话并让原来的会话失效
                HttpSession session = request.getSession(true);
                ...
            }
        }
    }
}
```

为了避免会话固定漏洞，《Java 语言源代码漏洞测试规范》建议：在对用户身份进行鉴别时，应建立一个新的会话并让原来的会话失效。据此对以上代码进行修改，在通过用户名和口令对用户进行身份鉴别时增加对会话的处理。如果有旧的会话，应先清空会话数据，再建立新的会话。修改后的规范示例代码如下。

```
public claks Example {
    private boolean userExists(String username, String password){
        //判断用户名和口令是否正确
        public void doGet(HttpServletRequest request, HIttpServletResponse
                          response)Throws ServletException.IOException {
            String username = request.getParameter("username");
            String password = request.getParameter("password");
            if (username != null && password != null) {
                //通过用户名和口令进行身份鉴别
                if (userExists(username.password) {
                    HttpSession session = request.getSession(false);
                    if(session != null){
                        //如果存在旧的会话
                        session.invalidate();
                        //清空会话数据
                    }
                    session = request.getSession(true);
                    //建立新的会话
                    ...
                }
            }
        }
    }
}
```

（2）会话永不过期

会话永不过期是指将会话设置为永不过期。这样，攻击者就有足够的时间重复使用原来的会话凭证或会话 ID 进行授权。

下面的示例代码将 session-timeout 设置为 1，即会话永不过期。

```
//配置文件 web.xml
<session-config>
<session-timeout>-1</session-timeout>
//当该值为 1 时，session 永不过期
</session-config>
```

为了避免会话永不过期，需要设置会话过期的时间。对以上代码进行修改，将会话时间设置为 5 分钟，即 5 分钟后会话过期。修改后的规范示例代码如下。

```
//修改配置文件 web.xml 中的<session-timeout>值
<session-config>
    <session-timeout>5</session-timeout>
    //session 过期时间为 5 分钟
</session-config>
```

8. Web 问题

Web 问题是指与 Web 技术有关的漏洞。常见的 Web 问题主要有跨站脚本、跨站请求伪造、HTTP 响应拆分、开放重定向、依赖外部提供的文件的名称或扩展名。其中，跨站脚本和跨站请求伪造已在前面进行了解读。下面分别对 HTTP 响应拆分、开放重定向、依赖外部提供的文件的名称或扩展名进行解读。

（1）HTTP 响应拆分

HTTP 响应拆分是指将未经验证的输入数据写入 HTTP 响应的报头。这样，攻击者就可以通过在输入数据中包含回车符将一个 HTTP 响应拆分为两个或多个响应，进而构建恶意的 HTTP 响应报文并将其发给共享同一服务器 TCP 连接的用户。

下面是一段存在 HTTP 响应拆分问题的不规范 Java 示例代码。在该段代码中，输入数据 type 未经验证就被用于构建 HTTP 响应的报头，而 type 中可能包含回车符，这会将一个 HTTP 响应拆分成两个或多个响应。

```
public class Example {
    public void doGet(HttpServletRequest request, HttpServletResponse rsp)
        Throws ServletException.IOException{
        String type = request.getParameter("content type");
        response.setHeader("Content-Type", type);
        //type 中可能包含回车符
        ...
    }
}
```

为了避免 HTTP 响应被拆分并用于构建恶意的响应报文，《Java 语言源代码漏洞测试规范》建议：在将输入数据写入 HTTP 响应报头前，应对其进行验证或编码，以确保输入数据不包含回车符。据此对以上代码进行修改，为 HTTP 响应报头设置白名单，并在将输入数据 type 写入 HTTP 响应报头前根据白名单对其进行验证，避免将回车符写入

HTTP 响应的报头。修改后的规范示例代码如下。

```java
public class Example {
    private static int NUM;
public void doGet(HttpServletRequest request.HttpServletResponse response)
    Throws ServletException.IOException{
        //设置白名单
        String[] whitelist = new String[NUM];
        ...
        whitelist[0] = "text/html";
        whitelist[1] = "text/plain";
        String type = request.getParameter("content type");
        int i;
        for(i = 0;i< NUM;i++){
            //验证 type 是否能被写入 HTTP 响应的报头
            if(whitelist[i].equals(type)){
                break;
            }
        }
        if(i != NUM){
            response.setHeader("Content-Type",type);
        }
    }
}
```

（2）开放重定向

开放重定向是指使用未经验证的输入数据重定向 URL。通过重定向至恶意站点，攻击者可能会成功地发动钓鱼攻击并窃取用户凭证。由于重定向的恶意站点显示的 URL 与原来网站的 URL 相同，因此，钓鱼攻击被赋予了一个值得信赖的外观。

下面是一段存在开放重定向漏洞的不规范 Java 示例代码。该段代码未对输入的 URL 进行验证就直接将其用于重定向，因此，容易被恶意攻击者利用并指向恶意站点。

```java
public class Example{
    public void doGet(HttpServletRequest request, HttpServletResponse
                    response)Throws ServletException.IOException {
        String url = request.getParamter("url");
        response.sendRedirect(url);
        //未经验证的 URL 是恶意的
        return;
    }
}
```

为了避免开放重定向漏洞，《Java 语言源代码漏洞测试规范》建议：应在重定向前对输入的数据进行验证，以确保只重定向到允许的 URL，或者在重定向指向未知站点时向用户发出明确警告。据此对以上代码进行修改，在重定向前判断目标 URL 是否可信，以保证只重定向到可信的 URL，同时，对于重定向目标未知的 URL 给出警告信息。修改后的规范示例代码如下。

```java
public class Example {
    private boolean isTrusted(String url){
        //判断 URL 是否可信
        public String msgAlert(String msg){
            //把 msg 封装成 JavaScript 警告脚本
            ...
        }
        public void doGet(HttpServletRequest request, HttpServletResponse
                            response)Throws ServletException.IOException{
        String url = request.getParameter("url");
        if(isTrusted(url)){
            //判断 URL 是否可信
            response.sendRedirect(url);
            //重定向
            return;
        }
        else{
            PrintWriter rout = response.getWriter();
            String msg = msgAlert("警告!即将访问未知站点,是否继续?");
            rout.println(msg);
            //向用户发出警告
            ...
        }
    }
}
```

（3）依赖外部提供的文件的名称或扩展名

依赖外部提供的文件名或扩展名是指软件依靠用户上传的文件名称或扩展名决定自身行为。基于此，攻击者可以通过指定的文件名或扩展名控制软件的行为。

一段软件依靠用户上传的文件的名称或扩展名决定自身行为的不规范 Java 示例代码如下。该段代码的功能是处理图像文件，且在处理用户上传的文件之前只通过对文件扩展名进行验证来决定对文件的操作，为攻击者通过指定文件扩展名发起攻击提供了机会。

```java
import org.apache.commons.fileupload.servlet.ServletFileUpload;
import org.apache.commons.fileupload.disk.DiskFileItemFactory;
public class Example {
    private String regex = "^[gif|jpg|bmp]S";
    //正则表达式
    public void imageBeauty(HttpServletRequest request) {
        //处理图像文件
        DiskFileItemFactory factory = new DiskFileItemFactory();
        ServletFileUpload upload = new ServletFileUpload(factory);
        List<FileItem> items = upload.parseRequest(request);
        Iterator<FileItem> iter = items.iterator();
        while (iter.hasNext()) {
            FileItem item = iter.next();
```

```
        String fileName = item.getName();
        String fileEnd = fileName.substring(fileName.lastIndexOf(".")
                        +1).toLowerCase();
    if (fileEnd != null && fileEnd.matches(regex)) {
        //依赖文件扩展名进行验证
        //对文件进行相关操作
        ...
    }
    }
  }
}
```

为了避免软件依靠用户上传的文件的名称或扩展名决定软件的行为，《Java 语言源代码漏洞测试规范》建议：应通过服务器端依赖文件的内容决定软件的行为。据此对以上代码进行修改，先以流的方式读取文件内容，并根据文件内容验证文件是否为图像文件，再对文件进行相关操作。修改后的规范示例代码如下。

```
import org.apache.commons.fileupload.servlet.ServletFileUpload;
import org.apache.commons.fileupload.disk.DiskFileItemFactory;
public class Example {
private boolean isImage(byte[] buffer) {
        //判断是否为图像文件
        ...
    }
    public void imageBeauty(HttpServletRequest request) {
        //处理图像文件
        DiskFileItemFactory factory = new DiskFileItemFactory();
        ServletFileUpload upload = new ServletFileUpload(factory);
        List<FileItem> items = upload.parseRequest(request);
        Iterator<FileItem> iter = items.iterator();
        while (iter.hasNext()) {
            FileItem item = iter.next();
            InputStream is = item.getInputStream();
            //以流的方式读取文件内容
            byte[] buffer = new byte[28];
            is.read(buffer,0,28);
            if(isImage(buffer)) {
                //根据文件内容验证文件是否为图像文件
                //对文件进行相关操作
                ...
            }
        }
    }
}
```

9. 用户界面错误

用户界面错误是指与用户界面有关的漏洞。点击劫持（又称 UI-覆盖攻击）是一种典型的利用用户界面错误发起的攻击，主要是由网站没有禁止被未信任源加载造成的。

点击劫持的基本原理为, 攻击者通过构建一个看似无害的网站并将目标网站嵌入, 诱导用户点击, 以发送未经授权的命令或窃取敏感信息。

一段存在点击劫持漏洞的不规范 Java 示例代码如下。由于其中未设置 X-Frame-Options 的值, 所以攻击者可以通过 iframe 将该页面嵌入恶意网站。

```java
public class Example {
    public void doGet(HttpServletRequest request, HttpServletResponse
                      response) Throws ServletException.IOException{
        //未设置 X-Frame-Options 的值, 攻击者可通过 iframe 将该页面嵌入恶意网站
        ...
    }
}
```

《Java 语言源代码漏洞测试规范》建议: 应设置 X-Frame-Options 的值来禁止网页被未信任源加载。据此对以上代码进行修改, 通过将 X-Frame-Options 的值设置为 DENY 来禁止页面被任何页面加载。修改后的规范示例代码如下。

```java
public class Example {
    public void doGet(HttpServletRequest request, HttpServletResponse
                      response) Throws ServletException.IOException{
        //该页面禁止被任何页面加载
        reponse.addHeader("x-frame-options","DENY");
        ...
    }
}
```

9.3　《C/C++语言源代码漏洞测试规范》解读

C 语言是一种面向过程的程序设计语言, 广泛应用于系统软件和嵌入式软件的开发。《C/C++语言源代码漏洞测试规范》的 C 语言语法遵循 ISO/IEC 9899:2011。

C++语言是一种面向对象的程序设计语言, 广泛应用于系统软件与应用软件的开发。C++语言是在 C 语言的基础上发展而来的, 二者有许多相同的语法。《C/C++语言源代码漏洞测试规范》的 C++语言语法遵循 ISO/IEC 14882:2011。

在实际应用中, 由于各种人为因素的影响, 每个软件的源代码中都难免存在漏洞, 而信息泄露、数据或代码被恶意篡改等安全事件的发生一般都与源代码漏洞有关。为了尽量减少 C/C++语言源代码中的漏洞, 在软件开发、测试和审计过程中都需要参考《C/C++语言源代码漏洞测试规范》。

源代码漏洞测试既可以在开发过程中或软件编码活动之后实施, 也可以在运行和维护过程中实施。

《C/C++语言源代码漏洞测试规范》中的漏洞分类与漏洞说明主要参考了 MITRE 公

司发布的 CWE，同时涵盖了当前行业主流的自动化静态分析工具在测试实践中发现的典型漏洞。

《C/C++语言源代码漏洞测试规范》仅针对自动化静态分析工具支持的关键漏洞进行说明。在应用《C/C++语言源代码漏洞测试规范》开展源代码漏洞测试时，应根据实际需要对漏洞进行删减和补充。

9.3.1 适用范围

《C/C++语言源代码漏洞测试规范》规定了 C/C++语言源代码漏洞测试的测试总则和测试内容，适用于开发方或第三方机构的测试人员利用自动化静态分析工具对 C/C++语言源代码开展漏洞测试或审计活动。C/C++语言的程序设计和编码人员及源代码漏洞测试工具的设计人员也以可参考使用。

9.3.2 术语和定义

《C/C++语言源代码漏洞测试规范》涉及的术语和定义很多，下面对常用的 25 个进行简单解读。

（1）访问控制

访问控制是一种保证数据处理系统的资源只能由被授权主体按授权方式访问或者不被非授权访问的手段。

（2）攻击

攻击是指对信息系统或系统中的信息进行破坏，导致其被泄露、更改或使其丧失功能的任何尝试（包括窃取数据）。

（3）密码分组链接

密码分组链接是分组密码算法的一种加密模式。在对信息进行加密时，每个明文块都依赖前一密文块的加密方式。

（4）明文

明文是指未加密的信息或数据。

（5）加密

加密是指对数据进行加密变换以产生密文的过程。加密一般包含一个变换集合，该变换使用一套算法和一套输入参量。输入参量常被称作密钥。

（6）密文

密文是指利用加密算法在密钥的作用下对明文进行加密变换得到的数据，是信息内容被隐藏后的数据。

（7）解密

解密是指将密文转换为明文的处理过程，是加密过程的逆过程。

（8）字典攻击

字典攻击是指使用遍历给定的口令或密钥列表的方式对密码系统进行攻击。例如，将存储的特定口令值或密钥值列表或者来自自然语言字典中的单词列表作为口令或密钥，尝试进入系统。

（9）DNS 欺骗

DNS 欺骗是攻击者冒充域名服务器的一种欺骗行为。

（10）硬编码

硬编码是指在程序开发过程中，把输入或输出的相关参数直接写在源代码中，而不是从外部输入或者使用从外部获得的数据生成。

（11）散列值

散列值是散列函数/杂凑函数输出的比特串。

（12）散列/杂凑函数

散列/杂凑函数用于将比特串映射为固定长度的比特串，应满足以下两个特性。

- 单向性：对于给定的输出找出映射为该输出的输入，在计算上是不可行的。

- 抗碰撞性：对于给定的输入找出映射为同一输出的第二个输入，在计算上是不可行的。

（13）堆

堆是指用于动态分配内存的内存空间。

（14）注入

注入是指由于对输入字符过滤不严谨而导致的漏洞，如 SQL 注入、命令注入等。

（15）单向加密

单向加密严格来说不是加密，因为它只产生密文，而不能将密文还原为原始数据，即不能解密。单向加密本质上是散列运算。

（16）最优非对称加密填充

最优非对称加密填充是 RSA 算法的一种加密填充方法，可将原有的确定性加密方案转换成随机性加密方案，并能防止对密文的部分解密或其他信息的泄露。

（17）填充

填充是指给数据/比特串附加额外的比特。

（18）口令

口令也称密码，是指用于身份鉴别的秘密的字、短语、数字或字符序列。口令通常是需要被用户默记的弱秘密。

（19）彩虹表

彩虹表是一个为进行散列函数的逆运算而预先计算好的表，常用于破解散列值。

（20）反向域名解析

反向（逆向）域名解析是指通过 IP 地址查询服务器的域名。

（21）盐值

盐值是作为单向散列函数或加密函数的二次输入而添加的随机变量，可用于口令验证。

（22）种子

种子是一种用作伪随机数生成器的输入的比特串。伪随机数生成器的部分状态是由种子确定的。

（23）敏感信息

敏感信息是一个相对的概念，在这里是指由权威机构确定的必须受到保护的信息。敏感信息的泄露、修改、破坏或丢失，会对当事人或事产生可预知的损害。

（24）漏洞

漏洞是指计算机信息系统在需求分析、设计、实现、配置、运行等过程中有意或无意产生的缺陷。这些缺陷以不同的形式存在于计算机信息系统的各个层面和环节中，如果被不当或恶意利用，就会对计算机信息系统的安全造成损害，从而影响计算机信息系统的正常运行。

（25）源代码漏洞

源代码漏洞是指存在于软件源代码中的漏洞。

9.3.3　C/C++源代码漏洞测试总则

1.　源代码漏洞测试目的

源代码漏洞测试的目的主要有以下两个：

- 发现、定位及解决软件源代码中的漏洞；
- 为软件产品的安全性测量和评价提供依据。

2.　源代码漏洞测试过程

与 Java 源代码漏洞测试一样，C/C++源代码作为软件产品的重要组成部分，其漏洞测试过程基本等同于软件产品的测试过程。《C/C++语言源代码漏洞测试规范》将源代码测试过程分为测试规划、测试设计、测试执行、测试总结四个阶段。

（1）测试规划

C/C++语言源代码漏洞测试规划的内容与 Java 语言源代码漏洞测试规划的内容基本相同，主要是对整个源代码漏洞测试的过程进行策划，需要明确测试的目标、范围、依据、环境和工具，分析与评估测试风险并制定应对措施。此外，测试规划要重点明确源代码漏洞测试应划分的阶段，以及各阶段的人员角色、任务、时间和工作成果，形成源代码漏洞测试进度计划表。

C/C++源代码漏洞测试进度计划表与 Java 源代码漏洞测试进度计划表相同（参见表9-1）。

（2）测试设计

与 Java 源代码漏洞测试设计类似，C/C++源代码漏洞测试设计也要根据测试目标，结合被测源代码的业务和技术特点，明确测试环境和工具，确定测试需求、测试方法、测试内容、测试准入条件、测试准出条件。测试应采用自动化静态分析工具扫描与人工分析相结合的方法。C/C++语言源代码漏洞测试的测试内容应包括但不限于以下类型的漏洞：

- 行为问题；
- 路径错误；
- 数据处理；
- 错误的 API 实现；
- 劣质代码；
- 不充分的封装；
- 安全功能；
- Web 问题。

此外，若被测源代码采用了 C/C++语言的第三方框架，测试人员则应根据被测源代码的实际情况，在测试内容中增加与第三方框架有关的漏洞测试。

测试用例的设计应包括但不限于以下要素：

- 名称和编号；
- 自动化静态分析工具的操作步骤和参数配置；
- 自动化静态分析工具的期望操作结果。

（3）测试执行

与 Java 源代码漏洞测试执行类似，C/C++源代码漏洞测试执行也包括自动化静态分析工具扫描和人工分析两个阶段。

首先，应根据测试用例所明确的操作步骤，使用自动化静态分析工具进行测试，记录测试执行过程及测试结果。

然后，对自动化静态分析工具的测试结果进行人工分析。人工分析通常包括但不限于以下任务：

- 按漏洞类别或漏洞风险级别从高到低的顺序分析自动化静态分析工具扫描得到的所有源代码漏洞；

- 结合源代码的上下文和业务需求，验证疑似漏洞，删除误报的源代码漏洞；

- 与开发人员沟通，确认源代码漏洞分析结果。

（4）测试总结

测试总结是指对整个源代码漏洞测试过程进行总结，包括但不限于以下任务：

- 核查测试环境、工具、内容、方法和结果是否正确；

- 确认测试目标和测试需求是否得到满足；

- 总结测试内容、方法和结果，出具测试报告。

3. 源代码漏洞测试管理

与 Java 源代码漏洞测试管理相同，C/C++源代码漏洞测试管理也包括过程管理、过程评审、配置管理三个方面的内容。

（1）过程管理

源代码漏洞测试的过程管理，通常包括以下四个方面的内容：

- 提出源代码漏洞测试各个阶段的任务要求和质量要求；

- 安排对源代码漏洞测试的过程进行质量监督和阶段评审，包括监督和评审所需的环境、设备、资金和人员，质量监督记录应形成文档；

- 对源代码漏洞测试的风险进行管理，提供规避风险所需的相关资源；

- 提供完成源代码漏洞测试各项任务所需的资源，包括测试的环境、工具、资金、人员等。

C/C++语言源代码漏洞测试的人员配备与 Java 语言源代码漏洞测试的人员配备相同（参见表 9-2）。

（2）过程评审

源代码漏洞测试包括测试规划、测试设计、测试执行、测试总结四个阶段，每个阶段结束时都应开展阶段评审。评审的级别和参加人员应根据被测源代码的重要程度确定。

- 测试规划评审。完成测试规划后，应对所制定的测试规划进行评审，形成测试规划评审表。测试规划评审的具体内容应包括：

  ◇ 评审测试环境、工具等测试实施条件要素是否全面、合理；

  ◇ 评审测试人员分工和进度计划等测试组织要素是否具有可实施性；

  ◇ 评审风险分析是否全面、合理，以及是否具有可行的应对安全风险的措施。

- 测试设计评审。完成测试设计后，应对测试说明和测试就绪情况进行评审，形成测试设计评审表。测试设计评审的具体内容应包括：

  ◇ 评审测试需求分析是否合理；

  ◇ 评审测试内容和方法是否符合测试需求；

  ◇ 评审测试用例的操作步骤和参数配置是否详细、正确、可实施；

  ◇ 评审测试用例的期望结果描述是否准确；

  ◇ 评审测试人员、环境和工具是否齐备并符合要求。

- 测试执行评审。完成测试执行后，应对测试过程中产生的日志进行评审，形成测试执行评审表。测试执行评审的具体内容应包括：

  ◇ 评审测试用例的执行是否完整；

  ◇ 评审操作结果是否真实、有效；

  ◇ 评审操作结果描述是否清晰、准确；

  ◇ 对于和预期结果不一致的操作结果，评审是否详细记录了问题；

  ◇ 评审人工分析的结果是否正确。

- 测试总结评审。完成测试总结后，应对测试总结报告进行评审，形成测试总结评审表。测试总结评审的具体内容应包括：

  ◇ 评审测试需求和测试目标是否全面、准确完成；

  ◇ 评审测试结论与测试结果追溯的合理性；

  ◇ 评审是否具备结束测试的条件；

  ◇ 评审测试风险的规避方式是否合理。

（3）配置管理

应按照软件配置管理的要求，将测试过程中产生的各种软件产品纳入配置管理。配置要求见《信息技术 软件生存周期过程 配置管理》。

9.3.4　C/C++源代码漏洞测试工具

在选择 C/C++源代码漏洞测试工具时，应根据《计算机软件测试规范》4.8 节的要求，重点考虑工具的漏报率和误报率。在实际应用中，可通过调查或比较的方式评估工具的漏报率和误报率。此外，选择的源代码漏洞测试工具应覆盖但不限于《C/C++语言源代码漏洞测试规范》中指定的源代码漏洞测试内容，并在测试前对工具的漏洞规则库和测试引擎进行必要的升级和维护。

同时，应结合项目的具体需求选择 C/C++源代码漏洞测试工具。与选择 Java 源代码漏洞测试工具类似：若有条件，应优先考虑选用商用自动化静态分析工具；若条件不具备，也可选用开源自动化静态分析工具。

C/C++源代码漏洞测试工具的分类和选择与 Java 源代码漏洞测试工具的分类和选择完全相同（参见 9.2.4 节）。

9.3.5　C/C++源代码漏洞测试文档

C/C++源代码漏洞测试文档与 Java 源代码漏洞测试文档类似，也包括测试计划、测试说明、测试日志、测试报告。源代码漏洞测试文档可单独出具，也可与其他类型的测试出具测试文档合并。测试文档的基本内容可参考 9.2.5 节的案例。

9.3.6　C/C++源代码漏洞测试内容

《C/C++语言源代码漏洞测试规范》根据软件开发中常用的概念对 C/C++语言源代码中的漏洞进行分类。

1. 行为问题

行为问题是指由应用程序的意外行为引发的安全问题。与 Java 源代码一样，在 C/C++源代码中，行为问题主要表现为不可控的内存分配，即内存分配受由外部控制的输入数据的影响，而且程序没有指定内存分配的上限。这样，攻击者就可能给程序分配大量内存，导致程序因内存资源不足而崩溃。

一段存在不可控的内存分配问题的不规范示例代码如下。

```
void example_fun(int length) {
    //length 为用户输入的数据
    char * buffer;
```

```
    if (length < 0)
    //没有验证 length 是否超出内存分配的上限
    {
        return 0;
    }
    buffer = (char) malloc(sizeof(char) * length);
    ...
    free(buffer);
    buffer = NULL;
}
```

可以看出，以上代码使用用户输入的数据 length 指示要分配的内存空间的大小，但只验证了 length 的最小取值，没有验证 length 是否超出内存分配的上限。

《C/C++语言源代码漏洞测试规范》建议：在程序中应指定内存分配大小的上限，并在分配内存前对要分配的内存大小进行验证，以确保要分配的内存大小不超过上限。据此对以上代码进行修改。修改后的规范示例代码如下。

```
const int MAX_LENGTH = 1024;
void example_fun(int length) {
    //length 为用户输入的数据
    char * buffer;
    if (length > MAX_LENGTH || length < 0)
    //对 length 进行验证
    {
        return 0;
    }
    buffer = (char) malloc(sizeof( char) * length);
    if(buffer != NULL)
    {
        ...
        free(buffer);
        buffer = NULL;
    }
    ...
}
```

2. 路径错误

路径错误是由于不恰当地处理访问路径而引发的漏洞，如不可信的搜索路径。造成不可信的搜索路径漏洞的原因是，程序在使用关键资源时没有指定资源的路径，而是依赖操作系统去搜索资源。这样，攻击者就可以在搜索优先级更高的文件夹中放置与用户想要搜索的资源名称相同的资源，导致程序使用由攻击者控制的资源。

下面是一段存在不可信的搜索路径漏洞的不规范示例代码。

```
#include <stdio.h>
#include <string.h>
void example_fun(void)
```

```
{
    /*攻击者可在搜索优先级更高的文件夹中放入与 dir.exe 同名的恶意软件
     *导致 command 无法正确执行*/
    system(command);
    //本例中 command = "dir.exe E:\\data"
    ...
}
```

可以看到，以上代码没有指定命令 dir 的路径，因此，攻击者可在搜索优先级更高的文件夹中放入和 dir 同名的恶意软件，使 command 无法正确执行。

《C/C++语言源代码漏洞测试规范》对不可信的搜索路径提出的修复或规避建议是：在使用关键资源时，应指定资源所在的路径。据此对以上代码进行修改。修改后的规范示例代码如下。

```
#include <stdio.h>
#include <string.h>
void example_fun(void) {
    //PATH 是用于存放操作系统中 dir 命令所在完整路径的常量
    //本例中 PATH = "C:\\WINDOWS\\system32\\"
    char cmd[ MAX_SIZE] =PATH;
    //使用完整路径，确保 command 能正确执行
    streat(cmd, command);
    //本例中 command = "dir.exe E:\\data"
    system(cmd);
    ...
}
```

可以看出，修改后的代码在执行 command 命令前使用 PATH 变量存放操作系统中 dir 命令所在的完整路径，以确保 command 能正确执行。

3. 数据处理漏洞

数据处理漏洞是指在数据处理功能中发现的漏洞。这类漏洞比较多，下面对常见的 12 种数据处理漏洞进行解读。

（1）相对路径遍历

相对路径遍历是指路径名受由外部控制的输入数据的影响，而程序没有让能够解析到目录以外位置的字符序列（如 ".."）失效。该漏洞使攻击者可以通过输入能够解析到目录以外位置的字符序列来访问限制目录之外的文件或目录。

下面是一段存在相对路径遍历漏洞的不规范示例代码。

```
#include<stdio.h>
#include<string.h>
void example_fun(const char * filename)
{
//filename 为用户输入的数据，不超过 10 个字符
FILE * file;
```

```
//待访问文件
char path[32] = "C:\\data\\";
//待访问文件的路径
strcat(path,filename);
//filename 可能包含 "." 字符序列，导致访问 C:\\data\\目录之外的文件
file = fopen((path,"r");
...
}
```

以上代码根据 path 和用户输入的文件名 filename 指定要打开的文件。path 的值为 "C:\\data\\"，直接在代码中给定。filename 的值是由用户输入的，可能包含 "." 这样的字符序列，从而导致访问 C:\\data\\目录之外的文件。

根据《C/C++语言源代码漏洞测试规范》对相对路径遍历漏洞提出的修复或规避建议，应在构建路径名之前对输入数据进行验证，确保外部输入仅包含允许构成路径名的字符。对以上代码进行修改，添加一个验证函数 verfication()对输入数据进行验证，只有在文件名合法时，才将路径和文件名组合成完整的文件访问路径。修改后的规范示例代码如下。

```
#include<stdio.h>
#include<string.h>
int verfication(const char * str) {
    //验证 str 是否合法，函数仅供参考
    //设置白名单
    char whitelist[ MAX_SIZE][16] ={
        "A001.txt", "A002.txt",...} ;
    ...
    int flag = 0;
    int i;
    //循环比较 str 是否在白名单中
    for (i = 0; i < MAX_SIZE; i++)
        {
        if (strcmp(whitelist[i],str) == 0)
          {
            flag = 1;
            break;
          }
        }
    return flag;
}
void example_fun(const char * filename){
//filename 为用户输入的数据，不超过 10 个字符
FILE * file;
//待访问文件
char path[32] = "C:\\data\\";
//待访问文件的路径
if(verfication(filename))
  {
    //若文件名合法，则将路径和文件名组合成完整的文件访问路径
```

```
    strcat(path,filename);
    file = fopen(path,"r");
    ...
}
...
}
```

（2）绝对路径遍历

绝对路径遍历是指路径名由受外部控制的输入数据确定，而程序没有限制路径名允许访问的目录。这种漏洞使攻击者可以通过输入路径名访问任意的文件或目录。

下面是一段存在绝对路径遍历漏洞的不规范示例代码。在该段代码段中，绝对路径absolutePath 由用户输入，而且没有对 absolutePath 访问的目录进行限制。

```c
#include <stdio.h>
#include <string.h>
void example_fun(const char* absolutePath)
{
    FILE *file;
    file = fopen (absolutePath,"r");
    //直接使用用户输入的数据，可导致访问任意目录或文件
    ...
}
```

根据《C/C++语言源代码漏洞测试规范》对绝对路径遍历提出的修复或规避建议，在程序中应指定允许访问的文件或目录，并在访问文件或目录前对路径名进行验证，以确保只允许访问指定的文件或目录。对以上代码进行修改，使用正则表达式来设置限制访问的目录，并验证 absolutePath 是否仅能解析到受限制的目录，以保证程序只能访问指定的目录。修改后的规范示例代码如下。

```c
#include<stdio.h>
#include<string.h>
int verification (const char * str)
{
    const int MAX_SIZE=1024;
    //通过设置白名单验证输入的路径 str 是否合法
    char filelist [MAX_SIZE][16] ={ "A001.txt", "A002.txt", ...};
    //允许访问的文件名，最大长度为 15
    char whitelist [MAX_SIZE][32];
    int i;
    //构建白名单
    for (i = 0; i < MAX_SIZE; i++)
    {
        strcpy ( whitelist[i], PATH);
        //PATH 为本应用程序允许访的目录，例如 PATH ="D:\\Users\\Data\\"
        strcat (whitelist[i], filelist [i]);
    }
    ...
    int flag = 0;
```

```
    //检查输入的 str 是否在白名单中
    for (i = 0; i < MAX_SIZE; i++)
    {
        if (strcmp(whitelist[i], str) == 0)
        {
            flag = 1;
            break;
        }
    }
    return flag;
}
void example_fun(const char * absolutePath)
{
    //absolutePath 为用户的输入数据，不超过 31 个字符
    FILE * file;
    if (verification (absolutePath))
    {
        //若输入的包含绝对路径的文件名在白名单中，则允许访问文件
        file = fopen (absolutePath, "r");
        ...
    }
    ...
}
```

（3）命令注入

命令注入是指使用未经验证的输入数据构建命令。如果程序允许使用未经验证的输入数据构建命令，攻击者就可以构建任意的恶意代码。

一段存在命令注入漏洞的不规范示例代码如下。

```
#include <stdio.h>
#include <string.h>
#define PATH "C:\\WINDOWS\\system32\\"
//PATH 是存放操作系统中 cmd.exe 命令的完整路径的常量

void example_fun(const char* code)    //code 为用户输入的数据/命令
{
    char cmd[128] = PATH;
    strcat(cmd, "cmd.exe /c \"" ) ;
    //没有对用户输入的 code 进行验证，使攻击者可以执行恶意命令
    if (code !=NULL)
    {
        strcat (cmd, code )
        strcat(cmd, "\"")
        system(cmd);
        ...
    }
}
```

可以看到，以上代码没有对用户输入的 code 进行验证就直接将其用于命令的执行，

而 code 中完全有可能含有恶意的可执行代码，这会导致恶意代码的执行。

根据《C/C++语言源代码漏洞测试规范》对命令注入提出的修复或规避建议，应在构建命令前对输入数据进行验证，以确保输入数据仅能用于构成允许执行的命令。对以上代码进行修改，增加一个正则表达式来限制构建/输入的命令的内容，并验证用户输入的 code 中的内容是否匹配正则表达式。修改后的规范示例代码如下。

```c
#include<stdio.h>
#include<string.h>
#define PATH "C:\\WINDOWS\\system32\\"
//PATH 是存放操作系统中 cmd.exe 命令的完整路径的常量

//permission 为允许构成命令的字符串
int verification (const char * permission, const char *str)
{
    const int MAX_SIZE=1024;
    //通过设置白名单验证 str 是否合法
    char charlist [MAX_SIZE][16] ={ "AAAA ", "BBBB ",...};
    //允许构成命令的字符串，最大长度为 15 个字符
    char whitelist [MAX_SIZE][32];
    int i;
    //构建白名单
    for (i = 0; i < MAX_SIZE; i++)
    {
        strcpy ( whitelist[i], permission);
        strcat (whitelist[i], charlist [i]);
    }
    ...
    int flag = 0;
    //检查 str 是否在白名单中
    for (i = 0; i < MAX_SIZE; i++)
    {
        if (strcmp(whitelist[i], str) == 0)
        {
            flag = 1;
            break;
        }
    }
    return flag;
}
void example_fun(const char * code)
{
    char cmd[128] = PATH;
    strcat(cmd, "cmd.exe /c \"" ) ;
    //假设用户只有查看权限，QUERY 是限制查看目录的字符串常量
    //例如 QUERY "dir.exe E:\\Data\\"
    if ( verification ( QUKRY, code ) )   //若命令合法/在白名单中，则允许执行
    {
        strcat (cmd, code )
        strcat(cmd, "\"")
```

```
        system(cmd);
        ...
    }
    ...
}
```

（4）SQL 注入

SQL 注入是指使用未经验证的输入数据，采用拼接字符串的方式形成 SQL 语句。SQL 注入漏洞让攻击者可以输入任意 SQL 语句，进而越权查询数据库中的敏感数据、非法修改数据库中的数据、提升数据库操作权限等。

一段存在 SQL 注入漏洞的不规范示例代码如下。

```
#include <stdio.h>
#include <string.h>
void sql_query(char * name){
    //name 为用户输入的数据
    //本例中 userid 是仅由字母和数字组成的字符串
    char sqlQuery[64] = "SELECT * FROM CUSTOMER WHERE userid = '";
    //拼接 SQL 语句前未验证 name 是否合法
    strcat(sqlQuery,name);
    strcat(sqlQuery,"'");
    //在数据库中执行 sqlQuery 语句
    ...
    }
```

可以看到，以上代码直接使用用户输入的数据 name 进行 SQL 语句的拼接，很容易被攻击者利用并发起 SQL 注入攻击。

为了避免 SQL 注入漏洞，《C/C++语言源代码漏洞测试规范》建议：在拼接 SQL 语句前对用户输入的数据进行验证，确保其中不包含 SQL 语句的关键字符；或者，使用参数化 SQL 查询语句，并将用户输入的数据作为 SQL 语句的参数。基于此，可以从两个角度对以上代码进行修改。

一是在拼接 SQL 语句前对用户输入的数据进行验证，即在拼接 SQL 语句前用 verification()函数验证用户输入的 name 是否合法或者是否在白名单中，从而避免 name 中包含 SQL 语句的关键字符。修改后的规范示例代码如下。

```
#include <stdio.h>
#include <string.h>
#define MAXSIZE 1024
int verification(const char * str) {
    //验证 str 是否合法，函数仅供参考
    //设置白名单
    char normallist[MAX_SIZE][8] = ("A001","A002",...);
    ...
    int flag = 0;
    int i = 0;
```

```
    //循环比较 name 是否在白名单中
    for(i =0;i<MAX SIZE;i++)
    {
        if(strcmp(whitelist[i],str) == 0)
        {
            flag = 1;
            break;
        }
    }
    return flag;
}
void sql_query(char* name){
    //name 为用户输入的数据
    //本例中 userid 是仅由字母和数字组成的字符串
    char sqlQuery[64] = "SELECT * FROM CUSTOMER WHERE userid = '";
    if(verfication(name))
    //在拼接 SQL 语句前未验证 name 是否合法
    {
        strcat(sqlQuery,name);
        strcat(sqlQuery,"'");
        //在数据库中执行 sqlQuery 语句
        ...
    }
    ...
}
```

二是使用参数化 SQL 查询语句，并将用户输入的数据作为 SQL 语句的参数，即使用函数 to_legal_param()将数据（字符串）name 转换为合法的 SQL 语句参数，并将其写入 SQL 语句。修改后的规范示例代码如下。

```
# include <stdio.h>
# include "stdafx.h"
# include <string.h>
# include <malloc.h>
# include <string>
using namespace std;
string to_legal_param(char * param)
{
    string strSql(param);
    string returnValue ="";
    string :: size_type pos = 0;
    for (int i = 0; i <strSql. size(); i++)
    if (strSql[i] == "\")
    {
        returnValue += "'";
    }
    else
        {
            returnValue +=strSql[i];
        }
```

```
    return returnValue;
}

    void sql_query(char * name){
    //name 为用户输入的数据，不超过 10 个字符
    string sqlQuery = "SELECT * FROM CUSTOMER WHERE userid = '";
    //将参数 name 转换为合法的 SQL 语句参数
    string strName= to_legal_param(name);
    sqlQuery += strName;
    sqlQuery += "'"
    //在数据库中执行 sqlQuery 语句
    ...
}
```

（5）进程控制

进程控制是指由于使用未经验证的输入数据作为动态加载库的标识符而使攻击者有机会加载恶意的代码库。

一段存在进程控制漏洞的不规范示例代码如下。

```
#include <windows.h>
void load_lib(char* libraryName)   //libraryName 为用户输入的数据
{
    char path| 32] = "C:\\ " ;
    strcat (path, libraryName);
    //使用未经验证的输入数据作为动态加载库，可能导致加载恶意的代码库
    HANDLE hlib=Load_Library( path )
    ...
}
```

可以看到，以上代码直接使用函数的参数 libraryName 作为动态加载库的标识符，很容易导致恶意代码库的加载。

根据《C/C++语言源代码漏洞测试规范》给出的修复或规避进程控制漏洞的建议，在动态加载代码库之前应对输入数据进行验证，以确保输入数据仅能用于加载允许加载的代码库。对以上代码进行修改，通过增加一个库验证函数 verification()验证要加载的代码库是否合法。由于只有合法的代码库才能被加载，因此可以避免进程控制漏洞。修改后的规范示例代码如下。

```
#include <windows.h>
//verification()用于验证库文件，通过验证返回 1，否则返回 0
int verification( char* ) ;
//verification()的实现，略
void load_lib(char* libraryName)   //libraryName 为用户输入的数据
{
    char path| 32] = "C:\\ " ;
    if( verification ( libraryName) )   //判断 libraryName 是否合法
    {
        strcat ( path, libraryName);
        //使用未经验证的输入数据作为动态加载的库，可能导致加载恶意的代码库
```

```
        HANDLE hlib=Load_Library( path )
        ...
    }
    ...
}
```

（6）缓冲区溢出

缓冲区溢出是指对被分配内存空间之外的内存进行读或写操作。攻击者可以利用缓冲区溢出让系统崩溃或者执行恶意代码。

一段存在缓冲区溢出漏洞的不规范示例代码如下。

```
void example_fun()
{
    ...
    char value[11];
    //假设只允许用户输入 10 个以下字符的字符串
    printf("Enter The Value:");
    //攻击者可以输入超过 10 个字符的字符串，覆盖栈原来的返回地址，造成缓冲区溢出
    scanf("%s",value);
    ...
}
```

可以看到，以上代码定义了一个最多能容纳 10 个有效字符的字符型数组 value。由于没有对 scanf()函数读取的 value 的长度进行限制，因此，攻击者可以输入超过 10 个字符的字符串，覆盖栈原来的返回地址，造成缓冲区溢出。

《C/C++语言源代码漏洞测试规范》给出的修复或规避缓冲区溢出漏洞的建议为：在对缓冲区进行读或写操作时，应对读写缓冲区的数据长度进行检查，确保读写的内存在被分配的内存空间之内。据此对以上代码进行修改，在标准输入函数 scanf()的第一个参数前添加"10"以限制从标准输入中读取最多 10 个字符。修改后的规范示例代码如下。

```
void example_fun()
{
    ...
    char value[11];
    //假设只允许用户输入 10 个以下字符的字符串
    printf("Enter The Value:");
    //从标准输入中读取最多 10 个字符并保存在 value 数组中
    scanf("10%s",value);
    ...
}
```

（7）使用受外部控制的格式化字符串

使用受外部控制的格式化字符串是指 printf()函数中的格式化字符串由于受外部输入数据的影响而造成缓冲区溢出或数据表示问题。攻击者可以使用受外部控制的格式化字符串输入恶意的格式化字符串以造成缓冲区溢出，进而导致系统崩溃或执行恶意代码。

　　一段存在使用受外部控制的格式化字符串漏洞的不规范示例代码如下。

```
void example_fun(char* s)
{
    //s 为用户输入的数据
    ...
    printf(s);
    //s 中可能包含%n 等格式控制符，导致缓冲区溢出
    ...
}
```

　　可以看到，以上代码使用 printf()函数直接打印（输出）用户输入的 s，而 s 中可能包含 "%n" 等格式控制符（可导致缓冲区溢出）。

　　《C/C++语言源代码漏洞测试规范》给出了修复或规避使用受外部控制的格式化字符串漏洞的建议：确保向所有格式字符串函数传递一个不能由用户控制的静态格式化字符串，并且向该函数发送正确数量的参数。据此对以上代码进行修改，在 printf()函数中增加静态格式化字符串 "%s"，这个静态格式化字符串是用户无法控制的。修改后的规范示例代码如下。

```
void example_fun(char * s)
{
    //s 为用户输入的数据
    ...
        printf("%s",s);
        //传递一个用户无法控制的静态格式化字符串
        ...
}
```

　　（8）整数溢出

　　整数溢出是由于使用未经验证的整型数据进行算术运算而产生的漏洞，可能导致计算结果过大而无法在系统的位宽范围内存储，即超出系统可存储的最大整数值。利用此漏洞，攻击者可通过输入过大的数据引发软件崩溃或破坏系统重要内存等安全事件。

　　一段存在整数溢出漏洞的不规范示例代码如下。

```
unsigned int num;
//本例中 num 的值为 1000
void example_fun() {
    ...
    //假设程序运行在 32 位系统中，在 32 位系统中指针占 4 字节
    //unsigned int 的最大值是 0xffffffff
    unsigned int mrsp = packet_get_int();
    //mrsp 是用户输入的数据
    /**
    *攻击者可通过让 mrsp+num 的值为 0xffffff/4+1=1073741825
    *即 mrsp=1073740825，造成整数溢出
    *(mrsp+num)*sizeof(char*)等效于 1073741825×4
    *溢出后求模，值为 4，即为 response 分配了 4 字节的空间
```

```
    *循环次数为1073740825，用户数据将覆盖大量的内存空间
    **/
    char * response = malloc((mrsp + num) * sizeof( char *));
    unsigned int i;
    for (i = 0; i < mrsp; i++) {
        response[i] = packet_get_string();
        ...
    }
    ...
}
```

可以看到，如果用户输入的数据 mrsp 为 32 位系统最大的无符号整数 0xffffffff，将其与 num 的值相加，就会造成整数溢出。

《C/C++语言源代码漏洞测试规范》建议：在对来自用户的整型数据作算术运算前进行验证，确保运算结果不会溢出。据此对以上代码进行修改，在使用函数 malloc()为用户输入的数据 mrsp 分配内存之前，增加一条 if 语句来验证 mrsp+num（mrsp > 0 && UINT_MAX -num>mrsp）成立，即 0<mrsp+num<UINT_MAX 在合法范围内，从而避免malloc 的参数出现整数溢出。修改后的规范示例代码如下。

```
unsigned int num;
//本例中 num 的值为 1000
void example_fun() {
    //假设程序运行在 32 位系统中
    unsigned int mrsp = packet_get_int();
    //mrsp 是用户输入的数据
    if (mrsp > 0 && UINT_MAX - num > mrsp) {
        //在运算前验证 mrsp
        char * response = malloc((mrsp + num) * sizeof( char *));
        unsigned int i;
        for (i = 0; i < mrsp; i++) {
            response[i] = packet_get_string();
            ...
        }
    }
    ...
}
```

（9）信息通过错误消息泄露

信息通过错误消息泄露是指软件呈现给用户的错误信息中包含与环境、用户有关的敏感信息。对攻击者而言，敏感信息本身可能就是有价值的，或者有助于开展进一步行动。

一段存在信息通过错误消息泄露问题的不规范示例代码如下。

```
void write_wrong_msg(char * );
//将错误消息呈现到用户界面
void example_fun() {
    const char * PATH = "C:\\config.txt";
```

```
    File * file = fopen(PATH, "rw");
    if (! file)
    {
        char msg[128] = "Error:";
        strcat(msg,PATH);
        strcat(msg,"does not exist.");
        write_wrong_msg(msg);
        //输出配置目录的完整路径名
    }
}
```

可以看到，以上代码在错误消息中输出了配置目录的完整路径名。

为了避免信息通过错误消息泄露，《C/C++语言源代码漏洞测试规范》建议：确保错误消息中仅含有对目标受众有用的少量细节。据此对以上代码进行修改，去掉错误消息 msg 中与路径有关的信息，只提示用户问题会很快修复，即 "Sorry! We will fix the problem soon"。修改后的规范示例代码如下。

```
void write_wrong_msg(char * );
//将错误消息呈现到用户界面
void example_fun() {
    const char * PATH = "C:\\config.txt";
    File * file = fopen(PATH, "rw");
    if (! file)
    {
        char msg[128] ="Sorry!We will fix the problem soon";
        write_wrong_msg(msg);
        //不输出敏感信息
    }
}
```

（10）信息通过服务器日志文件泄露

信息通过服务器日志文件泄露意味着可以将敏感信息写入服务器日志文件。这样，攻击者就有机会通过访问日志文件读取敏感信息。

下面是一段存在信息通过服务器日志文件泄露风险的不规范示例代码。该段代码在用户名和口令正确时调用 write-log()函数，将用户名和口令及二者正确的信息写入日志文件。

```
int is_trusted(char * , char * );
        //判断用户名和口令是否正确，均正确则返回 1，否则返回 0
    void write_log(char * );
        //将信息写入日志文件
    void data_visit(char * username, char * password) {
        //username 和 password 为用户输入的数据，均不超过 10 个字符
        if (is_trusted(username,password)) {
        //用户名和口令正确时调用 write-log，将信息写入日志文件
        char msg[ 64];
        strcat(msg,username);
```

```
        strcat(msg," and ");
        strcat(msg,password);
        strcat(msg," correct!");
        write_log(msg);
        //msg 中包含敏感信息
        //执行访问数据等操作
        ...
    }
}
```

《C/C++语言源代码漏洞测试规范》对信息通过服务器日志文件泄露的修复或规避建议为：慎重考虑写入日志文件信息的隐私性，不把敏感信息写入日志文件。据此对以上代码进行修改，在用户名和口令都正确时只在日志中写入"Login success"，以避免用户名和口令出现在日志文件中。修改后的规范示例代码如下。

```
int is_trusted(char * , char * );
//判断用户名和口令是否正确，均正确则返回 1，否则返回 0
void writelog(char * );
//将信息写入日志文件
void data_visit(char * username, char * password) {
    //username 和 password 为用户输入的数据，均不超过 10 个字符
    if (is_trusted(username, password)) {
        char * msg = "Login success!";
        write_log(msg);
        //执行访问数据等操作
        ...
    }
}
```

（11）信息通过调试日志文件泄露

信息通过调试日志文件泄露是由于应用程序没有充分限制对调试日志文件的访问造成的。因为调试日志文件通常包含应用程序的敏感信息，所以攻击者有机会通过访问调试日志文件读取敏感信息。

下面是一段存在信息通过调试日志文件泄露风险的不规范示例代码。该段代码中的address_book()函数将地址簿 ID 和相应的路径等敏感信息写入了调试日志。

```
void init address_book()
{
    //地址簿初始化
    char bookid[8];
    //地址簿 ID
    char bookpath[64];
    //地址簿存放路径
    ...
    //生成调试日志
    CCLOG("AddressBookID: %s\n", bookid);
    CCLOG("Path: %s\n", bookpath);
```

```
    ...
}
```

为了避免信息通过调试日志文件泄露，《C/C++语言源代码漏洞测试规范》建议：在产品发布之前移除产生日志文件的代码。据此将以上代码中用于生成调试日志的语句屏蔽（注释掉），这样，调试代码将不再运行，也就不会将敏感信息写入日志文件了。修改后的规范示例代码如下。

```
void init_address_book()
{
    //地址簿初始化
    char bookid[8];
    //地址簿 ID
    char bookpath[64];
    //地址簿存放路径
    //在程序发布之前将调试代码注释掉
    /*
    CCLOG("AddressBookID: %s\n" , bookid);
    CCLOG("Path: %s\n", bookpath);
    ...
    */
}
```

（12）将未检查的输入作为循环条件

将未检查的输入作为循环条件，即软件没有对被当作循环条件的输入进行适当的检查。如果代码中存在将未检查的输入作为循环条件的问题，攻击者就可以通过让软件的循环次数过多而使其拒绝服务。

一段存在将未检查的输入作为循环条件的不规范示例代码如下。

```
void example_fun(int count)
{
    //count 为用户输入的数据
    int i;
    if(count>0)
    {
        //未检查 count 的值是否过大（过大可能导致软件因循环过多而拒绝服务）
        for(i=0;i<count;i++)
        {
            ...
        }
    }
    ...
}
```

可以看出，以上代码没有检查用户输入的 count 的值是否过大就将其用作 for 语句循环次数的上限，所以，可能会由于循环次数过多而导致软件拒绝服务。

按照《C/C++语言源代码漏洞测试规范》的建议，为避免由于软件循环次数过多而导致拒绝服务，需要规定循环次数的上限，即在将用户输入的数据用于循环条件前，应验证用户输入的数据是否超过上限。据此对以上代码进行修改，将最大循环次数（用户输入的 count 的最大值 MAX_COUNT）限制为 1000 次，并检查用户输入的循环条件是否满足这个限制。修改后的规范示例代码如下。

```
int MAX_COUNT = 1000;
//本例中定义最大循环次数为 1000 次
void example_fun(int count) {
    //count 为用户输入的数据
    int i;
    if(count>0 && count <= MAX_COUNT){
        //判断循环次数是否不大于最大循环次数
        for(i=0;i<count;i++){
            ...
        }
    }
    ...
}
```

4. 错误的 API 实现

错误的 API 实现是由于软件未按预期用法使用 API 而引发的。

堆检查是一个典型的错误的 API 实现。当软件以不安全的方式在内存或缓冲区中存储敏感数据时，攻击者可通过检查堆来提取数据。在 C/C++中，如果使用 realloc()函数调整存储敏感信息的缓冲区，就会将敏感信息暴露给攻击者。因为这些信息仍在内存中，所以，攻击者可能会使用堆检查的方法（如内存转储）读取堆内存中的敏感信息。

下面是一段存在堆检查漏洞的不规范示例代码。该段代码在使用 realloc()函数重新分配内存之前，没有清空该内存块，因此存在堆检查漏洞。

```
int get_memory(char * ptr, int new_size)
{
    ptr = realloc(ptr,new_size);
    //在使用 realloc()重新分配内存之前未清空该内存块
    if (ptr)
    {
        return 1;
    }
    else
    {
        return 0;
    }
}
```

为了避免堆检查漏洞，《C/C++语言源代码漏洞测试规范》建议：在使用 realloc()函数前，应清空该内存块中的敏感信息。据此对以上代码进行修改，在使用 realloc()函数重新为 ptr 分配内存之前，使用 memset()函数将 ptr 指向的内存块清空。修改后的规范示例代码如下。

```c
int get_memory(char * ptr, int new_size)
{
    memset(ptr,0,strlen(ptr));
    //使用 memset()函数
    ptr = realloc(ptr,new_size);
    if (ptr)
    {
        return 1;
    }
    else
    {
        return 0;
    }
}
```

5. 劣质代码

劣质代码是由于软件编写不规范而导致的潜在漏洞。将敏感信息存储在上锁不正确的内存空间就是一个典型的劣质代码漏洞。上锁不正确的内存空间是指未被锁定或被错误锁定的内存空间。存储在上锁不正确的内存空间中的敏感信息，可能会被虚拟内存管理器从内存写入磁盘的交换文件，使攻击者更容易访问这些敏感信息。

以下代码使用 strcpy()函数将口令 password 存储于未被锁定的内存中，是一个将敏感信息存储于上锁不正确的内存空间的漏洞示例。

```c
#include <stdlib.h>
void example_fun(char * parameter)
{
    //parameter 的长度不超过 20 个字符
    char * password = "";
    //password 用于存放敏感信息
    password = (char * )malloc(30 * sizeof(char));
    if (password != NULL)
    {
        strcpy(password, parameter);
        //password 指向的内存未被锁定
        ...
    }
}
```

为了避免将敏感信息存储在上锁不正确的内存空间中，《C/C++语言源代码漏洞测试规范》建议：应选择恰当的平台保护机制锁定存放敏感信息的内存，并检查锁定方法的返回值以确保锁定操作执行正确。据此对以上代码进行修改。修改后的规范示例代码如下。

```
#include <stdlib.h>
#include <windows.h>
void example_fun(char * parameter)
{
    //parameter 的长度不超过 20 个字符
    char * password = "";
    //password 用于存放敏感信息
    password = (char * )malloc(30 * sizeof(char));
    if (password != NULL)
    {
        if(VirtualLock(password,30))
        {
            //锁定 password 指向的内存并检查返回值，确保锁定操作正常执行
            strcpy(password,parameter);
            ...
            VirtualUnlock(password,30);
            //解锁内存
        }
        ...
    }
}
```

修改后的代码使用 VirtualLock()函数锁定 password 指向的内存，并对 VirtualLock()函数的返回值进行检查，以确保锁定操作执行正常。当程序不再使用内存时，可利用 VirtualUnlock()函数解锁内存。

6. 不充分的封装

不充分的封装是指由于未充分封装关键数据或功能而引发的漏洞。不充分的封装的一个典型案例是公有函数返回私有数组，即类中定义的私有数组属性在该类的共有函数中被作为返回值。如果将类中的私有数组作为函数的返回值，就会将其暴露到公有区域，该私有数组中的成员在公有区域就有被篡改的风险。

以下代码将在类 CTest 中定义的私有数组 secret 作为类的公有函数 get_value()的返回值，是一个典型的存在不充分的封装漏洞的示例。

```
class CTest
{
    private:
        char secret[MAX_SIZE] = "abcd";
    public:
        char[] get_value()
        {
            return secret;
        }
}
```

为了避免通过公有函数返回私有数组，《C/C++语言源代码漏洞测试规范》建议：当

私有数组成员的数据需要作为公有函数的返回值时，应只返回该私有数组的副本。据此对以上代码进行修改。修改后的规范示例代码如下。

```cpp
class CTest
{
    private:
        char secret[MAX_SIZE] = "abcd";
    public:
        char cpy_secret[MAX_SIZE];
        char[] get_value()
        {
            memcpy(cpy_secret,secret,sizeof(secret));
            //创建私有数组的副本
            return cpy_secret;
        }
}
```

修改后的代码示例使用 memcpy()函数创建私有数组 secret 的副本 cpy_secret，返回的是 cpy_secret，而不是 secret。

7. 安全功能漏洞

安全功能漏洞是指与身份鉴别、访问控制、机密性、密码学、特权管理等有关的漏洞。与 Java 类似，在 C/C++中与安全功能有关的漏洞也有很多，主要包括明文存储口令、存储可恢复的口令、口令硬编码、敏感信息明文传输、使用已被破解或危险的加密算法、不可逆的散列函数、使用密码分组链接模式但未使用随机初始化向量、不充分的随机数、安全关键行为依赖反向域名解析、没有要求使用强口令、没有对口令域进行掩饰、通过由用户控制的 SQL 关键字绕过授权、未使用盐值计算散列值、RSA 算法未使用最优非对称加密填充等。下面逐一进行解读。

（1）明文存储口令

明文存储口令就是将口令明文存储。明文存储口令会降低攻击的难度，若攻击者拥有访问用于存储口令的文件的权限，就可以轻易获取口令。

以下代码将口令明文存储。

```cpp
void store_password(char * );
//将口令存入数据库
void example_fun(char * password)
{
    store_password(password);
    //明文存储口令
    ...
}
```

为了避免明文存储口令，《C/C++语言源代码漏洞测试规范》建议：尽量避免在容易受攻击的地方存储口令，如果需要，则应考虑存储口令的散列值，以代替存储明文口令。据此对以上代码进行修改。修改后的规范示例代码如下。

```
#include "sha.h"
using namespace CryptoPP;
int encrypt(char * input,char * output)
{
    //加密函数，输出参数返回加密后的字符串
    SHA256 sha256;
    int r = sha256.enc(input,output);
    //加密算法，对 input 加密（为确保此处安全，最好使用不可逆的加密算法）
}
void store_password(char *);
//将口令存入数据库
void example_fun(char * password)
 {
    ...
char psw[1024] = {0};
    int r = encrypt(password,psw);
    //加密 password
    store_password(psw);
    //存储加密后的 psw
    ...
 }
```

可以看到，修改后的代码先使用杂凑函数 sha256 对输入的口令 input 进行散列运算，再存储口令的散列值，避免了口令的明文存储。

（2）存储可恢复的口令

存储可恢复的口令是指采用双向可逆的加密算法将口令加密后存储在外部文件或数据库中。这样，攻击者就有机会通过解密算法对口令进行破解。

下面是一段存在存储可恢复的口令问题的不规范示例代码。该段代码使用 AES 加密类的 enc()方法对口令进行加密并存储。AES 是被美国作为加密标准的对称分组密码算法。尽管在目前的计算条件下 AES 的安全强度足够，但仍为攻击者解密存储的口令提供了机会。

```
#include "aes.h"
using namespace CryptoPP;
int encryptor(char * input, char * output)
{
    ...
    //加密函数，输出参数返回加密后的字符串
    AESEncryption aesEncryptor;
    int r = aesEncryptor.enc(input,output);
    //使用双向可逆的 AES 算法
    ...
}
    void store_password(char * );
    //将口令存入数据库
```

```
void example_fun(char password)
{
    ...
    char psw[1024] = {0};
    int r = encryptor(password, psw);
    //加密 password
    store_password(psw);
    //存储加密后的 psw
    ...
}
```

为了避免存储可恢复的口令,《C/C++语言源代码漏洞测试规范》建议:当业务不需要从已存储的口令进行还原时,应使用单向散列算法对口令进行散列并存储,即在进行散列运算后存储。据此对以上代码进行修改。修改后的规范示例代码如下。

```
#include "aes.h"
using namespace CryptoPP;
int encryptor(char * input,char * output)
{
    SHA256 sha256;
    int r = sha256.enc(input,output);
    //使用单项散列函数 sha256 对口令进行散列运算
    ...
}
void store_password(char *);
//将口令存入数据库
void example_fun(char password)
{
    ...
    char psw[1024] = {0};
    int r = encryptor(password,psw);
    //加密 password
    store_password(psw);
    //存储加密后的 psw
        ...
}
```

可以看出,修改后的代码用 sha256 的 enc()方法取代 aesEncryptor 的 enc()方法,对输入的口令 input 进行散列运算,然后存储口令的散列值,从而避免存储可恢复的口令。

(3)口令硬编码

口令硬编码是指程序代码(包括注释)中包含硬编码口令,即将口令以明文形式直接写到代码中。这样,攻击者就可以通过反编译或直接读取二进制代码的方式获取硬编码口令。

一段存在口令硬编码问题的不规范示例代码如下。在该段代码中,使用 strcmp()函数对比输入的口令和预置的口令,以判定输入的口令是否正确,而预置的口令被直接写在了代码中,即将口令硬编码在代码中。

257

```
int psw_is_correct(char * password)
{
    //判断口令是否正确，正确则返回1，否则返回0
    if (strcmp(password, "jk46k643h9gj9iwd63")==0)
    {
        //代码中包含硬编码口令
        return 1;
    }
    return 0;
}
```

为了避免口令硬编码，《C/C++语言源代码漏洞测试规范》建议：应使用单向不可逆的加密算法（散列函数）对口令进行加密/散列运算，将结果存储在外部文件或数据库中。据此对以上代码进行修改。修改后的规范示例代码如下。

```
#include "sha.h"
using namespace CryptoPP;
int encryptor(char * input, char * output)
{
    //加密函数，输出参数返回加密后的字符串
    SHA256 sha256;
    int r = sha256.enc(input,output);
    ...
}
char * get_psw(void);
{
    //从数据库中获得口令
        ...
    int psw_is_correct(char * password);
    //判断口令是否正确，正确则返回1，否则返回0
    char * psw = get_psw();
    char hpsw[1024] = {0};
    int r = encryptor(password,hpsw);
    //加密password
    if (strcmp(hpsw,psw)==0)
    {
        //判断加密得到的hpsw与数据库中存储的psw是否相同
        return 1;
    }
    return 0;
}
```

可以看出，修改后的代码通过对输入的口令使用 sha256 的 enc()方法进行散列运算得到的散列值 hpsw 与数据库中存储的口令散列值 psw 进行对比来确定输入的口令是否正确，避免了口令硬编码和存储可恢复的口令的问题。

（4）敏感信息明文传输

敏感信息明文传输是指敏感信息在传输过程中未进行加密。这样，攻击者就有机会通过截取或复制传输的报文来获取敏感信息。

　　下面是一段存在敏感信息明文传输漏洞的不规范示例代码。该段代码未对用户的地址 address（敏感信息）进行加密就直接调用 send_message() 函数将其发送出去。

```
void send_message(char * );
//将传入的字符串发送出去
void example_fun(char * address)
{
//address 是用户的敏感信息
    send_message(address);
    //传输 address 前没有进行加密
    ...
}
```

　　为了避免敏感信息的明文传输，《C/C++语言源代码漏洞测试规范》建议：在发送敏感信息前，应对敏感信息进行加密或采用加密通道传输敏感信息。据此对以上代码进行修改。修改后的规范示例代码如下。

```
#include "aes.h"
using namespace CryptoPP;
void send_message(char* );
//将传入的字符串发送出去
{
int encryptor(char * input,char * output)
    {
        //加密函数，输出参数返回加密后的字符串
        AESEncryption aesEncryptor;
        int r = aesEncryptor.enc(input,output);
        ...
    }
        void example_fun(char * address)
    {
        //address 是用户的敏感信息
        int r = encryptor(address,addr);
        //加密 address
        send_message(addr);
        //传输加密得到的 addr
        ...
    }
}
```

　　可以看到，在修改后的代码中，先用 AES 算法对用户的敏感信息 address 进行加密，再将其发送出去，从而避免了敏感信息的明文传输。

　　（5）使用已被破解或危险的加密算法

　　使用已被破解或危险的加密算法是指软件在需要加密时采用了已被破解的或者自定义的非标准加密算法。这是很危险的，因为攻击者可能会破解加密算法，从而窃取受保护的数据。

　　下面是一段存在使用已被破解的或危险的加密算法问题的不规范示例代码。该段代

码使用 DES 算法进行加密，而 DES 算法的安全强度较低，早在 20 世纪 90 年代就已经被破解了，因此存在很大的安全隐患。

```cpp
#include "des.h"
using namespace CryptoPP;
int get_key(unsigned char[]);
    //从安全存储中读取密钥
    int encryptor(char input,unsigned char output[])
    {
    //使用安全强度较低的 DES 算法
    unsigned char key[DES::KEYLENGTH];
    DESEncryption desEncryptor;
    int r=get_key(key);
    desEncryptor.SetKey(key,DES::KEYLENGTH);
    //设置密钥
    desEncryptor.ProcessBlock(input,output);
    //加密 input 并保存到 output 中
    return output;
}
```

为了避免使用已被破解或危险的加密算法，《C/C++语言源代码漏洞测试规范》建议：采用目前加密领域中安全强度较高的标准加密算法，即 AES。据此对以上代码进行修改。修改后的规范示例代码如下。

```cpp
#include "aes.h"
using namespace CryptoPP;
int get_key(unsigned char[]);
//从安全存储中读取密钥
int encryptor(char * input,unsigned char output)
{
    //使用安全强度较高的 AES 加密算法
    unsigned char key[AES::BLOCKSIZE];
    AESEncryption aesEncryptor;
    unsigned char xorBlock[AES::BLOCKSIZE];
    memset(xorBlock,0, AES::BLOCKSIZE);
    int r = get_key(key);
    ...
    aesEncryptor.SetKey(key, AES::DEFAULT_KEYLENGTH);
    //设置密钥
    aesEncryptor.ProcessAndXorBlock(input, xorBlock, output);
    //加密 input 并保存到 output 中
    return output;
}
```

可以看出，修改后的代码使用安全强度较高的 AES 算法取代 DES 算法对敏感信息进行加密，安全性能够得到保障。

（6）可逆的散列函数

在正常情况下，散列函数是不可逆的，但一些安全强度较低或者已被破解的散列函数并不能保证不可逆。如果软件采用这些散列函数，攻击者就可以利用生成的散列值确定原始输入，或者找到能够产生与已知散列值相同的散列值的输入，根据这些散列函数获取原始输入或者能够产生相同散列值的输入，绕过依赖散列函数的安全认证。

下面是一段存在可逆的散列函数的不规范示例代码。该段代码使用了目前已经不安全的 SHA-1 算法进行散列运算。

```cpp
#include "sha.h"
using namespace CryptoPP;
int encryptor(char * input, char * output)
{
    //加密函数，输出参数返回加密后的字符串
    SHA1 sha1;
    int r = sha1.enc(input, output);
    //使用 SHA-1 算法
    ...
}
```

为了避免由于使用可逆的或不安全的散列函数而导致安全漏洞，《C/C++语言源代码漏洞测试规范》建议采用当前公认的不可逆或安全的标准散列算法 SHA-256。据此对以上代码进行修改。修改后的规范示例代码如下。

```cpp
#include "sha.h"
using namespace CryptoPP;
int encryptor(char * input, char * output)
{
    //加密函数，输出参数返回加密后的字符串
    SHA256 sha256;
    int r = sha256.enc(input, output);
    //使用 SHA-256 算法
    ...
}
```

修改后的代码使用安全的散列函数 sha256 取代 sha1，对输入数据进行散列运算。

（7）使用密码分组链接模式但未使用随机初始化向量

密码分组链接模式是分组密码算法的一种加密模式，在加密第一个分组时，需要使用一个随机的初始化向量将明文随机化。未使用随机初始化向量，意味着密码分组链接模式使用的初始化向量不是随机数。没有使用初始化向量与初始化向量为全 0 的情况等价。初始化向量为全 0 是初始化向量不是随机数的一种情况。如果在采用密码分组链接模式加密时未使用随机的初始化向量，攻击者就有机会通过字典攻击读取加密的数据。

下面是一段使用密码分组链接模式但未使用随机的初始化向量的不规范示例代码。该段代码直接将数组 iv 硬编码的初始值作为初始化向量，很容易被攻击者获取。

```cpp
#include "aes.h"
using namespace CryptoPP;
```

```
int key_size =8;
char * encryptor(char * input)
{
    unsigned char key[key_size];
    unsigned char iv[]= {0x01,0x02,0x03,0x04,0x05,0x06,0x07,0x08};
    CBC_Mode<AES> :: Encryption Encryptor (key,key_size,iv);
    //使用固定的初始化向量
    ...
}
```

为了避免使用密码分组链接模式但未使用随机初始化向量带来的安全风险，《C/C++
语言源代码漏洞测试规范》建议：在采用密码分组链接模式加密时，一定要使用随机的
初始化向量。据此对以上代码进行修改。修改后的规范示例代码如下。

```
#include <wincrypt.h>
#include "aes.h"
using namespace CryptoPP;
int key_size =8;
char * encryptor(char input)
{
    HCRYPTPROV hcryptprov;
    unsigned char key[key_size];
    unsigned char iv[key_size];
    ...
    if(CryptGenRandom (hcryptprov, EVP_MAX_IV_LENGTH, iv))
    {
        //使用随机的初始化向量
        CBC_Mode(AES :: Encryption Encryptor(key, key_size, iv);
        ...
    }
}
```

可以看出，修改后的代码使用 CryptGenRandom()函数产生的随机数代替硬编码数组
中的初始化值作为密码分组链接模式加密的初始化向量。

（8）不充分的随机数

不充分的随机数是指软件在安全相关代码中依赖随机性不充分的随机数。不充分的
随机数意味着攻击者可以预测将要生成的随机数，从而绕过依赖随机数的安全保护机
制。

下面是一段使用不充分的随机数的不规范示例代码。该段代码使用一个随机性不充
分的伪随机数生成器 rand()来产生随机数，如果所产生的随机数的随机性不充分，就会
导致依赖该随机数的安全保护功能存在风险。

```
void example_fun()
{
    INT I, NUM;
    UNSIGNED CHAR IV[8];
```

```
FOR(I=0; I<8; I++)
{
    NUM =10 * RAND()/(rand_max+1);
    //使用不充分的伪随机数生成器
    IV[I] =NUM + '0';
}
...
}
```

为了避免使用不充分的随机数,《C/C++语言源代码漏洞测试规范》建议: 使用目前被业界专家认为较强的、经过良好审核的伪随机数生成器算法, 且在初始化伪随机数生成器时应使用具有足够长且不固定的种子。据此对以上代码进行修改。修改后的规范示例代码如下。

```
#include <wincrypt.h>
void example_fun() {
    HCRYPTPROV hcryptprov;
    unsigned char iv[8];
    if (CryptGenRandom(hcryptprov, 8, iv))
    {
        //基于加密的伪随机数生成器
        ...
    }
}
```

可以看出, 修改后的代码使用基于加密的伪随机数生成器函数 CryptGenRandom()代替 rand()函数来产生足够长的随机数, 能够保证所产生的随机数充分随机。

(9) 安全关键行为依赖反向域名解析

安全关键行为依赖反向域名解析是指需要通过反向域名解析获取 IP 地址所对应的域名, 依赖域名对主机进行身份鉴别。攻击者可以通过 DNS 欺骗修改 IP 地址与域名的对应关系, 从而绕过依赖域名的主机身份鉴别机制。

下面是一段存在安全关键行为依赖反向域名解析问题的不规范示例代码。该段代码通过 gethostbyaddr()函数进行逆向域名解析, 根据获得的域名对主机进行身份鉴别, 为攻击者绕过主机身份鉴别机制提供了机会。

```
#include <arpa/inet.h>
#include <winsock.h>
int is_trusted(char * address)
{
    //验证主机是否值得信任
    struct hostent * hp;
    char   trustedHost = "trustme.com";
    struct in_addr myaddress;
    myaddress.s_addr = inet_addr(address);
    //将 address 转换成 32 位 IPv4 地址
    //通过反向解析获取 myaddr 地址的域名
```

```
hp = gethostbyaddr((char *) & myaddress.s_addr,
    sizeof(in_addr), AF_INET);
//通过域名对主机进行身份鉴别
//攻击者可通过 DNS 欺骗绕过依赖域名的主机身份鉴别机制
if (hp && ! strncmp(hp->h_name, trustedHost, sizeof(trustedHost))
{
    return 1;
}
else
{
    return 0;
}
}
```

为了避免安全关键行为依赖反向域名解析带来的安全威胁，《C/C++语言源代码漏洞测试规范》建议：通过用户名和口令、数字证书等手段对主机身份进行鉴别。据此对以上代码进行修改。修改后的规范示例代码如下。

```
int is_true(char * ,  char* );
//判断用户名和口令是否正确，正确则返回1，否则返回0
int is_trustedchar * username, char * password)
{
//验证主机是否值得信任
//通过用户名和口令对主机进行身份鉴别
return is_true(username, password);
}
```

修改后的代码采用用户名和口令的方式对主机进行身份鉴别，避免了依赖反向域名解析进行主机身份鉴别带来的安全威胁。

（10）没有要求使用强口令

没有要求使用强口令是指软件没有要求用户使用具有足够复杂度的口令。这样，攻击者就可以很容易地猜出用户的口令或实施暴力破解攻击。

下面是一段没有要求使用强口令的不规范示例代码。该段代码没有对用户的口令做出任何要求。如果用户使用的口令安全强度不足或使用了弱口令，攻击者很容易就能破解用户口令。

```
void set_password(string);
//存储用户输入的口令
{
    void init_user(string username, string password)
{
    ...
    set_password(password);
    //口令的安全强度可能不足
}
}
```

为了避免使用安全强度不足的口令，应在程序中要求用户使用具有足够复杂度的口令。《C/C++语言源代码漏洞测试规范》建议，口令复杂度策略应满足下列属性：

- 最小和最大长度；

- 包含字母、数字和特殊字符；

- 不包含用户名；

- 定期更改口令；

- 不使用老的或用过的口令；

- 身份鉴别失败达到一定次数后要锁定用户。

据此对以上代码进行修改。修改后的规范示例代码如下。

```
string username;
//用户名
string[] passwordlist;
//口令表
string create_password_date;
//口令创建时间
int password_outdate_days;
//口令过期天数（可配置）
boolean user_exists(string,string);
//判断用户名和口令是否正确
void set_password(string);
//存储用户输入的口令
int check_length(string);
//口令长度检测，符合要求返回 1，否则返回 0
int check_mode(string);
//判断口令是否包含字母、数字和特殊字符，缺少其中一种或以上表示口令强度弱
//全部包含返回 1，否则返回 0
int check_exclude_name(string);
//判断口令是否包含用户名（应为不包含），不包含返回 1，否则返回 0
int check_time(string);
//通过比较当前时间和口令创建时间判断口令是否过期
//未过期返回 1，否则返回 0
int check_is_used(string);
//通过查询口令表判断口令是否使用过，未使用过返回 1，否则返回 0
...

int check_password_level(string password)
{
    //口令强度检测
    if (check_length(password) == 0)
    {
        cout<<"口令长度不符合要求!"<<endl;
        return 0;
    }
    if(check_mode(password) == 0)
```

```
        {
            cout<<"口令组合等级弱!"<<endl;
            return 0;
        }
        if(check_exclude_name(password) == 0)
        {
            cout<<"口令包含用户名!"<<endl;
            return 0;
        }
        if(check_is_used(password) == 0)
        {
            cout<<"口令曾经使用过!"<<endl;
            return 0;
        }
        ...
        return 1;
}
void init_user(string username , string password) {
    if (check_password_level(password)) {
        //检测 password 的口令强度
        set_password(password);
    } else {
        ...
    }
}
//用户登录时自动判断口令使用期限并提示用户更新口令
void check_user (string username, string password)
{
    if(user_exists(username, password)) {
        //身份鉴别
        if (!check_time(password)) {
            //检测 password 是否过期
            //提示用户口令已过期，建议其修改口令
            ...
        } else {
            ...
        }
    }
    ...
}
```

可以看出，修改后的代码从口令长度、口令组合、是否包含用户名、是否使用过和使用期限等方面对口令做出了要求，以保障口令具有足够的安全强度，从而避免了字典攻击、暴力破解攻击等。

（11）没有对口令域进行掩饰

没有对口令域进行掩饰，或者说没有对口令域进行屏蔽，是指在用户输入口令时没有对口令进行掩饰或屏蔽，而是直接回显。这会提高攻击者通过观察屏幕获取口令的可能性。

　　下面是一段没有对口令域进行掩饰的不规范示例代码。该段代码使用 scanf("%c", &c)语句读取用户口令，这会导致用户口令直接回显在屏幕上，容易造成用户口令通过屏幕丢失。

```
void example_fun()
{
    char password[MAX_STR_LEN];
    //MAX_STR_LEN 的值为 15
    int i=0;
    char c= '0';
    printf("Please enter the password: ");
    while(i<MAX_STR_LEN && c! = '\n')
    {
        scanf("%c",&c);
        //没有对用户输入的口令进行掩饰
        password[i] =c;
        i++;
    }
}
```

　　《C/C++语言源代码漏洞测试规范》建议：应在用户输入口令时对口令域进行掩饰。通常的做法是将用户输入的每一个字符以星号形式回显。修改后的规范示例代码如下。

```
void example_fun()
{
    char password[MAX_STR_LEN];
    //MAX_STR_LEN 的值为 15
    int i=0;
    char c= '0';
    printf("Please enter the password: ");
    while(i<MAX_STR_LEN && (c=getch()) ! = '\n')
    {
        password[i] =c;
        putchar('*');
        //用星号代替用户输入的口令
        i++;
    }
}
```

　　可以看出，修改后的代码使用 getch()函数逐字符读取口令，并用 putchar('*')将读取的每个字符显示为"*"，从而达到掩饰或屏蔽口令域的目的。

　　（12）通过由用户控制的 SQL 关键字绕过授权

　　通过由用户控制的 SQL 关键字绕过授权是指软件使用的数据库表中包含某个用户无权访问的记录，但该软件执行的一个 SQL 语句中的关键字却可以受该用户控制。如果用户可以将关键字设置为任意值，攻击者就可以通过修改该关键字访问未经授权的记录。

　　下面是一段通过由用户控制的 SQL 关键字绕过授权的不规范示例代码。在该段代码中，由用户输入的 staffID 控制查询范围，直接使用 staffID 构造访问条件，如果 staffID 的内容包含可以绕过授权的条件，那么即使对输入的 staffID 没有访问权限，也可以访问 staffID 的内容。

```c
#include <string.h>
char username[16];
//用户名
int sqlcompare(char * );
//判断字符串是否符合构建 SQL 语句的要求，符合则返回 1，否则返回 0
void sql_query(char * staffID)
{
    //staffID 为用户输入的数据，不超过 10 个字符
    if(sql_compare(staffID))
    {
        char sqlQuery[64] = "SELECT * FROM employee WHERE staffID= '";
        strcat(sqlQuery,staffID);
        //用户输入的 staffID 可能不在其访问权限内
        strcat(sqlQuery, "'");
        //在数据库中执行 sqlQuery 语句
        ...
    }
    ...
}
```

　　为了避免通过由用户控制的 SQL 关键字绕过授权，《C/C++语言源代码漏洞测试规范》建议：应对用户输入的关键字进行验证，以确保用户只能访问其有权访问的记录。据此对以上代码进行修改。修改后的规范示例代码如下。

```c
#include <stdio.h>
#include <string.h>
char username[16];
//用户名
...
int sqlcompare(char *);
//判断字符串是否符合构建 SQL 语句的要求，符合则返回 1，否则返回 0
char * find departID(char * );
//根据用户名返回其所在部门的部门 ID
void sql_query(char * staffID)
{
    //staffID 为用户输入的数据，不超过 10 个字符
    if(sql_compare(staffID)
    {
        //在查询语句中增加关于部门 ID 的查询条件
        char sqlQuery[64]="SELECT * FROM employee WHERE staffID = '";
        strcat (sqlQuery,  staffID);
        strcat(sqlQuery,  "and DepartID=");
        strcat(sqlQuery,  find_departID(username));
        strcat(sqlQuery,  "'");
```

```
        //在数据库中执行 sqlQuery 语句
        ...
    }
    ...
}
```

可以看出，修改后的代码通过增加关于部门 ID（DepartID）查询条件，避免了通过由用户控制的 SQL 关键字绕过授权的问题。

（13）未使用盐值计算散列值

未使用盐值计算散列值是指软件在对口令等要求不可逆的输入计算散列值时没有使用盐值。这样，攻击者就可以很容易地利用彩虹表等字典攻击技术来破解口令。

下面是一段存在未使用盐值计算散列值问题的不规范示例代码。在该段代码中，通过加密函数 encryptor()对用户输入的口令 password 进行加密，实际上就是在没有使用盐值的情况下用函数 sha256 对 password 进行散列运算，在数据库中存储的是口令的未加盐散列值，因此存在字典攻击的风险。

```
#include "sha.h'
using namespace CryptoPP;
int encryptor(char * input, char * output)
{
    //加密函数，输出参数返回加密后的字符串
    SHA256 sha256;
    int r = Sha256.enc(input, output);
    ...
}
void example_fun(char * password)
{
    //password 的最大长度为 20 个字符
    ...
    char psw[1024]={0};
    int r = encryptor(password, psw);
    //仅使用单向加密，口令容易被攻击者利用彩虹表等方式破解
    //将加密得到的 psw 字符串存储到数据库中
    ...
}
```

为了避免字典攻击，《C/C++语言源代码漏洞测试规范》建议：使用盐值计算散列值，以提高攻击者破解口令的难度。这也是实际应用中经常采用的措施。据此对以上代码进行修改。修改后的规范示例代码如下。

```
#include "sha.h'
#include "aes.h'
using namespace CryptoPP;
int encryptor(char * input, char * output)
{
    //加密函数，输出参数返回加密后的字符串
    SHA256 sha256;
```

```
    int r = Sha256.enc(input, output);
    ...
}
void send_salt(char * salt)
{
    //用 AES 算法加密盐值后传输到另一台服务器上
    AESEncryption aesEncryptor;
    ...
    char output[1024]={0};
    int r = aesEncryptor.enc(salt, output);
    //将加密后的盐值 output 发送到另一台服务器上
    }
char * random_str(int);
//随机生成字符串
int saltLength = 20;
void example_fun(char * password)
{
    //password 的最大长度为 20 个字符
    char * salt= random_str(saltlLength);
    //获得一个长度为 saltLength 的随机字符串
    char str[64];
    strcat(str,password);
    strcat(str,salt);
    //加入盐值
    char psw[1024] = {0};
    int r= encryptor(str,psw);
    //为攻击者破解口令增加难度
    //将加密得到的 psw 字符串存储到数据库中
    //将 salt 字符串加密后存储到另一台服务器的数据库中
    send salt(salt);
    ...
}
```

在修改后的代码中，使用了一个长度为 saltLength 的随机字符串作为盐值，将盐值与口令串接后计算口令的散列值，可以避免字典攻击。

（14）RSA 算法未使用最优非对称加密填充

在使用 RSA 算法时未使用最优非对称加密填充，会降低攻击者解密的难度。

一段存在 RSA 算法未使用最优非对称加密填充问题的不规范示例代码如下。该段代码使用 RSAES_PKCSlv15_Encryptor 类进行加密，采用的是 Pkcs1 填充，而不是最优非对称加密填充。

```
#include "rsa.h"
using namespace CryptoPP;
int encryptor(char * input, char * output)
{
    //加密函数，输出参数返回加密后的字符串
    RSAES_PKCSlv15_Encryptor rsapkcsl;
    //使用 Pkcs1 填充
```

```
    int r = rsapkcsl.enc(input, output);
    ...
}
```

《C/C++语言源代码漏洞测试规范》建议：在使用 RSA 加密算法时应使用最优非对称加密填充。据此对以上代码进行修改，使用 RSAES_OAEP_SHA_Encryptor 类代替 RSAES_PKCSlv15_Encryptor 类，即可实现最优非对称加密填充。修改后的规范示例代码如下。

```
#include "rsa.h"
using namespace CryptoPP;
int encryptor(char * input, char * output)
{
    //加密函数，输出参数返回加密后的字符串
    RSAES_OAEP_SHA_Encryptor rsaoaep;
    //使用 OAEP 填充
    int r = rsaoaep.enc(input, output);
    ...
}
```

8．Web 问题

Web 问题是指与 Web 技术有关的漏洞。

跨站脚本是最常见的 Web 漏洞，是由于使用了未经验证的输入数据构建 Web 页面导致的。如果可以使用未经验证的输入数据构建 Web 页面，攻击者就可以构建任意的 Web 页面，并在页面中植入恶意脚本。当用户访问这些页面时，就会执行恶意脚本。

下面是一段存在跨站脚本漏洞的不规范示例代码。

```
#include <WinInet.h>
void writehtml(const char * , const char * );
//将第一个参数的字符串写入第二个参数所指定的网页
int example_fun(int argc, char * argv)
    {
        //创建一个 Internet 连接
        HINTERNET example = InternetOpen ( "TextExample",
        INTERNET_OPEN_TYPE_PRECONFIG,NULL, NULL, 0);
        char * name=getPar(argv, 'name');
        //name 来源于默认为不可信任的外部输入
        write_html(name, "index.html");
        //name 在输出前未经验证，攻击者输入恶意脚本即可篡改 index.html
        ...
        InternetCloseHandle(example);
        //关闭 Internet 连接
        return 0;
    }
```

可以看到，以上代码根据用户输入的参数动态构建 Web 页面，但在使用输入的参数构建页面前并未对其进行验证。这就为攻击者植入恶意脚本提供了机会。

《C/C++语言源代码漏洞测试规范》建议：应在构建 Web 页面前对输入数据进行验证或编码，以确保输入数据不影响页面的结构。据此对以上代码进行修改。修改后的规范示例代码如下。

```
#include <Winlnet.h>
void write_html(const char * ,const char * );
//将第一个参数的字符串写入第二个参数所指定的网页
char * verification(const char *);
//验证参数，若参数不合法，则转义成合法字符串后返回
int example_fun(int argc, char * * argv)
    {
        //创建一个 Internet 连接
        HINTERNET example InternetOpen (" TextExample",
        INTERNET_OPEN_TYPE_PRECONFIG, NULL, NULL, 0);
        char * name = getPar(argv,'name');
        //name 来源于默认为不可信任的外部输入
        write_html(verification(name), "index.html");
        //name 在输出前已进行验证或转义
        InternetCloseHandle(example);
        //关闭 Internet 连接
        return 0;
    }
```

可以看出，修改后的代码使用 verification()函数验证参数 name 是否合法，当该参数不合法时，将其转义成合法的字符串，避免了恶意脚本的植入。

9.4 《C#语言源代码漏洞测试规范》解读

C#是一种面向对象的、运行于.NET Framwork 上的、广泛应用于 Windows 平台应用软件开发的高级程序设计语言，是.NET 开发的首选语言。《C#语言源代码漏洞测试规范》中的 C#语言语法遵循 ISO/IEC 9899:2006。同样，由于各种人为因素的影响，C#软件的源代码中难免存在漏洞，而软件信息泄露、数据和代码被恶意篡改等安全事件的发生一般都与源代码漏洞有关。

为尽量减少 C#语言源代码中的漏洞，需要根据《C#语言源代码漏洞测试规范》对C#语言源代码进行测试和审计。源代码漏洞测试既可以在开发过程中或软件编码活动之后实施，也可以在运行和维护过程中实施。

《C#语言源代码漏洞测试规范》中的漏洞分类与漏洞说明主要参考了 MITRE 公司发布的 CWE，同时涵盖了当前行业主流的自动化静态分析工具在测试实践中发现的典型漏洞。

由于《C#语言源代码漏洞测试规范》仅针对自动化静态分析工具支持的关键漏洞进行说明，所以，在应用《C#语言源代码漏洞测试规范》开展源代码漏洞测试时，应根据

实际需要对漏洞进行删减和补充。

9.4.1 适用范围

《C#语言源代码漏洞测试规范》规定了 C#语言源代码漏洞测试的测试总则和测试内容，适用于开发方或第三方机构的测试人员、审计人员利用自动化静态分析工具对 C#语言源代码开展漏洞测试或审计活动，C#语言的程序设计和编码人员及源代码漏洞测试/审计工具的设计人员也可以参考使用。

9.4.2 术语和定义

《C#语言源代码漏洞测试规范》中的术语和定义与 C/C++语言和 Java 语言源代码漏洞测试规范中的基本相同。为了便于阅读，这里再次对涉及的术语和定义进行梳理。

（1）访问控制

访问控制是一种保证数据处理系统的资源只能由被授权主体按授权方式访问或者不被非授权访问的手段。

（2）攻击

在信息系统中，任何对系统或信息进行破坏，导致其被泄露、更改或使其丧失功能的尝试（包括窃取数据）都称为攻击。

（3）密码分组链接

密码分组链接是一种分组密码算法的加密模式。在对信息进行加密时，每个明文块（分组）都依赖于前一密文块的加密方式。

（4）明文

明文是指未加密的信息或数据。

（5）密文

密文是指利用加密算法在密钥的作用下对明文进行加密变换得到的数据，是信息内容被隐藏后的数据。

（6）加密

加密是使用一套加密算法和一套输入参量对数据进行变换以产生密文的过程。输入参量常被称作密钥。

（7）解密

解密是指将密文恢复为明文的处理过程，是加密过程的逆过程。

（8）字典攻击

字典攻击是指使用遍历给定的口令或密钥列表（例如，存储的特定口令值或密钥值列表，来自自然语言字典中的单词列表）的方式对密码系统进行攻击。

（9）DNS 欺骗

DNS 欺骗是攻击者冒充域名服务器的一种欺骗行为。

（10）硬编码

硬编码是指在软件实现上把输入或输出的相关参数直接编码在源代码中，而不是通过外部来源获得的数据生成。

（11）散列值

散列值是散列/杂凑函数输出的比特串。

（12）散列/杂凑函数

散列/杂凑函数是用于将消息或比特串映射为固定长度的比特串的函数，应满足以下两个特性。

- 单向性：对于给定的输出找出映射为该输出的输入，在计算上是不可行的。

- 抗碰撞性：对于给定的输入找出映射为同一输出的第二个输入，在计算上是不可行的。

（13）注入

注入是指由于对输入字符过滤不严谨而导致的漏洞。

（14）单向加密

单向加密通常是指基于散列函数和共享密钥对明文进行的运算。单向加密产生的是杂凑值，也称为单向加密的密文/消息鉴别码。由于不能将运算结果还原为原始数据，所以，单向加密在严格意义上不是一种加密，本质上仍然是杂凑。

（15）最优非对称加密填充

最优非对称加密填充是 RSA 算法的一种加密填充方案，可将原有的确定性加密方案转换成随机性加密方案，并能防止密文的部分解密或其他信息泄露。

（16）填充

填充是指给数据/比特串附加额外的比特。

（17）口令

口令是指用于身份鉴别的秘密的字、短语、数字或字符序列，通常是需要被用户默记的弱秘密。

（18）彩虹表

彩虹表是一个为进行散列函数的逆运算而预先计算好的表，常用于破解散列值。

（19）重定向

重定向是指通过对服务器进行特殊设置，将访问当前域名的用户引导到另一个指定的网络地址，即将一个域名指向另一个已经存在的站点，或者将一个页面引导至另一个页面。

（20）反向域名解析

反向域名解析是指通过 IP 地址查询服务器的域名。

（21）盐值

盐值是作为单向散列函数或加密函数的二次输入而添加的随机变量，可用于导出/产生口令验证数据。

（22）脚本

脚本是指使用特定的描述性语言，依据一定的格式编写的纯文本程序。

（23）种子

种子是一种用作伪随机数生成器的输入的比特串。伪随机数生成器的部分状态是由种子确定的。

（24）敏感信息

敏感信息是指由权威机构确定的必须受到保护的信息。敏感信息的泄露、修改、破坏或丢失，会对当事人或事产生可预知的损害。

（25）会话

会话是指用于识别和跟踪负责客户端与服务器之间的交互、保存用户身份和信息的对象。

（26）源代码漏洞

源代码漏洞是指存在于软件源代码中的漏洞。

（27）漏洞

漏洞是指计算机信息系统在需求分析、设计、实现、配置、运行等过程中有意或无意产生的缺陷。这些缺陷以不同的形式存在于计算机信息系统的各个层面和环节中，如果被不当或恶意利用，就会对计算机信息系统的安全造成损害，进而影响计算机信息系统的正常运行。

9.4.3　C#源代码漏洞测试总则

1. 源代码漏洞测试目的

源代码漏洞测试的目的主要有以下两个：

- 发现、定位及解决软件源代码中的漏洞；

- 为软件产品的安全性测量和评价提供依据。

2. 源代码漏洞测试过程

源代码作为软件产品的重要组成部分，其漏洞测试过程基本等同于软件产品的漏洞测试过程。《C#语言源代码漏洞测试规范》将源代码测试过程分为测试规划、测试设计、测试执行、测试总结四个阶段。

（1）测试规划

测试规划是指对整个 C#源代码漏洞测试过程进行规划，包括明确测试目标、范围、依据、环境和工具，分析与评估测试风险并制定应对措施等。同时，测试规划应重点明确源代码漏洞测试应划分的阶段及各阶段的人员角色、任务、时间和工作成果，所形成的 C#源代码漏洞测试进度计划表与 Java 源代码漏洞测试计划表相同（参见表 9-1）。

（2）测试设计

测试设计应根据测试目标，结合被测试源代码的业务和技术特点，明确测试环境和工具，确定测试需求、测试方法、测试内容、测试准入条件、测试准出条件。测试应采用自动化静态分析工具扫描与人工分析相结合的方法。C#语言源代码漏洞测试的测试内容应包括但不限于以下类型的漏洞：

- 行为问题；

- 路径错误；

- 数据处理；

- 处理程序错误；

- 不充分的封装；

- 安全功能；

- 时间和状态；

- Web 问题；

- 用户界面错误。

同时，如果被测源代码采用了第三方框架，那么测试/审计人员还应根据被测源代码的实际情况，在测试内容中增加与第三方框架有关的漏洞测试。

此外，测试设计包括设计测试用例。设计源代码漏洞测试的测试用例应包括但不限于以下要素：

- 名称和编号；

- 自动化静态分析工具的操作步骤和参数配置；

- 自动化静态分析工具的期望操作结果。

（3）测试执行

测试执行包括自动化静态分析工具扫描和人工分析两个阶段。

首先，应根据测试用例所明确的操作步骤，使用自动化静态分析工具进行测试，记录测试执行过程及测试结果。

然后，对自动化静态分析工具的测试结果进行人工分析。人工分析通常包括但不限于以下任务：

- 按漏洞类别或漏洞风险级别从高到低的顺序分析自动化静态分析工具扫描得到的所有源代码漏洞；

- 结合源代码的上下文和业务需求，验证疑似漏洞，删除误报的源代码漏洞；

- 与开发人员沟通，确认源代码漏洞分析结果。

（4）测试总结

测试总结是指对整个源代码漏洞测试过程进行总结，包括但不限于以下任务：

- 核查测试环境、工具、内容、方法和结果是否正确；

- 确认测试目标和测试需求是否得到满足；

- 总结测试内容、方法和结果，出具测试报告。

3. 源代码漏洞测试管理

与 Java 和 C/C++ 源代码漏洞测试管理一样，C# 源代码漏洞测试管理也包括三个方面的内容，分别是过程管理、过程评审、配置管理。

（1）过程管理

源代码漏洞测试的过程管理，一般包括以下四个方面的内容：

- 提出源代码漏洞测试各个阶段的任务要求和质量要求；

- 安排对源代码漏洞测试的过程进行质量监督和阶段评审，包括监督和评审所需的环境、设备、资金和人员，质量监督记录应形成文档；

- 对源代码漏洞测试的风险进行管理，提供规避风险所需的相关资源；

- 提供完成源代码漏洞测试各项任务所需的资源保障。包括测试的环境、工具、资金、人员等。

C#语言源代码漏洞测试的人员配备与 Java 语言源代码漏洞测试的人员配备相同（参见表 9-2）。

（2）过程评审

与源代码漏洞测试的四个阶段（测试规划、测试设计、测试执行、测试总结）相对应，过程评审需针对每个阶段分别进行阶段评审。评审应在每个测试阶段结束时开展，评审的级别和参加人员应根据被测源代码的重要程度确定。

- 测试规划评审。完成测试规划后，应对所制定的测试计划进行评审，形成测试规划评审表。测试规划评审的具体内容应包括：

   ◇ 评审测试环境、工具等测试实施条件要素是否全面、合理；

   ◇ 评审测试人员分工和进度计划等测试组织要素是否具有可实施性；

   ◇ 评审风险分析是否全面、合理，以及是否具有可行的应对安全风险的措施。

- 测试设计评审。完成测试设计后，应对测试说明和测试就绪情况进行评审，形成测试设计评审表。测试设计评审的具体内容应包括：

   ◇ 评审测试需求分析是否合理；

   ◇ 评审测试内容和方法是否符合测试需求；

   ◇ 评审测试用例的操作步骤和参数配置是否详细、正确、可实施；

   ◇ 评审测试用例的期望结果描述是否准确；

   ◇ 评审测试人员、环境和工具是否齐备并符合要求。

- 测试执行评审。完成测试执行后，应对测试过程中产生的日志进行评审，形成测试执行评审表。测试执行评审的具体内容应包括：

   ◇ 评审测试用例的执行是否完整；

   ◇ 评审操作结果是否真实、有效；

   ◇ 评审操作结果描述是否清晰、准确；

   ◇ 对于和预期结果不一致的操作结果，评审是否详细记录了问题；

   ◇ 评审人工分析的结果是否正确。

- 测试总结评审。完成测试总结后，应对测试总结报告进行评审，形成测试总结评审表。测试总结评审的具体内容应包括：

   ◇ 评审测试需求和测试目标是否全面、准确完成；

   ◇ 评审测试结论与测试结果追溯的合理性；

◇评审是否具备结束测试的条件；

◇评审测试风险的规避方式是否合理。

（3）配置管理

应按照软件配置管理的要求，将测试过程中产生的各种软件产品纳入配置管理。配置要求见《信息技术 软件生存周期过程 配置管理》。

9.4.4 C#源代码漏洞测试工具

在选择 C#源代码漏洞测试工具时，首先应根据《计算机软件测试规范》4.8 节的要求，重点考虑工具的漏报率和误报率。可以通过调查或比较的方式评估工具的漏报率和误报率。

与 Java 和 C/C++源代码漏洞测试一样，C#源代码漏洞测试工具应覆盖但不限于《C#语言源代码漏洞测试规范》中指定的源代码漏洞测试内容，并在测试前对工具的漏洞规则库和测试引擎进行必要的升级和维护。

需要注意的是，应结合项目的具体需求选择源代码漏洞测试工具。若有条件，应优先考虑选用商用自动化静态分析工具。若条件不具备，也可选用开源自动化静态分析工具。

1. 测试工具分类

软件测试工具可分为静态测试工具、动态测试工具和其他支持测试活动的工具。各类测试工具在功能和特征方面有相似之处，能支持一种或多种测试活动。在实际应用中，应根据测试要求选择合适的工具（参见表 9-3）。

2. 测试工具选择

软件测试应尽量采用测试工具进行，避免或减少人工工作。为了让工具在测试工作中发挥应有的作用，需要确定对测试工具的详细需求，并制定统一的工具评价、采购（开发）、培训、实施和维护计划。

在选择软件测试工具时，应考虑软件测试工具的需求分析及确认、成本和收益分析、整体质量因素等。

（1）需求分析及确认

• 应明确对测试工具的功能、性能、安全性等的需求，并据此进行验证或确认。

• 可通过在实际运行环境下的演示来确认工具是否满足需求，确认过程应依据工具的功能和技术特征、用户使用信息（安装和使用手册等）及工具的操作环境描述等进行。

（2）成本和收益分析

- 估计工具的总成本。除了最基本的产品价格，总成本还包括附加成本，如工具的挑选、安装、运行、培训、维护和支持等成本，以及因未使用工具而改变测试过程或流程所产生的成本等。

- 分析工具的总体收益，如工具的首次使用范围和长期使用前景、工具应用效果、工具与其他工具协同工作对生产力的提高程度等。

（3）整体质量因素

影响测试工具整体质量的因素主要有：

- 易用性；

- 互操作性；

- 稳定性；

- 经济实用性；

- 维护性。

9.4.5　C#源代码漏洞测试文档

C#源代码漏洞测试文档与 Java 和 C/C++源代码漏洞测试文档一样，包括测试计划、测试说明、测试日志、测试报告。源代码漏洞测试文档可单独出具，也可与其他类型的测试出具的测试文档合并。

C#源代码漏洞测试文档的基本内容可参考 9.2.5 节的案例。

9.4.6　C#源代码漏洞测试内容

《C#语言源代码漏洞测试规范》根据软件开发中常用的概念对 C#语言源代码中的漏洞进行分类，主要有行为问题、路径错误、数据处理漏洞、处理程序错误、不充分的封装、安全功能漏洞、时间和状态问题、Web 问题、用户界面错误九类。下面分别对这九类漏洞进行解读。

1. 行为问题

行为问题是指由应用程序的意外行为引发的安全问题。与 Java 和 C/C++源代码一样，在 C#源代码中，不可控的内存分配是造成行为问题的主要原因。不可控的内存分配是指内存分配受由外部控制的输入数据的影响，而且程序没有指定内存分配的上限。这样，攻击者就可能给程序分配大量内存，导致程序因内存资源不足而崩溃。

一段存在不可控的内存分配问题的不规范 C#示例代码如下。

```
class Example{
    int ExampleFun(int size)
    {
        //size 为用户输入的数据
        if(size <0)
        {
            //没有验证 size 是否超出内存分配的上限
            return null;
        }
        byte[] buff = new byte[size];
        for(int i = 0;i<sizes; i++)
        {
            buff[i] = 0;
        }
        MemoryStream ms = new MemoryStream(buff);
        ...
    }
}
```

以上代码在分配存储空间之前，只通过 if(size <0)语句检查了要分配空间的下限，没有检查上限。

《C#语言源代码漏洞测试规范》建议：应在程序中指定内存分配大小的上限，并在分配内存前对要分配的内存大小进行验证，以确保要分配的内存大小不超过上限。据此对以上代码进行修改。修改后的规范示例代码如下。

```
class Example
{
    static int MAX_LENGTH = 20 * 1024 * 1024;
    //指定内存分配的上限或者动态判断剩余内存并自动分配
    void ExampleFun(int size){
        //size 为用户输入的数据
        if(size <0 || size > MAX_LENGTH)
        {
            //验证 size
            return null;
        }
        try {
            byte[] buff = new byte[size];
            for (int i = 0; i < size; i++) {
                buff[i] = 0;
                MemoryStream ms = new MemoryStream(buff);
                ...
            }
        }
        catch (OutOfMemoryException e)
        {
            ...
        }
        finally
```

281

```
        {
            ...
        }
    }
}
```

修改后的代码在通过 new MemoryStream(buff)语句分配内存前，使用 if(size <0 ||
size > MAX_LENGTH)语句对要分配的内存大小进行了验证。

2. 路径错误

路径错误是由于程序在使用关键资源时没有指定资源的路径，而是依赖操作系统去
搜索资源而导致的。不可信的搜索路径是一个典型的路径错误。程序没有指定关键资源
的路径，需要依赖操作系统去搜索资源，使攻击者能够在搜索优先级更高的文件夹中放
置与用户想要搜索的资源名称相同的资源，从而达到控制程序执行的目的。

下面是一段存在不可信的搜索路径漏洞的不规范 C#示例代码。该段代码允许攻击者
在搜索优先级更高的文件夹中放入与 cmd 命令所在的程序同名的恶意程序，导致真正的
cmd 命令无法正确执行。此外，参数 command 里的 dir 命令未指定完整路径，也可能导
致真正的 dir 命令无法正确执行。

```csharp
using System.Diagnostics;
class Example
{
    void ExampleFun(string command)
    {
        //本例中 command = "dir.exe E:"
        Process p = new Process();
        //攻击者可在搜索优先级更高的文件夹中放入和执行与 cmd 命令所在的程序同名的恶意程序
        //导致 cmd 命令无法正确执行
        p.StartInfo.FileName = "cmd.exe";
        p.StartInfo.Argument = command;
        //command 里的 dir 命令未指定完整路径
        ...
        p.Start();
    }
}
```

根据《C#语言源代码漏洞测试规范》对不可信的搜索路径漏洞提出的修复或规避建
议，在使用关键资源时指定资源所在的路径，对以上代码进行修改。修改后的规范示例
代码如下。

```csharp
using System.Diagnostics
class Example
{
    void ExampleFun(string command)
    {
        //本例中 command = "dir.exe E:"
```

```
        Process p= new Process();
        //PATH 是用于存放操作系统中 cmd.exe 所在完整路径的常量
        //本例中 PATH = "C:\\WINDOWS\\system32\\"
        p.StartInfo.FileName = PATH + "cmd.exe";
        //使用完整路径，确保能够运行正确的 cmd.exe
        string cmd = PATH + command;
        //使用完整路径，确保 dir 命令能正确执行
        p.StartInfo.Argument = cmd;
        ...
        p.Start();
    }
}
```

修改后的代码在执行 command 命令前，使用 PATH 变量存放操作系统中的 cmd.exe 和 dir.exe 所在的完整路径，即 "PATH= "C:\\WINDOWS\\system32\\""，以确保 cmd 命令和参数中的 dir 命令都能够正确执行。

3. 数据处理漏洞

数据处理漏洞是指在数据处理功能中发现的漏洞。与 Java 和 C/C++类似，C#中的这类漏洞也比较多。下面对常见的 11 种数据处理漏洞进行解读，分别是相对路径遍历、绝对路径遍历、命令注入、SQL 注入、代码注入、信息通过错误消息泄露、信息通过服务器日志文件泄露、信息通过调试日志文件泄露、信息通过持久 Cookie 泄露、将未检查的输入作为循环条件、XPath 注入。

（1）相对路径遍历

相对路径遍历是指路径名受由外部控制的输入数据的影响，而程序没有让能够解析到目录以外位置的字符序列（如 ".."）失效。该漏洞使攻击者可以通过输入能够解析到目录以外位置的字符序列来访问限制目录之外的文件或目录。

下面是一段存在相对路径遍历漏洞的不规范 C#示例代码。

```
using System.IO;
class Example
{
    void ExampleFun(string filename)
    {
        //filename 为用户输入的数据
        //filename 可能包含 ".." 字符序列，导致访问受限目录之外的文件
        string path = Path.GetFullPath(filename);
        DirectoryInfo info = new DirectoryInfo(path);
        ...
    }
}
```

以上代码中的 filename 由用户输入并被直接使用，而 filename 可能包含 ".." 字符序列，这会导致访问受限目录之外的文件。

根据《C#语言源代码漏洞测试规范》对相对路径遍历提出的修复或规避建议，应在构建路径名之前对输入数据进行验证，确保外部输入仅包含允许构成路径名的字符，对以上代码进行修改。修改后的规范示例代码如下。

```csharp
using System.IO;
using System.Text.RegularExpressions;
class Example
{
    string GetUserFileDir()
    {
        //返回应用程序配置的用户文件存放目录的路径
        void ExampleFun(string filename)
        {
            //filename 为用户输入的数据
            string regex = "^[A-Za-z0-9]+\.[a-z]+ $";
            //用于对文件名进行合法性校验的正则表达式
            //参数 filename 传入的文件名可能存在漏洞
            //通过正则表达式 regex 校验文件名 filename 的合法性
            //校验通过，则访问文件
            if(Regex.isMatch(filename, regex))
            {
                string path = GetUserFileDir + filename;
                DirectoryInfo info = new DirectoryInfo(path);
                ...
            }
            ...
        }
    }
}
```

可以看到，修改后的代码使用正则表达式 regex 来校验文件名 filename 的合法性，并且，只有当文件名合法时，才将文件名和路径组成完整的文件访问路径，避免了相对路径遍历问题。

（2）绝对路径遍历

绝对路径遍历是指路径名由受外部控制的输入数据确定，而程序没有限制路径名允许访问的目录。这种漏洞使攻击者可以通过输入路径名访问任意的文件或目录。

一段存在绝对路径遍历漏洞的不规范 C#示例代码如下。

```csharp
using System.IO;
using System.Text.RegularExpressions;
class Example
{
    bool FileExists(string path)
    {
        ...
        //判断文件是否存在，存在则返回 true
    }
```

```
string ExampleFun(string absolutePath)
{
    //absolutePath 为用户输入的数据
    if(FileExists(absolutePath))
    {
        //判断文件是否存在
        DirectoryInfo dir = new DirectoryInfo(absolutePath);
        //没有限制 absolutePath 访问的目录
        ...
    }
}
```

绝对路径 absolutePath 由用户输入并被直接使用，而且，程序没有限制 absolutePath 可以访问的目录，因此，攻击者可以通过 absolutePath 访问任意的文件或目录。

为了避免绝对路径遍历，《C#语言源代码漏洞测试规范》给出了修复或规避建议：在程序中应指定允许访问的文件或目录，并在访问文件或目录前对路径名进行验证，确保只允许访问指定的文件或目录。据此对以上代码进行修改。修改后的规范示例代码如下。

```
using System.IO;
using System.Text.RegularExpressions;
class Example
{
    bool FileExists(string path)
    {
        //判断文件是否存在，存在则返回 true
        ...
    }
    string ExampleFun (string absolutePath)
    {
        //absolutePath 为用户输入的数据
        //用正则表达式设置限制访问的目录，用户只能影响文件名
        string regex = "^C:\\data\\[A-Za-z0-9]+\.[a-z]+ $";
        if (FileExists(absolutePath))
        {
            //判断文件是否存在
            //验证 absolutePath 是否仅能解析到受限制的目录
            if (Regex.isMatch(absolutePath, regex))
            {
                DirectoryInfo dir = new DirectoryInfo(absolutePath);
                ...
            }
            ...
        }
    }
}
```

修改后的代码使用正则表达式来设置限制访问的目录、验证 absolutePath 是否仅能

解析到受限制的目录，可以达到规避绝对路径遍历的目的。

（3）命令注入

命令注入是指使用未经验证的输入数据构建命令。如果程序允许使用未经验证的输入数据构建命令，攻击者就可以构建任意的恶意代码。

一段存在命令注入漏洞的不规范 C#示例代码如下。

```csharp
using System.Diagnostics;
class Example
{
    void RunCmd(string command)
    {
        //command 为用户输入的数据
        Process p = new Process();
        //PATH 是用于存放操作系统中 emd.exe 所在完整路径的常量
        p.StartInfo.FileName = PATH + "cmd.exe";
        string INIT_CMD = PATH + "cmd.exe /c \"dir.exe ";
        if(command != null)
        {
            //未对 command 进行验证，攻击者可输入 "&&" 等字符串执行恶意命令
            string cmd = INIT_CMD + command + "\"";
            p.StartInfo.Argument = cmd;
            ...
            p.Start();
        }
    }
}
```

以上代码让用户输入参数 command，但在使用 command 构建 cmd 参数之前没有对其进行验证，导致攻击者可以通过输入 "&&" 等字符串执行恶意命令。

根据《C#语言源代码漏洞测试规范》对命令注入提出的修复或规避建议，应在构建命令前对输入数据进行验证，以确保输入数据仅能用于构成允许的命令，对以上代码进行修改。修改后的规范示例代码如下。

```csharp
using System.Diagnostics;
class Example
{
    void RunCmd(string command)
    {
        //command 为用户输入的数据
        Process p = new Process();
        //PATH 是用于存放操作系统中 emd.exe 所在完整路径的常量
        p.StartInfo.FileName = PATH + "cmd.exe";
        string INIT_CMD = PATH + "cmd.exe /c \"dir.exe ";
        //设置白名单
        string regex = "^\s + \w + $";
        if(command != null)
        {
```

```
        //验证 command
        if(Regex.isMatch(command, regex))
        {
            string cmd = INIT_CMD + command + "\"";
            p.StartInfo.Argument = cmd;
            ...
            p.Start();
        }

    }
    }
}
```

修改后的代码中增加了一个正则表达式来限制命令的内容，并验证用户输入的 code 中的内容是否匹配正则表达式，以保障所构建的命令的合法性。

（4）SQL 注入

SQL 注入是指使用未经验证的输入数据，采用拼接字符串的方式形成 SQL 语句。SQL 注入漏洞让攻击者可以输入任意 SQL 语句，进而越权查询数据库中的敏感数据、非法修改数据库中的数据、提升数据库操作权限等。

一段存在 SQL 注入漏洞的不规范 C#示例代码如下。

```
using System.Data.SqlClient;
using System.Web;
class Example
{
    private void ExampleFun(object sender, EventArgs e)
    {
        //连接数据库
        SqlConnection conn;
        ...
        string userName = UserName.Text;
        //UserName 是 asp:TextBox
        //使用拼接字符串的方式构建 SQL 语句
        string query = "SELECT * FROM items WHERE owner= '" + username
                        + "'";
        SqlDataAdapter sda = new SqlDataAdapter(query,conn);
        DataTable dt = new DataTable();
        sda.Fill(dt);
        ...
    }
}
```

以上代码使用用户输入的 userName 以拼接字符串的方式构建 SQL 语句，但在构建 SQL 语句之前没有对 userName 进行验证，为攻击者越权操作数据库提供了机会。

为了避免 SQL 注入，《C#语言源代码漏洞测试规范》建议：采用参数创建 SQL 语句，并将输入数据作为 SQL 语句的参数。据此对以上代码进行修改。修改后的规范示例代码如下。

```csharp
using System.Data.SqlClient;
using System.Web;
class Example
{
    private void ExampleFun(object sender, EventArgs e)
    {
        //连接数据库
        SqlConnection conn;
        ...
        string userName = UserName.Text;
        //UserName 是 asp: TextBox
        //使用参数化的 SQL 语句
        string query = "SELECT * FROM items WHERE owner= @owner";
        SqlCommand cmd = new SqlCommand(query,conn);
        cmd.Parameters.Add("@owner").SqlDbType.VarChar,30);
        cmd. Parameters["@owner"].Value = userNames;
        SqlDataAdapter sda = new SqlDataAdapter(query, conn);
        DataTable dt = new DataTable();
        sda.Fill(dt);
        ...
    }
}
```

可以看到，修改后的代码使用参数化的 SQL 语句，即将用户输入的数据 userName 作为 SQL 语句的参数，而不是直接用于构建 SQL 语句。

（5）代码注入

代码注入是指使用未经验证的输入数据动态构建代码语句。代码注入漏洞让攻击者可以构建任意的恶意代码，实现恶意代码的植入和执行，达到窃取用户数据、破坏系统等目的。

一段存在代码注入漏洞的不规范 C#示例代码如下。

```csharp
using System.CodeDom.CodeCompiler;
class Example
{
    void ExampleFun(string code)
    {
        //code 来自用户输入
        CodeCompiler objCodeCompiler = new CodeCompiler();
        CompilerParameter options = new CompilerParameter();
        options.GenerateExecutable = false;
        options.GenerateInMemory = true;
        objCodeCompiler.FormSource(options,code);
        //code 可能包含恶意代码
        ...
    }
}
```

以上代码中的函数 example_Fun()接受用户输入的数据 code 作为参数，并在执行前未对 code 进行任何检查或验证，而 code 中可能含有恶意代码。因此，这种处理方式会造成恶意代码注入。

为了避免代码注入，《C#语言源代码漏洞测试规范》建议：在动态构建代码语句前对输入数据进行验证，确保仅能用于构建允许执行的代码。据此对以上代码进行修改。修改后的规范示例代码如下。

```
using System.CodeDom.CodeCompiler;
class Example
{
    bool Verification(string code)
    {
        //通过正则表达式、字符串比对等白名单方式验证 code 是否允许被编译执行
        ...
    }
    void ExampleFun(string code)
    {
        //code 来自用户输入
        CodeCompiler objCodeCompiler = new CodeCompiler();
        CompilerParameter options = new CompilerParameter();
        options.GenerateExecutable = false;
        options.GenerateInMemory = true;
        if(Verification(code))
        {
            objCodeCompiler.FormSource(options, code);
            ...
        }
        else
        {
            ...
        }
    }
}
```

可以看出，修改后的代码使用正则表达式对用户输入的数据 code 进行合法性检查，只有通过检查的 code 才能被执行。

（6）信息通过错误消息泄露

信息通过错误消息泄露是指软件呈现给用户的错误消息中包含与环境、用户有关的敏感信息。对攻击者而言，敏感信息本身可能就是有价值的，或者有助于开展进一步行动。

一段存在信息通过错误消息泄露风险的不规范 C#示例代码如下。

```
using System.IO;
class Example
{
```

```
void ExampleFun(HttpResponse response)
{
    string filepath;
    ...
    //从 filepath 中删除空目录有可能抛出异常，页面将跳转至默认的异常页面
    //该页面包含与异常有关的信息
    Directory.Delete(filepath);
    ...
}
}
```

以上代码从 filepath 中删除空目录时有可能抛出异常，页面将跳转至默认的异常页面，而该页面会包含与异常有关的信息。

为了避免信息通过错误消息泄露，《C#语言源代码漏洞测试规范》建议：须确保错误信息中仅含有对目标受众有用的少量细节。据此对以上代码进行修改。修改后的规范示例代码如下。

```
using System.IO;
class Example
{
    void ExampleFun(HttpResponse response)
    {
        string filepath;
        ...
        try
        {
            Directory.Delete(filepath);
            //其他可能产生异常的代码
            ...
        }
        catch(IOException e)
        {
            //捕获所有异常，不将与异常有关的信息呈现给用户
            string msg ="Sorry! We will fix the problem soon!";
            response.Write(msg);
        }
        ...
    }
}
```

可以看出，修改后的代码通过捕获异常，对异常信息进行统一处理，即只报告"Sorry! We will fix the problem soon!"。这不涉及与异常有关的信息，可以避免敏感信息通过错误消息泄露。

（7）信息通过服务器日志文件泄露

信息通过服务器日志文件泄露意味着可以将敏感信息写入服务器日志文件。这样，攻击者就有机会通过访问日志文件读取敏感信息。

一段存在信息通过服务器日志文件泄露风险的不规范 C# 示例代码如下。

```csharp
using System.Web;
using System.Collections.Specialized.NameValueCollection;
public class Example
{
    public void WriteMyLog(string msg)
    {
        //将 msg 写入日志文件
        ...
    }

    private bool UserExists(string username,string password)
    {
        //判断用户名和口令是否正确
        ...
    }

    public void ExampleFun( HttpRequest request)
    {
        NameValueCollection formCollect = request.Form;
        string username = formCollect.Get("username");
        string password = formCollect.Get( "password");
        if(UserExists(username, password))
        {
            //用户名和口令正确时调用 WriteMyLog()将其写入日志
            string msg = username+" and "+ password +"corret!";
            //msg 中包含敏感信息
            WriteMyLog(msg);
            ...
        }
    }
}
```

以上代码将用户名和口令正确的信息（包括用户名和口令）写入日志文件。

为了避免敏感信息通过服务器日志文件泄露，《C# 语言源代码漏洞测试规范》建议：应慎重考虑写入日志文件的信息的隐私性，不把敏感信息写入日志文件。据此对以上代码进行修改。修改后的规范示例代码如下。

```csharp
using System.Web;
using System.Collections.Specialized.NameValueCollection;
public class Example
{
    public void WriteMyLog(string msg)
    {
        //将 msg 写入日志文件
        ...
    }
    private bool UserExists(string username,string password)
    {
        //判断用户名和口令是否正确
        ...
```

```
    }
    public void ExampleFun( HttpRequest request)
    {
        NameValueCollection formCollect = request.Form;
        string username = formCollect.Get("username");
        string password = formCollect.Get( "password");
        if(UserExists(username,password))
        {
            string msg = "Login success!";
            //msg 中不包含敏感信息
            WriteMyLog(msg);
            ...
        }
    }
}
```

可以看出，在修改后的代码中，对正确的连接，只在服务器日志文件中写入"Login success"，避免了敏感信息通过服务器日志文件泄露。

（8）信息通过调试日志文件泄露

信息通过调试日志文件泄露是指应用程序没有对用于调试的日志文件进行充分的访问限制。由于调试日志文件通常包含应用程序的敏感信息，所以，攻击者有机会通过访问调试日志文件读取敏感信息。

一段存在信息通过调试日志文件泄露风险的不规范 C#示例代码如下。

```
using System.Diagnostics.Trace;
using System.Diagnostics.TextWriterTraceListener;
public class Example
{
    public Example() {
        //将调试信息的输出路径设置为当前目录下的 Example.log
        Trace.Listeners.Clear();
        Trace.AutoFlush = true;
        Trace.Listeners.Add(new TextWriterTracelistener("Example.log"));
        ...
    }
    public void ExampleFun()
    {
        string SecurityPath;
        //SccurityPath 为本例应用程序的敏感信息
        ...
        //输出调试信息并生成调试日志文件,此时调试日志文件中包含敏感信息
        Trace.WriteLine("Cannot find files in "+ SecurityPath);
    }
}
```

可以看到，由于调试信息会被输出到调试日志文件中，因此存在敏感信息（以上代码中的 SecurityPath）通过调试日志文件泄露的风险。

为了避免信息通过调试日志文件泄露,《C#语言源代码漏洞测试规范》建议:应在产品发布之前移除产生日志文件的代码。据此对以上代码进行修改。修改后的规范示例代码如下。

```
using System.Diagnostics.Trace;
using System.Diagnostics.TextWriterTracelistener;
public class Example
{
    public Example()
    {
        //将调试信息的输出路径设置为当前目录下的 Example.log
        Trace.Listeners.Clear();
        Trace.AutoFlush = true;
        Trace.Listeners.Add(new TextWriterTraceListener("Example.log");
        ...
    }
    public void ExampleFun()
    {
        string SecurityPath;
        ...
        //SecurityPath 为本例应用程序的敏感信息
        //在产品发布之前移除产生日志文件的代码
        //Trace.Writel.ine("Cannot find files in " + SecurityPath);
    }
}
```

可以看到,修改后的代码将把调试信息写入调试日志的语句注释掉了,因此,可以避免信息通过调试日志文件泄露。

(9)信息通过持久 Cookie 泄露

信息通过持久 Cookie 泄露是由于将敏感信息存储到持久 Cookie 中造成的。持久 Cookie 是指存储于浏览器所在的硬盘驱动器上的 Cookie。攻击者有机会通过访问硬盘上的 Cookie 文件读取敏感信息。

下面是一段存在信息通过持久 Cookie 泄露风险的不规范 C#示例代码。

```
using System.Web;
using System.Web.UI;
public class Example extends Page
{
    private string userlD;
    private string password;
    ...
    protected void ExampleFun(obiect sender, EventArgs e)
    {
        HttpCookie cookie = new HttpCookie("MyCookie");
        DatcTime dt = DateTime.Now;
        TimeSpan ts = new TimeSpan( 14,0,0,0);
        //Cookie 的存活期为 14 天
```

```
        cookie.Expires = dt.Add(ts);
        //持久 Cookie 中保存了用户名和口令，用于 14 天内自动登录
        cookie.Values.Add("userlD",userlD);
        cookie.Values.Add("password",password);
        ...
        Response.AppendCookie(cookie);
    }
}
```

以上代码在持久 Cookie 中保存用户名和口令，用于 14 天内自动登录。这会造成敏感信息（用户名和口令）通过持久 Cookie 泄露。

为了避免信息通过持久 Cookie 泄露，《C#语言源代码漏洞测试规范》建议：不要在持久 Cookie 中保存敏感信息。据此对以上代码进行修改。修改后的规范示例代码如下。

```
using System.Web;
using System.Web.UI;
public class Example extends Page
{
    private string userlD;
    private string password;
    ...
    protected void ExampleFun(obiect sender, EventArgs e)
    {
        HttpCookie cookie = new HttpCookie("MyCookie");
        DateTime dt = DateTime.Now;
        TimeSpan ts = new TimeSpan( 14,0,0,0);
        //Cookie 的存活期为 14 天
        cookie.Expires = dt.Add(ts);
        cookie.Values.Add("userlD",userlD);
        //因为持久 Cookie 存储于客户端，容易被攻击，所以不应将口令保存到持久 Cookie 中
        ...
        Response.AppendCookie(cookie);
    }
}
```

修改后的代码只将 userID 存储到 Cookie 中，而没有将口令存储到 Cookie 中。

（10）将未检查的输入作为循环条件

将未检查的输入作为循环条件是指软件没有对被当作循环条件的输入进行适当的检查。这样，攻击者就可以通过让软件因循环过多而拒绝服务。

下面是一段将未检查的输入作为循环条件的不规范 C#示例代码。

```
class Example
{
    void ExampleFun(int count)
    {
        //count 为用户可影响的或可被篡改的数据
        int i;
        if(count > 0)
```

```
    {
        //如果 count 过大，就可能使软件拒绝服务
        for(i=0;i<count;i++)
        {
            ...
        }
    }
    ...
    }
}
```

以上代码使用用户输入的变量 count 作为循环条件，但只检查了 count 的下限，没有检查 count 的上限。如果 count 过大，就可能使软件拒绝服务。

为了避免将未检查的输入作为循环条件，《C#语言源代码漏洞测试规范》建议：应规定循环次数的上限，在将用户输入的数据用于循环条件前验证用户输入的数据是否超过上限。据此对以上代码进行修改。修改后的规范示例代码如下。

```
class Example
{
    int MAX_COUNT = 1000;
    //定义最大循环次数
    void ExampleFun(int count)
    {
        //count 为用户可影响或可被篡改的数据
        int i;
        if(count > 0 && count <= MAX_COUNT)
        {
            //判断 count 是否在最大循环次数内
            for(i=0;i<count;i++)
            {
                ...
            }
        }
        ...
    }
}
```

修改后的代码定义的最大循环次数为 1000 次，在将 count 作为循环条件时检查 count 是否在最大循环次数内，从而避免了因循环次数过大导致拒绝服务。

（11）XPath 注入

XPath 注入是指攻击者使用未经验证的数据动态构造 XPath 表达式，以便从 XML 数据库中检索数据。XPath 的相关内容参见 9.2.6 节。

下面是一段存在 XPath 注入漏洞的不规范 C#示例代码。该段代码将输入数据 author 用于构建 XPath 查询，但没有对 author 进行任何检查或过滤，而 author 中可能包含恶意的 XPath 表达式。这样，攻击者就可以通过构造恶意的 XPath 表达式对 XML 数据库进

行越权操作。

```
using System.XML;
using System.Web;
using System.Collections.Specialized.NameValueCollection;
public class Example
{
    private string xmlpath;
    ...
    public void ExampleFun(HttpRequest request)
    {
        NameValueCollection formCollect = request.Form;
        string author = formCollect.Get("author");
        XmlNode xnode =new XmlDocument();
        xnode.Load(xmlpath);
        //author 中可能包含恶意表达式
        string xpath = "//bookstore/book[author/text()='"
                        + author+"']/title/text()";
        XmlNodeList bookNodes = xnode.SelectNodes(xpath);
        //根据 XPath 语句获得符合条件的节点列表
        ...
    }
}
```

　　为了避免 XPath 注入，《C#语言源代码漏洞测试规范》建议使用参数化的 XPath 查询。例如，使用 XQuery 以帮助确保数据平面和控制平面分离，正确验证用户输入，以及在适当的情况下拒绝数据、过滤数据或对数据进行转义等。修改后的规范示例代码如下。

```
using System.XML;
using System.Web;
using System.Collections.Specialized.NameValueCollection;
public class Example
{
    private string xmlpath;
    private string regex = "^[A-Za-z\.] + $";
    //正则表达式
    ...
    public void ExampleFun(HttpRequest request)
    {
        NameValueCollection formCollect = request.Form;
        string author = formCollect.Get("author");
        XmlNode xnode = new XmlDocument();
        xnode.Load(xmlpath);
        //如果 author 匹配正则表达式，则允许用它构建 XPath 语句
        if (Regix.isMatch(author, regex)) {
            string xpath = "//bookstore/book[author/text()='"
                            + author+"']/title/text()";
            XmlNodeList bookNodes = xnode.SelectNodes(xpath);
            //根据 XPath 语句获取符合条件的节点列表
```

```
            ...
        }
    }
}
```

修改后的代码利用 XQuery 将数据平面和控制平面分离，在 author 不为空的情况下对 XPath 表达式的数据进行单独处理后执行查询。

当然，也可以通过正则表达式对 author 进行过滤，以避免 XPath 注入。

4. 处理程序错误

处理程序错误是由于对处理程序管理不当而引发的漏洞，主要表现为未限制危险类型文件的上传，即软件没有限制允许用户上传的文件的类型。这样，攻击者就可以上传危险类型的文件，而这些文件有可能在软件产品的环境中被自动处理。

下面是一段存在处理程序错误的不规范 C#示例代码。该段代码在对文件进行处理（存储）时，没有对文件的类型进行判断和检查。

```csharp
using System.Web;
public class Example
{
    private string path;
    //文件存储的物理路径
    public void ExampleFun( HttpPostedFile file)
    {
        //存储用户已上传的图像文件
        file.SaveAs(path);
        //文件类型可能不是图像
        ...
    }
}
```

为了避免处理程序错误，《C#语言源代码漏洞测试规范》建议：应限制允许用户上传的文件的类型。据此对以上代码进行修改。修改后的规范示例代码如下。

```csharp
using System.Web;
public class Example
{
    private string path;
    //文件存储的物理路径
    private bool IsImage(string filetype)
    {
        //判断文件类型是否为图像
        ...
    }
    public void ExampleFun( HttpPostedFile file)
    {
        //存储用户已上传的图像文件
        string filetype = file.ContentType;
```

```
        {
            //判断文件是否为图像文件
            file.SaveAs(path);
            ...
        }
        if(IsImage(filetype))
    }
}
```

可以看到，修改后的代码使用 if(IsImage(filetype))语句对文件的类型进行了验证，保证存储的是图像文件。

5. 不充分的封装

不充分的封装是指由于未充分封装关键数据或功能而引发的漏洞。在 C#源代码中，不充分的封装主要表现为违反信任边界，即让数据从不受信任的一边移动到受信任的一边却未进行验证，这会使程序员更容易错误地相信那些未被验证的数据，导致未经验证的数据被攻击者利用。

信任边界被认为是画在程序中的一条线，线的一边是不受信任的数据，线的另一边是受信任的数据。验证逻辑旨在让数据安全地穿过信任边界，即从不受信任的一边移动到受信任的一边。

一段存在违反信任边界问题的不规范示例代码如下。

```
using System.Web;
using System.Collections.Specialized.NameValueCollection;
public class Example
{
    public void ExampleFun( HttpRequest request)
    {
        NameValueCollection formCollect = request.Form;
        string username = formCollect.Get("username");
        HttpSessionState session = HttpContext.Current.Session;
        session.Add("username",username);
        //将未验证的 username 保存到会话中
        ...
    }
}
```

以上代码在使用 session.Add("username", username)语句将 username 保存到会话中之前，并未验证它是否可信。

为了避免违反信任边界，《C#语言源代码漏洞测试规范》建议：应增加验证逻辑让数据安全地穿过信任边界，从不受信任的一边移到受信任的一边。据此对以上代码进行修改。修改后的规范示例代码如下。

```
using System.Web;
using System.Collections.Specialized.NameValueCollection;
public class Example
{
    bool IsCredible(string key, string value)
    {
        //根据不同的 key 调用不同的处理程序对 value 进行安全校验
        ...
    }
    public void ExampleFun( HttpRequest request)
    {
        NameValueCollection formCollect = request.Form;
        string username = formCollect.Get("username");
        HttpSessionState session = HttpContext.Current.Session;
        //对非可信来源的数据，需要进行安全检查
        if( !IsCredible ("username", username);
        {
            session.Add("UserExists" , "invalid");
            //若数据未通过验证，则记录该用户不合法
        }

        else
        {
            session.Add("username", username);
            //若数据通过验证，则记录到 session 中
        }
        ...
    }
}
```

可以看出，修改后的代码通过 if(!IsCredible ("username",username))语句对不可信来源数据 username 的可信度进行了验证，只有通过验证，才能将 username 记录到 session 中，否则记录该用户不合法。

6. 安全功能漏洞

安全功能漏洞是指与身份鉴别、访问控制、机密性、密码学、特权管理等有关的漏洞。

与 Java 和 C/C++源代码类似，C#源代码安全功能涉及的漏洞也比较多，常见的有18 个，分别是明文存储口令、存储可恢复的口令、口令硬编码、依赖 Referer 字段进行身份鉴别、Cookie 中的敏感信息明文存储、依赖未经验证和完整性检查的 Cookie、敏感信息明文传输、使用已被破解或危险的加密算法、使用可逆的散列算法、使用密码分组链接模式但未使用随机初始化向量、不充分的随机数、安全关键行为依赖反向域名解析、通过由用户控制的 SQL 关键字绕过授权、没有要求使用强口令、没有对口令域进行掩饰、HTTPS 会话中的敏感 Cookie 没有设置安全属性、未使用盐值计算散列值、RSA

算法未使用最优非对称加密填充。

（1）明文存储口令

明文存储口令就是将口令明文存储。明文存储口令会降低攻击的难度，若攻击者拥有访问用于存储口令的文件的权限，就可以轻易获取口令。

下面是一段存在明文存储口令漏洞的不规范 C#示例代码。在该段代码中，口令 password 和用户 id 均以明文存储。

```
using System.Data.SqlClient;
class Example
{
    void StorePassword(SqlConnection con, string id, string password)
    //id 和 password 的长度最大为 15 个字符
    {
        string query = "UPDATE user SET password = @password WHERE id =
                        @id";
        SqlCommand cmd = new SqlCommand(query,con);
        cmd.Parameters.Add("@password",SqlDbType,VarChar,15);
        cmd.Parameters["@password"].Value = password;
        //明文存储口令
        cmd.Parameters.Add("@id",SqlDbType.VarChar,15);
        cmd.Parameters["@id"].Value = id;
        ...
    }
}
```

《C#语言源代码漏洞测试规范》建议：应尽量避免在容易受攻击的地方存储口令，如果需要，应考虑存储口令的散列值，以替代明文口令存储。据此对以上代码进行修改。修改后的规范示例代码如下。

```
using System.Data.SqlClients
class Example
{
    string Encrypt(string str)
    {
        //加密函数，返回加密后的字符串
        SHA256 sha = new SHA256Managed();
        ...
    }
    void StorePassword(SqlConnection con,string id, string password)
    //id 和 password 的长度最大为 15 个字符
    {
        string psw = Encrypt(password);
        //加密 password
        string query = "UPDATE user SET password = @password WHERE id =
                        @id";
        SqlCommand cmd = new SqlCommand(query,con);
        cmd.Parameters.Add("@password",SqlDbType,VarChar, 15);
```

```
        cmd.Parameters["@password"].Value = psw;
        //存储加密后的 psw
        cmd.Parameters.Add("@id",SqlDbType.VarChar,15);
        cmd.Parameters["@id"].Value = id;
        ...
    }
}
```

可以看到，修改后的代码先使用 SHA-256 算法对 password 进行散列运算，再进行存储，存储的是口令的散列值，避免了对口令的明文存储。

（2）存储可恢复的口令

存储可恢复的口令是指采用双向可逆的加密算法将口令加密后存储在外部文件或数据库中。

下面是一段存在存储可恢复的口令问题的不规范 C#示例代码。在该段代码中，对口令 password 采用 AES 算法进行加密后存储。这样，一旦攻击者获得密钥，就可以对口令进行解密。

```
using System.Data.SqlClient;
using System.Security.Cryptography;
class Example
{
    string Encrypt(string str,int length)
    {
        //加密函数，返回长度为 length 的字符串
        AES aes = AES.Create();
        //使用双向可逆的 AES 算法
        ...
    }
    void StorePassword(SqlConnection con,string id,string password)
    {
        //password 的长度最大为 15 个字符
        string psw = Encrypt(password,15);
        //加密 password
        string query = "UPDATE user SET password = @password WHERE id =
                        @id";
        SqlCommand cmd = new SqlCommand(query,con);
        cmd.Parameters.Add("@password",SqlDbType.VarChar, 15);
        cmd.Parameters["@password"].Value = psw;
        //存储加密后的 psw
        ...
    }
}
```

为了避免存储可恢复的口令，《C#语言源代码漏洞测试规范》建议：当业务不需要对已存储的口令进行还原时，应使用单向加密算法（即 Hash/杂凑算法）对口令进行散列后存储。据此对以上代码进行修改。修改后的规范示例代码如下。

301

```
using System.Data.SqlClient;
using System.Security.Cryptography;
class Example
{
    string Encrypt(string str,int length)
    {
        //加密函数，返回长度为 length 的字符串
        SHA256 sha = new SHA256Managed();
        //使用单向不可逆的 SHA-256 算法
        ...
    }
    void StorePassword(SqlConnection con, string id, string password)
    {
        //password 的长度最大为 15 个字符
        string psw = Encrypt(password,15);
        //加密 password
        string query = "UPDATE user SET password = @password WHERE id =
                        @id";
        SqlCommand cmd = new SqlCommand(query,con);
        cmd.Parameters.Add("@password",SqlDbType.VarChar, 15);
        cmd.Parameters["@password"].Value = psw;
        //存储加密后的 psw
        ...
    }
}
```

可以看到，在修改后的代码中，使用 SHA-256 算法代替 AES 算法对口令进行散列运算而不是加密运算。

（3）口令硬编码

口令硬编码是指程序代码（包括注释）中包含硬编码口令。攻击者可以通过反编译或直接读取二进制代码的方式获取硬编码口令。

下面是一段存在口令硬编码问题的不规范 C#示例代码。

```
class Example
{
    bool ExampleFun(string password)
    {
        //判断口令是否正确
        if( password.CompareTo("15ds45ghel12sdg135")==0)
        {
            //代码中包含硬编码口令
            return true;
        }

        return false;
    }
}
```

以上代码在 if 语句中直接将用户输入的口令与预置的口令进行对比，以检查用户是否合法。预置的口令是直接写在代码中的，是硬编码口令。

为了避免硬编码口令带来的口令泄露风险，《C#语言源代码漏洞测试规范》建议：应使用单向不可逆的加密算法（散列函数）对口令进行加密（实际上是散列）后存储在外部文件或数据库中。据此对以上代码进行修改。修改后的规范示例代码如下。

```
using System.Security.Cryptography;
class Example
{
    string Encrypt(string str) {
        //加密函数，返回加密后的字符串
        SHA256 sha = new SHA256Managed();
        ...
    }

    string GetPsw(void)
    {
        //从数据库中获得存储的口令
        ...
    }
    bool ExampleFun(string password)
    {
        //判断口令是否正确
        string psw = GetPsw();
        string hpsw = Enerypt(password);
        //加密 password
        if(hpsw.CompareTo(psw) == 0)
        {
            //比较加密得到的 hpsw 和数据库中存储的 psw
            return true;
        }
        return false;
    }
}
```

可以看出，修改后的代码使用 SHA-256 算法，对用户输入的口令先进行散列，再与数据库中存储的 psw 进行比较，以确定用户输入的口令是否正确。显然，代码中没有口令的明文信息，即不存在硬编码口令。同时，数据库中存储的也是口令的散列值。

（4）依赖 Referer 字段进行身份鉴别

依赖 Referer 字段进行身份鉴别，就是依赖 HTTP 请求中的 Referer 字段进行身份鉴别（参见 9.2.6 节）。如果应用系统依赖 Referer 字段进行身份鉴别，攻击者就可以通过修改 HTTP 请求的 Referer 字段来冒用其他用户的身份。

下面是一段存在依赖 Referer 字段进行身份鉴别问题的不规范 C#示例代码。

```
using System.Web;
class Example
{
    public bool ExampleFun( HttpRequest request)
    {
        string referer = request.UrlReferrer.ToString();
        string trusted = "http://www.example.com/";
        if (referer.CompareTo(trusted)==0)
        {
            //使用 Referer 字段进行身份鉴别
            return true;
        }
        else
        {
            return false;
        }
    }
}
```

以上代码段使用 if (referer.CompareTo(trusted)==0)语句对用户身份进行鉴别，也就是依赖 Referer 字段对用户身份进行鉴别。

为了避免依赖 Referer 字段进行身份鉴别带来的安全风险，《C#语言源代码漏洞测试规范》建议：应通过用户名和口令、数字证书等手段对用户身份进行验证。据此对以上代码进行修改。修改后的规范示例代码如下。

```
using System.Web;
class Example
{
    private bool UserExists(string username, string password);
    {
        //判断用户名和口令是否正确
        ...
    }
    public bool ExampleFun( HttpRequest request)
    {
        string username = request.getParameter("username");
        string password = request.getParameter("password");
        if (username != null  &&  password != null)
        {
            //使用用户名和口令进行身份鉴别
            if (UserExists(username, password))
            {
                return true;
            }
        }
        return false;
    }
}
```

可以看到，修改后的代码通过 if (UserExists(username, password))语句，采用用户名和口令进行身份鉴别。

（5）Cookie 中的敏感信息明文存储

Cookie 中的敏感信息明文存储会使攻击者有机会通过读取 Cookie 获取敏感信息，造成敏感信息泄露（Cookie 和 Cookie 面临的威胁，参见 9.2.6 节）。Cookie 中的敏感信息若以明文存储，就会由于 Cookie 捕获/重放造成敏感信息丢失。

下面是一段存在 Cookie 中的敏感信息明文存储问题的不规范 C#示例代码。在该段代码中，输入的用户地址信息 address 被明文存储在 Cookie 中。

```csharp
using System.Web;
public class Example {
    public void ExampleFun(string address)
    {
        HttpCookie cookie = new HttpCookie(" MyCookie");
        //在 Cookie 中明文存储 address
        cookie.Values.Add("address", address);
        ...
    }
}
```

为了避免 Cookie 中存储的敏感信息被泄露，《C#语言源代码漏洞测试规范》建议：将需要存储到 Cookie 中的敏感信息先进行加密后再存储。据此对以上代码段进行修改，在输入 address 后先用 AES 算法对其进行加密，再存储到 Cookie 中。修改后的规范示例代码如下。

```csharp
using System.Web;
public class Example
{
    private string Encrypt(string str)
    {
        //加密函数，返回加密后的字符串
        AES aes = AES.Create();
        ...
    }

    public void ExampleFun(string password)
    {
        HttpCookie cookie = new HttpCookie("MyCookie");
        string addr = Encrypt(address);
        //加密 address
        cookie.Values.Add("address", addr);
        //存储加密得到的 addr
        ...
    }
}
```

（6）依赖未经验证和完整性检查的 Cookie

依赖未经验证和完整性检查的 Cookie 是指应用程序在执行重要的安全操作时依赖 Cookie 的存在或它的值，但没有使用正确的方法保证这些设置对相关用户是有效的。

如果应用程序的安全操作依赖未经验证和完整性检查的 Cookie，攻击者就可以很容易地在浏览器中或浏览器外的客户端代码中修改 Cookie，以绕过验证，执行像 SQL 注入那样的注入攻击或跨站脚本攻击，或者以应用程序不期待的方式修改输入。

下面是一段依赖未经验证和完整性检查的 Cookie 的不规范 C#示例代码。

```csharp
using System.Web;
public class Example
{
    public void ExampleFun()
    {
        HttpCookieCollection cookies = HttpContext.Current.Request.Cookies;
        if(cookies != null){
            string isAdmin = cookies["IsAdmin"].Value;
            if(isAdmin.CompareTo("true") ==0)
            {
                //用 Cookie 中存储的 isAdmin 字段判断用户是否为系统管理员
                ...
            }
        }
        ...
    }
}
```

以上代码直接使用 Cookie 中存储的 IsAdmin 字段判断用户是否为系统管理员。一旦 Cookie 被恶意篡改，攻击者就可以冒充系统管理员进行非法操作。

为了避免依赖未经验证和完整性检查的 Cookie，《C#语言源代码漏洞测试规范》建议：在做一个与安全相关的决定时，应依赖服务器端存储的数据，避免依赖客户端传过来的 Cookie 数据。据此对以上代码进行修改。修改后的规范示例代码如下。

```csharp
using System.Web;
public class Example
{
    public void ExampleFun()
    {
        HttpSessionCollection session = HttpContext.Current.session;
        string isAdmin = session["IsAdmin"].ToString;
        if(isAdmin.CompareTo("true") ==0)
        {
            //根据 session 字段判断用户是否为系统管理员
            ...
        }
        ...
```

```
    }
}
```

可以看到，修改后的代码根据 session 字段的属性判断用户是否为系统管理员，避免了对 Cookie 的依赖。

（7）敏感信息明文传输

如果敏感信息被明文传输，攻击者就有机会在传输过程中截取或复制报文，从而获取敏感信息。

下面是一段存在敏感信息明文传输漏洞的不规范 C#示例代码。

```
class Example
{
    void SendMessage(string str)
    {
        //将传进来的字符串发送出去
        ...
    }
    void ExampleFun( string address)
    {
        SendMessage(address);
        //传输 address 前没有进行加密
        ...
    }
}
```

以上代码在传输敏感信息 address 之前并未对其进行加密处理，即代码中存在敏感信息明文传输漏洞。

为了避免敏感信息明文传输，《C#语言源代码漏洞测试规范》建议：发送敏感信息前应对敏感信息进行加密或采用加密通道传输敏感信息。据此对以上代码进行修改。修改后的规范示例代码如下。

```
using System.Security.Cryptography;
public class Example
{
    void SendMessage(string str);
    {
        //将传进来的字符串发送出去
        ...
    }
    string Encrypt(string str);
    {
        //加密函数，返回加密后的字符串
        AES aes = AES.Create();
        ...
    }
    void ExampleFun(string address)
    {
```

```
            string addr = Encrypt(address);
            //加密address
            SendMessage(addr);
            //传输加密得到的addr
            ...
        }
    }
}
```

可以看到，修改后的代码采用 AES 算法，对敏感信息 address 先进行加密，再进行传输，充分保证了 address 的安全性。

（8）使用已被破解或危险的加密算法

如果软件使用已被破解或危险的加密算法，攻击者就有可能破解该加密算法，从而解密算法所保护的数据。

下面是一段使用已被破解或危险加密算法的不规范 C#示例代码。

```
using System.Security.Cryptography;
class Example
{
    byte[] ExampleFun(string password,byte[] Key,byte[] IV)
    {
        using(DES des = DES.Create())
        {
            //使用安全强度较低的DES算法
            des.Key = Key;
            des.IV = IV;
            ...
        }
    }
}
```

可以看到，以上代码使用了安全强度较低的 DES 算法对初始化密钥进行加密，存在被破解的风险。

为了避免使用已被破解或危险的加密算法带来的安全风险，《C#语言源代码漏洞测试规范》建议：采用目前加密领域中安全强度较高的加密算法。使用 AES 算法取代以上代码中的 DES 算法对初始化密钥进行加密，得到的规范示例代码如下。

```
using System.Security.Cryptography;
class Example
{
    byte[] ExampleFun(string password,byte[] Key,byte[] IV)
    {
        using(AES aes = AES.Create())
        {
            //使用安全强度较高的AES算法
            aes.Key = Key;
            aes.IV = IV;
            ...
```

```
        }
    }
}
```

（9）使用可逆的散列算法

密码学意义上的散列算法是单向的或不可逆的。这里的可逆散列算法是指已经被破解的散列算法，如 MD5、SHA-1 等。如果软件采用的是已经被破解的散列算法，攻击者就可根据该算法生成的散列值确定原始输入，或者找到一个能够产生与已知散列值相同的散列值的输入，从而绕过依赖该散列算法的安全认证机制。

下面是一段使用了可逆的散列算法的不规范 C#示例代码。该段代码中使用的是已被破解的 SHA-1 算法。

```csharp
using System.Security.Cryptography;
class Example
{
    byte[] ExampleFun(byte[] plaintext)
    {
        SHA1 sha=new SHA1Managed();
        //使用 SHA-1 算法
        byte[] result = sha.ComputeHash(plaintext);
        ...
    }
}
```

《C#语言源代码漏洞测试规范》建议：在软件中应使用当前公认的不可逆标准散列算法，即安全的散列算法。使用 SHA-256 算法代替以上代码中的 SHA-1 算法，得到如下规范示例代码。

```csharp
using System.Security.Cryptography;
class Example
{
    byte[] ExampleFun(byte[] plaintext)
    {
        SHA256 sha=new SHA1Managed();
        //使用 SHA-256 算法
        byte[] result = sha.ComputeHash(plaintext);
        ...
    }
}
```

（10）使用密码分组链接模式但未使用随机初始化向量

密码分组链接模式是分组密码算法的一种加密模式，在加密第一个分组时，需要使用一个随机的初始化向量将明文随机化。如果使用的初始化向量不是随机数，攻击者就有机会通过字典式攻击读取加密的数据。

下面是一段使用密码分组链接模式但未使用随机初始化向量的不规范 C#代码示例。

```
using System.Security.Cryptography;
class Example
{
    byte[] ExampleFun(string password) {
        byte[] iv = new byte[] (0x01,0x02,0x03,0x04,0x05,0x06,0x07,0x08);
        //设置初始化向量为固定值
        ...
        using(AES aes = AES.Create())
        {
            aes.IV = iv;
            //使用固定的初始化向量
            ...
        }
    }
}
```

以上代码将初始化向量置为固定值（0x01、0x02、0x03、0x04、0x05、0x06、0x07、0x08），达不到明文随机化的效果。

《C#语言源代码漏洞测试规范》建议：在基于密码分组链接模式加密时应使用随机的初始化向量。据此对以上代码进行修改。修改后的规范示例代码如下。

```
using System.Security.Cryptography;
class Example
{
    byte[] ExampleFun(string password)
    {
        byte[] iv = new byte[8];
        RNGCryptoServiceProvider rng = new RNGCryptoServiceProvider();
        rng.GetBytes(iv);
        //生成随机的初始化向量
        ...
        using(AES aes = AES.Create())
        {
            nes.IV = iv;
            //使用随机的初始化向量
            ...
        }
    }
}
```

可以看到，修改后的代码使用 RNGCryptoServiceProvider()函数产生的随机数作为初始化向量，能够保证初始化向量的随机性。

（11）不充分的随机数

随机数的随机性不充分，意味着不是真正的随机数或未通过随机性测试。如果软件中与安全有关的代码依赖不充分的随机数，攻击者就可以预测将要生成的随机数，从而绕过基于随机数的安全保护机制。

下面是一段使用了不充分的随机数的不规范 C#示例代码。该段代码使用 Random() 函数产生随机数。由于 Random()是一个不充分的伪随机数生成器，因此，产生的随机数的随机性不充分。

```
class Example
{
    void ExampleFun()
    {
        byte[] iv = new byte[8];
        int i,x;
        Random random = new Random();
        //使用不充分的伪随机数生成器
        for(i=0;i<8;i++) {
            x = random.Next(10);
            iv[i] = (byte) x;
        }
    }
}
```

为了避免使用随机性不充分的随机数，《C#语言源代码漏洞测试规范》建议：应使用目前被业界专家认为随机性较强的、经过良好审核的伪随机数生成算法 PRNG，同时，初始化伪随机数生成器时应使用具有足够长度且不固定或随机的种子。据此对以上代码进行修改，用 RNGCryptoServiceProvider()函数取代随机性不足的 Random()函数来产生随机数。修改后的规范示例代码如下。

```
using System.Security.Cryptography;
class Example
{
    void ExampleFun()
    {
    byte[] iv = new byte[8];
    RNGCryptoServiceProvider rng = new RNGCryptoServiceProvider();
    //基于加密的伪随机数生成器
    rng.GetBytes(iv);
    //使用经过加密的强随机值序列填充 iv 数组
    }
}
```

（12）安全关键行为依赖反向域名解析

安全关键行为依赖反向域名解析是指需要通过反向域名解析获取 IP 地址所对应的域名，依赖域名对主机进行身份鉴别。如果安全关键行为依赖反向域名解析，攻击者就可以通过 DNS 欺骗修改 IP 地址与域名的对应关系绕过依赖域名的安全措施（如主机身份鉴别）。

下面是一段存在安全关键行为依赖反向域名解析问题的不规范 C#示例代码。

```
using System.Net;
class Example
{
    bool trusted = false;
    void ExampleFun(string ip_address) {
        //对主机进行身份鉴别
        IPAddress host_ip_address = IPAddress.Parse(ip_address);
        IPHostEntry hEntry = Dns.GetHostByAddress(host_ip_address);
        //通过域名对主机进行身份鉴别
        //攻击者可通过 DNS 欺骗绕过依赖域名的主机身份鉴别机制
        if (hEntry.HostName.EndsWith("trustme.com")) {
            trusted = true;
        }
        ...
    }
}
```

以上代码通过域名对主机进行身份鉴别。这样，攻击者就可以通过 DNS 欺骗，使逆向域名解析的结果不真实，从而绕过依赖域名的主机身份鉴别机制。

为了避免安全关键行为依赖反向域名解析，《C#语言源代码漏洞测试规范》建议：应通过用户名和口令、数字证书等手段对主机身份进行鉴别。据此对以上代码进行修改，使用用户名和口令取代基于逆向域名解析进行主机身份鉴别的措施。修改后的规范示例代码如下。

```
using System.Net;
class Example
{
    bool trusted = false;
    private bool UserExists(string username, string password)
    {
        //判断用户名是否正确
        ...
    }
    void ExampleFun( string username, string password)
    {
        //对主机进行身份鉴别
        if(username!=null && password !=null)
        {
            //通过用户名和口令对主机进行身份鉴别
            if(UserExists(username, password))
            {
                trusted = true;
            }
            ...
        }
    }
}
```

（13）通过由用户控制的 SQL 关键字绕过授权

通过由用户控制的 SQL 关键字绕过授权是指软件使用的数据库表中包括某个用户无权访问的记录，但该软件执行的一个 SQL 语句中的关键字却可以受该用户控制。如果用户可以将关键字设置为任意值，攻击者就可以通过修改该关键字访问未经授权的记录。

下面是一段通过由用户控制的 SQL 关键字绕过授权的不规范 C#示例代码。

```csharp
using System.Data.SqlClient;
public class Example
{
    private string username;
    public void SqlQuery(SqlConnection con, string staffID)
    {
        string query="SELECT * FROM employeeWHERE staffID=@ staffID";
        SqlCommand cmd= new SqlCommand(query,con);
        cmd.parameters.Add("@ staffID",),SqlDbType.VarChar,10);
        cmd.parameters["@ staffID"].Value= staffID;
        /*用户输入的 staffID 可能不在其访问权限范围内*/
        ...
    }
}
```

以上代码根据用户输入的 staffID 控制查询范围，但用户输入的 staffID 可能不在其访问权限范围内。直接使用 staffID 构造访问条件，如果 staffID 的内容包含可以绕过授权的条件，那么即使攻击者对输入的 staffID 没有访问权限，也可以访问 staffID 的内容。

为了避免通过由用户控制的 SQL 关键字绕过授权，《C#语言源代码漏洞测试规范》建议：对用户输入的关键字进行验证，确保只有该用户有权访问的记录被访问。据此对以上代码进行修改。修改后的规范示例代码如下。

```csharp
using System.Data.SqlClient;
public class Example
{
    private string username;
    private string GetCurrentUserID( ); //获得当前登录的用户名
    {
        ...
    }
    public void SqlQuery(SqlConnection con, string staffID)
    {
    //在查询语句中增加对当前用户查询权限的检查
    string query="SELECT * FROM employeeWHERE staffID= @ staffIDand
        ( select
            count(*) from permissions where userID=@userID and
            targetuserID=@targetID and hasPermissions='1' and
            action='query') >0";
SqlCommand cmd= new SqlCommand (query,con);
cmd.parameters.Add("@ staffID",),SqlDbType.VarChar,10);
cmd.parameters["@ staffID"].Value= staffID;
```

```
    cmd.parameters.Add("@ userID",),SqlDbType.VarChar,10);
    cmd.parameters["@ userID"].Value= GetCurrentUserID( );
    cmd.parameters.Add("@ targetID",),SqlDbType.VarChar,10);
    cmd.parameters["@ targetID"].Value= staffID;
    ...
    }
    ...
}
```

可以看到，修改后的代码通过增加对当前登录用户 userID 和目标用户 targetID 的检查，以及对权限 permission 和 action 的检查进行查询，避免了通过由用户控制的 SQL 关键字绕过授权的问题。

（14）没有要求使用强口令

没有要求使用强口令是指软件没有要求用户使用具有足够复杂度的口令。如果没有要求用户使用强口令，攻击者就可以很容易地猜出用户的口令或者暴力破解用户的口令。

以下代码没有对用户的口令做任何限制，是一段存在没有要求使用强口令问题的不规范 C#示例代码。

```
public class Staff
{
    public void ExampleFun(string username, string password)
    {
        ...
        //存储用户输入的口令
    }
}
```

为了避免口令被猜测或暴力破解，《C#语言源代码漏洞测试规范》建议，在代码中应要求用户使用具有足够复杂度的口令，口令复杂度策略应满足下列属性：

- 最小和最大长度；

- 包含字母、数字和特殊字符；

- 不包含用户名；

- 定期更改口令；

- 不使用旧的或用过的口令；

- 身份鉴别失败达到一定次数后要锁定用户。

据此对以上代码进行修改，按照口令属性的要求对用户口令进行检查，以确保用户设置的口令的复杂度和使用口令的期限等符合要求。修改后的规范示例代码如下。

```
class Staff
{
```

```
private string username;
//用户名
private string[] passwordlist;
//口令表
private string create_Password_Date;
//口令创建时间
private int password_Outdate_Days;
//口令过期天数（可配置）
private boolean userExists(String username, String password)
{
    //判断用户名和口令是否正确
    ...
}
public boolean checkLength(String password)
{
    //验证口令长度
    ...


}
public boolean checkMode(String password)
{
    //口令是否包含字母、数字和特殊字符，缺少其中一种或以上表示口令强度弱
    ...
}

public boolean checkExcludeName(String password)
{
    //口令是否包含用户名（应为不包含）
    ...
}
public boolean checkTime(String password)
{
    //通过比较当前时间和口令创建时间判断口令是否过期
    ...

}

public boolean checkIsUsed(String password)
{
    //通过查询口令表判断口令是否使用过
    ...
}
public boolean checkPasswordLevel(String password){
    //口令强度检测
    if ( checkLength (password) == false)
    {
        Console.WriteLine("口令长度不符合要求!");
        return false;
    }
    if(checkMode(password) == false)
    {
        Console.WriteLine("口令组合等级弱!");
```

```
            return false;
        }
        if(checkExcludeName(password) == false)
        {
            Console.WriteLine("口令包含用户名!");
            return false;
        }
        if( checkIsUsed( password) == false)
        {
            Console.WriteLine("口令曾经使用过!");
            return false;
        }
        ...
        return true;
    }
    public void ExampleFun(string username,string password)
    {
        if(CheckPasswordLevel(password))
        {
            //检测 password 的口令强度
            ...
        }
        else
        {
            ...
        }
    }
    public void checkUser( String username,String password)
    {
        if (userExists(username,password))
        {
            //身份鉴别
            if (!checkTime(password))
            {
                //检测 password 是否过期
                //提示用户口令已过期，建议其修改口令
                ...
            }
        }
        ...
    }
}
```

（15）没有对口令域进行掩饰

没有对口领域进行掩饰是指在用户输入口令时没有对口领域进行掩饰。这会提高攻击者通过观察屏幕获取用户口令的可能性。

下面是一段没有对口令域进行掩饰的不规范 C#示例代码。

```
class Example
{
```

```
Void ExampleFun()
{
    string password;
    Console.Write("Enter your password: ");
    password= Console.ReadLine(); //没有对用户输入的口令进行掩饰
    ...
}
}
```

以上代码使用 Console.ReadLine()从控制台读取用户口令，没有对口令进行掩饰就将其回显在控制台。

为了避免没有对口令域进行掩饰的问题，《C#语言源代码漏洞测试规范》建议：应在用户输入口令时对口令域进行掩饰，将用户输入的每一个字符都以星号形式回显。据此对以上代码进行修改，使用 Console.Write("*")语句将用户输入的口令以星号形式回显。修改后的规范示例代码如下。

```
class Example
{
    Void ExampleFun()
    {
        StringBuilder password= new StringBuilder( );
        Console.Write("Enter your password: ");
        ConsoleKeyInfo con;
        do
        {
            con = Console.ReadKey(tree);
            password.Append(con.KeyChar.ToString());
            Console.Write("*"); //用*显示用户输入的口令
        }
        ...
    }
}
```

（16）HTTPS 会话中的敏感 Cookie 没有设置安全属性

HTTPS 会话中的敏感 Cookie 没有设置安全属性，会使敏感 Cookie 以明文形式发送，导致敏感 Cookie 被窃取。

以下代码没有设置 Cookie 的 secure 属性。

```
using System.Web;
using System.Collections.Specialized.NameValueCollection;
class Example
{
    private void ExampleFun( HttpRequest request, HttpResponse response)
    {
        NameValueCollection formCollect = request.Form;
        string userid = formCollect.Get("userid");
        HttpCookie cookie = new HttpCookie(" MyCookie") ;
```

```
        cookie.Values.Add( "userid",userid);
        response.AppendCookie(cookie);
        //没有设置 Cookie 的 secure 属性
        ...
    }
}
```

为了避免敏感 Cookie 以明文形式发送而导致敏感 Cookie 泄露，《C#语言源代码漏洞测试规范》建议：应在代码中设置 HTTPS 会话中敏感 Cookie 的安全属性。据此对以上代码进行修改，将 Cookie 的 secure 属性设置为 true。修改后的规范示例代码如下。

```
using System.Web;
using System.Collections.Specialized.NameValueCollection:
class Example {
    private void ExampleFun(HttpRequest request,HttpResponse response) {
        NameValueCollection formCollect = request.Form;
        string userid = formCollect.Get("userid");
        HttpCookie cookie = new HttpCookie("MyCookie");
        cookie.Values.Add("userid",userid);
        cookie.Secure = true;
        //设置 Cookie 的 secure 属性为 true
        reponse.AppendCookie(cookie);
        ...
    }
}
```

（17）未使用盐值计算散列值

未使用盐计算散列值是指软件针对口令等要求不可逆的输入，在使用单向散列函数进行散列运算时未使用盐值。这样，攻击者就可以很容易地利用彩虹表等字典攻击技术来破解口令。

下面是一段存在未使用盐值计算散列值问题的不规范 C#示例代码。

```
using System.Security.Cryptography;
class Example
{
    string Encrypt(string str)
    //加密函数，返回加密后的字符串
    {
        SHA256 sha = new SHA256Managed();
        ...
    }
    void StorePassword(string password)
    {
        string psw = Enerypt(password);
        //仅使用单向加密，口令容易被攻击者利用彩虹表等方式破解
        //将加密得到的 psw 字符串存储到数据库中
        ...
    }
}
```

在以上代码定义的 Encrypt()函数中，仅使用 SHA-256算法对参数进行了散列运算，但未添加盐值。调用 Enerypt(password)对口令进行加密的结果，也只是口令的未加盐的散列值，仍然容易被攻击者利用彩虹表等方式破解。

为了提高攻击者破解口令的难度，《C#语言源代码漏洞测试规范》建议：在对输入的口令进行散列运算时要使用盐值计算其散列值。据此对以上代码进行修改。修改后的规范示例代码如下。

```
using System.Security.Cryptography;
class Example
{
    string Encrypt(string str)
    {
        //加密函数，返回加密后的字符串
        SHA256 sha = new SHA256Managed();
        ...
    }

    void SendSilt(string salt)
    {
        //用 AES 算法加密盐值后传输到另一台服务器上
        AES aes = AES.Create();
        ...
    }
    string RandomString (int length)
    {
        //随机生成一个长度为 length 的字符串并返回
        ...
    }
    int saltLength = 20;
    //盐值长度
    void StorePassword(string password)
    {
        string salt = RandomString(saltLength);
        //获得一个长度为 saltLength 的随机字符串
        password += salt;
        //加入盐值
        string psw = Enerypt(password);
        //提高攻击者破解口令的难度
        //将加密得到的 psw 字符串存储到数据库中
        ...
        //在另一台服务器的数据库中存储盐值
        SendSalt(salt);
        ...
    }
}
```

可以看到，修改后的代码使用 RandomString()函数生成随机的盐值，并将该盐值用 AES 算法加密后传输到服务器中。基于该盐值和口令生成口令的散列值，能够提高攻击者破解口令的难度。

（18）RSA 算法未使用最优非对称加密填充

在使用 RSA 算法时未使用最优非对称加密填充，会降低攻击者解密的难度。

下面是一段存在 RSA 算法未使用最优非对称加密填充问题的不规范 C#示例代码。

```
using System.Security.Cryptography;
class Example
{
    byte[] RSAEncryptData(string data)
    {
        RSACryptoServiceProvider rsa = new RSACryptoServiceProvider();
        //使用 RSA 加密算法加密
        //使用 Pkcsl 填充
        RSAEneryptionPadding pkesl = new RSAEncryptionPadding.Pkes1();
        byte[] encrypt =
            rsa.Encrypt(System.Text.Encoding.ASCII.GetBytes(data),pkes1);
        ...
        return encrypt;
    }
}
```

可以看到，以上代码中的 RSA 算法使用的是 Pkcsl 加密标准，相应的，采用的就是 Pkcsl 填充。

为了提高 RSA 算法的安全强度或者攻击者解密由 RSA 算法加密的数据的难度，《C#语言源代码漏洞测试规范》建议：在使用 RSA 加密算法时使用最优非对称加密填充。据此对以上代码进行修改，用最优 OAEP 加密标准代替 Pkcsl 加密标准。修改后的规范示例代码如下。

```
using System.Security.Cryptography;
class Example
{
    byte[] RSAEncryptData(string data)
    {
        RSACryptoServiceProvider rsa = new RSACryptoServiceProvider();
        //使用 RSA 加密标准
        //使用 OAEP 加密标准
        RSAEneryptionPadding oacp = new RSAEncryptionPadding.OacpSHA256();
        byte[] encrypt =
            rsa.Encrypt(System.Text.Encoding.ASCII.GetBytes(data),oacp);
        ...
        return encrypt;
    }
}
```

7. 时间和状态问题

时间和状态问题是指在多个系统、进程或线程并发计算的环境中，由于时间和状态管理不当而引发的安全漏洞。例如，会话固定漏洞就是在对用户进行身份鉴别并建立一个新的会话时没有让原来的会话失效造成的。会话固定漏洞利用了服务器的会话不变机制，通过诱使用户在攻击者创建的会话的基础上进行身份鉴别获得认证和授权后劫持该会话，冒充用户进行恶意操作。

以下代码在使用用户名和口令对用户进行身份鉴别时，没有新建立的会话并让原来的会话失效，是一段存在会话固定漏洞的不规范 C#示例代码。

```
using System.Web;
using System.Web.UI;
using System.Collections.Specialized.NameValueCollection;
class Example extends Page
{
    private bool IsTrue (string username,string password)
    {
        //判断用户名和口令是否正确
        ...
    }
    protected void btnClick(object sender,EventArgs e)
    {
        NameValueCollection formCollect = Request.Form;
        string username = formColleet.Get( "username");
        string password = formCollect.Get("pasword");
        if (username !=null  &&  password !=null) {
            //使用用户名和口令进行身份鉴别
            if (IsTrue(username,password)) {
                //没有建立一个新的会话并使原来的会话失效
                HttpSessionState session = Context.Current.Session;
                ...
            }
        }
    }
    ...
}
```

为了避免会话固定漏洞，《C#语言源代码漏洞测试规范》建议：在对用户身份进行鉴别时，应建立一个新的会话并让原来的会话失效。据此对以上代码进行修改。修改后的规范示例代码如下。

```
using System.Web;
using System.Web.UI;
using System.Colleetions.Specialized.NameValueCollection;
class Example extends Page
{
    private bool IsTrue (string username,string password)
    {
        //判断用户名和口令是否正确
        ...
    }
```

```
protected void btnClick(object sender,EventArgs e)
{
    NameValueCollection formCollect = Request.Form;
    string username = formCollect.Get( "username");
    string password = formCollect.Get("pasword");
    if (username !=null && password !=null) {
        //使用用户名和口令进行身份鉴别
        if (IsTrue(username, password)) {
            HttpSessionState session = Context.Current.Session;
            if(sender != null)
            {
                session.Abandon();
                //使旧会话过期，并生成新会话
            }
            ...
        }
    }
}
...
```

修改后的代码在使用用户名和口令对用户进行身份鉴别时，增加了对会话的处理，即如果存在旧会话，应先废止旧会话，再生成新会话。

8. Web 问题

Web 问题指与 Web 技术有关的漏洞。常见的 Web 问题主要有跨站脚本、跨站请求伪造、HTTP 响应拆分、开放重定向、依赖外部提供的文件名或扩展名。下面分别对这些常见 Web 问题在 C#中造成的影响进行解读。

（1）跨站脚本

跨站脚本是最常见的 Web 漏洞之一，是由于使用了未经验证的输入数据构建 Web 页面所致。如果允许使用未经验证的输入数据构建 Web 页面，攻击者就可以构建任意 Web 页面，并在页面中植入恶意脚本，当用户访问这些页面时就会执行恶意脚本。

下面是一段存在跨站脚本漏洞的不规范 C#示例代码。

```
using System.Web.UI;
class Example
{
    protected void ExampleFun(object sender, EventArgs e)
    {
        Page.Response.Write(TextBox1.Text); //TextBox1 的内容可能包含恶意脚本
        ...
    }
}
```

以上代码使用 TextBox1 的内容构建页面，但在使用前并未对来自 TextBox1 的内容进行验证。

　　为了避免跨站脚本漏洞，《C#语言源代码漏洞测试规范》建议：在构建 Web 页面之前应对输入数据进行验证或编码，确保输入数据不影响页面的结构。据此对以上代码进行修改。修改后的规范示例代码如下。

```
using System.Text.RegularExpressions;
using System.Web.UI;
class Example
{
protected void ExampleFun(object sender, EventArgs e)
{
        string regex=" (\w)+$"; //设置正则表达式
        if(Regex.isMatch(TextBox1.Text.regex))
//检查 TextBox1 的内容是否会影响页面结构
    {
Page.Response.Write(TextBox1.Text);
        ...
        }
    }
}
```

　　修改后的代码设置了一个正则表达式 regex 来检查 TextBox1 的内容是否会影响页面结构，只有 TextBox1 不影响页面结构时才会被用于构建页面。

　　（2）跨站请求伪造

　　跨站请求伪造是指 Web 产品没有或者不能充分验证用户提交的请求是否是由攻击者伪造的。如果存在这类漏洞，攻击者就能通过 URL、图像载入、XMLHttpRequest 等方法诱骗用户，使其向 Web 服务器发出伪造的请求，而该请求会被 Web 服务器当作真实的请求来处理。

　　下面是一段存在跨站请求伪造漏洞的不规范 C#示例代码。

```
using System.Web;
using System.Collections.Specialized.NameValueCollection;
class Example
{
public void ExampleFun(object sender, EventArgs e)
    {
        NameValueCollection formCollect=Request.Form;
        string accountnumber= formCollect.Get("accountnumber"); //目标账户
        int summoney= int.Parse(formCollect.Get("summoney")); //转账金额
        //处理转账请求
        ...
    }
}
```

　　在以上代码中，目标账户 accountnumber 和转账金额 summoney 均从表单读入，并且读入后即进行转账处理。

为了避免跨站请求伪造漏洞，《C#语言源代码漏洞测试规范》建议：应在服务器端为每个表单生成一个安全的随机数，并将该随机数放置到表单中，在收到表单后立即验证该随机数；当用户执行危险操作时，应向用户界面发送一个单独的确认请求，以确认用户确实想要执行该操作。据此对以上代码进行修改。修改后的规范代码如下。

```
using System.Web;
using System.Collections.Specialized.NameValueCollection;
class Example
{
private bool SendSure(string msg)
//向用户界面发送一个单独的确认请求，认可则返回 true
{
    ...
}
public void ExampleFun(object sender, EventArgs e)
    {
        HttpSessionState session = Context.Current.Session;
        NameValueCollection formCollect=Request.Form;
        string accountnumber= formCollect.Get("accountnumber"); //目标账户
        int summoney= int.Parse(formCollect.Get("summoney")); //转账金额
        string secretkey = session["secretkey"].ToString();
        //secretkey 是创建表单时生成的一个不可预测的随机数
        string key = formCollect.Get("secretkey");
        if (secretkey.CompareTo(key)==0) //验证 secretkey
{
    String msg ="即将进行转账操作，确认是否继续？";
    //向用户界面单独发送一个确认请求
    if (SensSure(msg))
    {
            //处理转账请求
            ...
        }
    }
    }
}
```

修改后的代码中增加了一个 SensSure()函数，用于向用户界面单独发送一个确认请求，并在创建表单时生成的一个安全随机数 secretkey，用于在收到表单时对表单进行验证，只有通过验证的表单才会被进一步处理/确认。

（3）HTTP 响应拆分

HTTP 响应拆分是指将未经验证的输入数据写入 HTTP 响应的报头。这样，攻击者就可通过在输入数据中包含回车符将一个 HTTP 响应拆分为两个或多个，进而构建恶意的 HTTP 响应报文并将其发给共享同一服务器 TCP 连接的用户。

下面是一段存在 HTTP 响应拆分漏洞的不规范 C#示例代码。在该段代码中，输入数据 type 未经验证就被用于构建 HTTP 响应的报头，而 type 中有可能包含回车符，这会将一个 HTTP 响应拆分成两个或多个响应。

```
using System.Web;
using System.Collections.Specialized.NameValueCollection;
class Example
{
    public void GetContentType( HttpRequest req, HttpResponse rsp)
    {
        NameValueColleetion formColleet = req.Form;
        string type = formCollect.Get("content_tvpe");
        rsp.AppendHeader("Content Type", type);
        //type 中可能包含回车符
        ...
    }
}
```

为了避免 HTTP 响应被拆分并用于构建恶意的响应报文，《C#语言源代码漏洞测试规范》建议：在写入 HTTP 响应报头前，应对输入数据进行验证或编码，以确保输入数据不包含回车换行字符。据此对以上代码进行修改。修改后的规范示例代码如下。

```
using System.Web;
using System.Collections.Specialized.NameValueCollection;
class Example
{
    public void GetContentType( HttpRequest req, HttpResponse rsp)
    {
        NameValueColleetion formColleet = req.Form;
        string type = formCollect.Get("content_tvpe");
        type = type.Replace('\r',").Replace('\n',");
        //使用黑名单过滤\r 和\n 字符
        rsp.AppendHeader("Content Type",type);
        ...
    }
}
```

可以看到，修改后的代码通过为 HTTP 响应报头设置黑名单，并在将输入数据 type 写入 HTTP 响应报头之前根据黑名单对其进行过滤，避免了将回车符写入 HTTP 响应报头。

（4）开放重定向

开放重定向是指使用未经验证的输入数据重定向 URL。通过重定向至恶意网站，攻击者可能会成功地发动钓鱼攻击并窃取用户凭证。由于重定向的恶意网站显示的 URL 与原来网站的 URL 相同，因此，钓鱼攻击被赋予了一个更值得信赖的外观。

下面是一段存在开放重定向漏洞的不规范 C#示例代码。

```
using System.Web;
using System.Collections.Specialized.NameValueCollection;
```

```
public class Example
{
    public void ExampleFun(HttpRequest request, HttpResponse response)
    {
        NameValueCollection formCollect = request.Form;
        string url = formCollect.Get("url");
        response.Redirect(url); //未经验证的 URL 可能是恶意的
    }
}
```

以上代码在将输入的 url = formCollect.Get("url")用于重定向 response.Redirect(url)之前未对其进行验证，这为重定向至恶意网站提供了机会。

为了避免开放重定向漏洞，《C#语言源代码漏洞测试规范》建议：应在重定向前对输入数据进行验证，以确保只重定向到允许的 URL，或者在重定向指向未知站点时向用户发出明确警告。据此对以上代码进行修改。修改后的规范示例代码如下。

```
using System.Web;
using System.Collections.Specialized. NameValucCollection;
public class Example
{
    private bool IsTrusted(string url)
    {
        //判断一个 URL 是否可信
        ...
    }
    private string MsgAlert(string)
    {
        //将字符串封装成 JavaScript 警告脚本
        ...
    }
    public void ExampleFun( HutpRequest request, HttpResponse response)
    {
        NameValueCollection formCollect = request.Form;
        string url = formCollect.Get("url");
        if (IsTrusted (url))
        {
            //判断 URL 是否可信
            response.Redirect(url);
            //重定向
        }
        else
        {
            string msg = MsgAlert("警告!即将访问未知站点,是否继续?");
            response.Write(msg);
            //在客户端弹出警告框
            ...
        }
    }
}
```

修改后的代码在重定向前使用 if (IsTrusted (url))语句对目标 URL 是否可信进行检查，以保证只重定向到可信的 URL，同时，对于重定向目标未知的 URL 给出警告信息。这样，总体上可以避免开放重定向的发生。

（5）依赖外部提供的文件名或扩展名

依赖外部提供的文件名或扩展名是指软件依靠用户上传的文件名或扩展名决定自身行为。这样，攻击者就可以通过指定的文件名或扩展名控制软件的行为。

下面是一段依赖外部提供的文件名或扩展名决定软件行为的不规范 C#示例代码。

```
using System.Web;
public class Example
{
    private bool IsImageByType(string filetype)
    {
        //根据文件类型判断是否为图像文件
        ...
    }

    public void ImageBeauty(HttpPostedFile file)
    {
        //存储用户已上传的图像文件
        string filetype = file.ContentTypes;
        if(IsImageByType(fietype))
        {
            //根据文件类型判断文件是否为图像文件
            //文件相关操作
            ...
        }
    }
}
```

可以看出，以上代码的功能是处理图像文件。在处理用户上传的文件之前，通过对文件扩展名进行验证来决定对文件的操作。这为攻击者通过指定文件扩展名发起攻击提供了机会。

为了避免软件依赖外部提供的文件名或扩展名决定自身行为，《C#语言源代码漏洞测试规范》建议：应在服务器端依赖文件的内容决定软件的行为。据此对以上代码进行修改。修改后的规范示例代码如下。

```
using System.Web;
public class Example
{
    private bool IsImageByType(Stream stream)
    {
        //解析流文件，对文件内容进行判断
        ...
    }
```

```
    public void ImageBeauty(HttpPostedFile file)
    {
        //存储用户已上传的图像文件
        string filetype = file.InputStream;
        if(IsImageByStream(fstream))
        {
            //根据文件内容判断文件是否为图像文件
            //文件相关操作
            ...
        }
    }
}
```

修改后的代码采用流的方式读取文件内容，并增加了一个 IsImageByType()函数对文件进行内容解析和类型判断，实现了根据文件内容验证文件是否为图像文件。只有当文件是图像文件时，才对其进行相关操作。因此，可避免依赖外部提供的文件名或扩展名带来的风险。

9. 用户界面错误

用户界面错误是指与用户界面有关的漏洞。点击劫持是一种典型的利用用户界面错误进行的攻击，是由于网站没有禁止被未信任源加载造成的。点击劫持的基本原理为，攻击者先构建一个看似无害的网站并将目标网站嵌入，再诱导用户点击该网站链接，从而发送未经授权的命令或窃取敏感信息。

下面是一段存在用户界面错误的不规范 C#示例代码。

```
using System.Web;
class Example
{
    public void ExampleFun( HttpRequest req, HttpResponse rsp)
    {
        //未设置 XFrame-Options 的值，攻击者可用 iframe 将该页面嵌入恶意网站
        ...
    }
}
```

以上代码由于未设置 XFrame-Options 的值，使攻击者可以利用 iframe 将该页面嵌入恶意网站。

为了避免点击劫持，《C#语言源代码漏洞测试规范》建议：应设置 X-Frame-Options 的值来禁止网页被未信任源加载。据此对以上代码进行修改。修改后的规范代码如下。

```
using System.Web;
class Example
{
    public void ExampleFun( HttpRequest req, HttpResponse rsp)
    {
```

```
    //该页面禁止被任何页面加载,也可以在 IIS 的 HTTP 响应头中全局设置
    rsp.AppendHeader("X-Frame-Options", "DENY");
    //XFrame-Options 有三个可选的值
    //DENY 表示浏览器拒绝当前页面加载任何 frame 页面
    //SAMEORIGIN:frame 表示页面的地址只能为同源域名下的页面
    //ALLOW-FROM 表示允许 frame 加载的页面地址
    ...
    }
}
```

可以看到,修改后的代码通过将 X-Frame-Options 的值设置为 DENY 禁止被任何页面加载,可以避免点击劫持。

小结

人工分析在代码审计中是必不可少的。这就要求代码审计人员学习和掌握常见漏洞的表现形式和解决方案。为此,本篇主要对代码安全审计参考规范进行了解读。

由于代码审计的目的在于通过对编程项目中源代码的全面分析,发现其中存在的错误、安全漏洞或违反约定的编程内容,因此,各种代码漏洞列表和代码漏洞测试规范可以作为代码审计的参考规范。本篇重点对 CVE、OWASP Top 10 和 CWE Top 25 三个国际著名的权威漏洞列表进行了解读,梳理了这些漏洞列表中各种漏洞的表现形式和修复方法,并详细解读和梳理了国内 Java、C/C++和 C#三种常用程序设计语言的源代码漏洞测试规范。

本篇的知识体系,如图 9-1 所示。

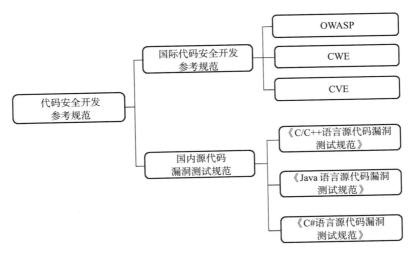

图 9-1　代码安全开发参考规范知识体系

参考资料

[1] GB/T 39412—2020 信息安全技术 代码安全审计规范[S].

[2] OWASP Top Ten 2017: https://owasp.org/www-project-top-ten/2017/.

[3] CWE Top 25: http://cwe.mitre.org/top25/archive/2021/2021_cwe_top25.html.

[4] CVE: http://cve.mitre.org/cve/.

[5] GB/T 34943—2017 C/C++语言源代码漏洞测试规范[S].

[6] GB/T 34946—2017 C#语言源代码漏洞测试规范[S].

[7] GB/T 34944—2017 Java 语言源代码漏洞测试规范[S].

[8] GB/T 28169—2011 嵌入式软件 C 语言编码规范[S].

[9] GB/T 25069—2022 信息安全技术术语[S].

[10] GB/T 28458—2020 信息安全技术 网络安全漏洞标识与描述规范[S].

[11] ISO/IEC 9899: 2011 Information technology programming languages C.

[12] ISO/IEC 14882: 2011 Information technology programming languages C++.

[13] Code Conventions for the Java Programming Language. http://www.oracle.com/.

[14] http://www.oracle.com/technetwork/java/codeconvtoc-136057.html.

[15] 陈明. 软件工程学教程[M]. 北京：北京理工大学出版社, 2013.

[16] 江海客. 开源与安全的纠结——开源系统的安全问题笔记[J]. 中国信息安全, 2011(5): 72-76.

[17] 高君丰, 崔玉华, 罗森林, 等. 信息系统可控性评价研究[J]. 信息网络安全, 2015(8): 67-75.

[18] Chenghao Li, et al. Cross-Site Scripting Guardian: A Static XSS Detector Based on Data Stream Input-Output Association Mining[J]. Applied Sciences, 2020, 10(14): 1-20.

[19] 王旭. 基于控制流分析和数据流分析的 Java 程序静态检测方法的研究[D]. 西安：西安电子科技大学, 2015.

[20] 袁兵, 梁耿, 黎祖锋, 等. 恶意后门代码审计分析技术[J]. 计算机安全, 2013(10): 47-49.

[21] 许章毅. Web 安全测试三原则[J]. 中国信息安全. 2012(6): 92-93.

[22] 王旭. 基于控制流分析和数据流分析的 Java 程序静态检测方法的研究[D]. 西安：西安电子科技大学, 2015.

[23] 陈艺夫. 基于 PHP 的代码安全审计方法研究与实践[J]. 通信技术, 2020, 53(7): 1780-1785.

[24] 韩可. 基于代码审计的 Web 应用安全性测试技术研究[J]. 数字技术与应用, 2021, 39(5): 202-205.

[25] 杜江, 罗权. 基于代码审计技术的 OpenSSL 脆弱性分析[J]. 计算机系统应用, 2017,

26(9): 253-258.

[26] 何斌颖, 杨林海. Web 代码安全人工审计内容的研究[J]. 江西科学, 2014, 32(4): 536-538, 548.

第4篇 实际开发中的常见漏洞分析

　　本篇主要针对当前主流开发语言 Java 和 C/C++在实际开发中常见的漏洞进行详细分析，包括实际开发中常见的 Java 源代码漏洞分析和实际开发中常见的 C/C++源代码漏洞分析两个知识子域，重点介绍在实际开发中高频出现的安全漏洞，分析其特点、表现形式和解决方案。

　　通过本篇的学习，读者应能理解实际开发中常见漏洞的成因和表现形式，掌握常见漏洞的解决方案。

第 10 章　实际开发中常见的 Java 源代码漏洞分析

在基于 Java 语言的实际项目开发中，SQL 注入、跨站脚本攻击、命令注入、密码硬编码、隐私泄露、Header Manipulation、日志伪造、单例成员字段等漏洞频繁出现，其中 SQL 注入和跨站脚本攻击的表现形式多种多样，对系统安全威胁很大，需要格外关注。

10.1　SQL 注入

1. 定义

SQL 是用于操作数据库中数据的结构化查询语言。在网页的应用数据与后台数据库中的数据进行交互时会使用 SQL。

SQL 注入是指由于 Web 应用程序没有对用户输入数据的合法性进行判断或者过滤不严，导致攻击者通过在 Web 应用程序中事先定义好的查询语句的结尾添加额外的 SQL 语句，达到欺骗数据库服务器执行非授权的任意查询、获得相应的数据信息的目的。

2. 特点

SQL 注入具有广泛性、隐蔽性、危害大、操作方便四个特点。

（1）广泛性

SQL 注入的广泛性主要表现在任何一个基于 SQL 语言的数据库都可能被攻击上。在实际应用中，很多开发人员在编写 Web 应用程序时没有对从输入参数、Web 表单、Cookie 等接收的数据进行规范性验证和检测，这为实现 SQL 注入攻击提供了机会。

目前，可以说凡是使用数据库开发的应用系统，就可能存在 SQL 注入攻击点。自 1999 年起，SQL 注入就成为最常见的安全漏洞之一。至今 SQL 注入漏洞仍然在 CWE 列表中位居前列。

（2）隐蔽性

SQL 注入的隐蔽性是指 SQL 注入语句一般都嵌在普通的 HTTP 请求中，很难与正常语句分开，导致许多防火墙无法识别或予以警告。此外，SQL 注入的变种极多，攻击者可以通过调整攻击参数，降低传统 SQL 注入防御方法的效果。

（3）危害大

SQL 注入的危害大是指攻击者可以通过 SQL 注入获取服务器的库名、表名、字段名，进而获取整个服务器中的数据。这对网站用户的数据安全有极大的威胁。

此外，攻击者可以通过获取的数据得到后台管理员的密码，进而对 Web 页面进行恶意篡改。这不仅会对数据库中数据的安全造成严重威胁，还会对整个数据库系统的安全造成重大影响。

SQL 注入的危害举例如下。

- 2010 年秋季，联合国官方网站遭受了 SQL 注入攻击。

- 从 2011 年年末到 2012 年年初，在不到一个月的时间里，超过百万个网页遭受了 SQL 注入攻击。

- 2014 年，NTT 发布的报告指出，企业对一次小规模 SQL 注入攻击的平均善后开支通常在 19.6 万美元以上。

- 2018 年，华住官网由于遭受 SQL 注入攻击，引发了超大型数据泄露事故。

（4）操作方便

SQL 注入的操作方便是指 SQL 注入是一种非常容易实施的攻击。目前，网上有很多 SQL 注入工具，由于其简单易学且攻击过程简单，所以攻击者甚至不需要专业知识就能自如运用。而且，随着自动化漏洞扫描工具的发展，攻击者已经开始采用一些软件自动搜索 Web 应用程序中的 SQL 漏洞，利用自动化 SQL 注入工具制造"僵尸"，并建立可自动发起攻击的僵尸网络。

3. 现状

SQL 注入手段层出不穷，且不会在短时间内消失，造成的影响也非常严重。因此，研究与防范 SQL 注入攻击是非常有必要的，可以说，既是首要的安全任务，也是代码审计需要重点关注的。

4. 原因

造成 SQL 注入的原因主要有以下两个：

- 输入数据用于动态构造 SQL 查询语句；

- 输入数据从一个不可信的数据源进入程序。

5. 代码分析

为了在代码审计中准确地识别或挖掘 SQL 注入漏洞，需要对 SQL 注入代码进行详细分析。下面通过案例对 SQL 注入的三种常用方式进行梳理和解读。

（1）利用数据库注释实现 SQL 注入

利用数据库的注释符号传递恶意操作是一种常见的 SQL 注入方式。下面以 MySQL 数据库为例进行说明。

MySQL 有两种注释方法：一是使用注释符 "-- "（"--"后面有一个空格）；二是使用注释符 "#"。

示例 1：下面的代码可根据用户输入的 userName 和 password 动态构造 SQL 语句，以便从 user 表中查询所有者为 owner='userName'、口令为 password='password'的条目。

```
...
String userName = request.getParameter("userName");;
String password = request.getParameter("password");
String query = "SELECT * FROM user WHERE owner = '"+ userName + "' AND
password = '"+ password + "'";
ResultSet rs = stmt.execute(query);
...
```

如果输入用户名 "user';-- " 及任意密码（假设为 111），那么构造的 SQL 语句应该如下。

```
SELECT * FROM user WHERE username ='user';-- 'AND password='111';
```

由于 "'-- '" 后面的内容都被注释掉了，所以以上 SQL 语句等价于如下 SQL 语句。

```
SELECT * FROM user WHERE username ='user';
```

可以看出，这个 SQL 语句可以根据用户名查询其相关信息，而用户名是由用户输入的，这相当于绕过了口令认证。

示例 2：仍以示例 1 的代码为例，假设输入用户名 "user';#" 及任意密码，那么构造出来的 SQL 语句等价于：

```
SELECT * FROM user WHERE username ='user';#'AND password='111';
```

由于 "#" 后面的内容都被注释掉了，所以以上 SQL 语句等价于如下 SQL 语句。

```
SELECT * FROM user WHERE username='user';
```

与示例 1 的结果相同，这个 SQL 语句可以根据用户名查询其相关信息，而用户名是由用户输入的，相当于绕过了口令认证。

（2）利用分号实现 SQL 注入

利用分号实现 SQL 注入的依据是很多数据库服务器（如微软的数据库服务器）都可以一次性执行多条用分号分隔的 SQL 指令。这样，攻击者就可以通过执行多条指令在数据库中执行任意命令。不过，在利用分号实现 SQL 注入时，攻击者可能需要注释符的帮助。

示例 3：以下代码根据 userName 和 itemName 动态构造一个 SQL 语句，以便从

items 表中查询 owner='userName'和 itemName=' itemName'的条目。

```
...
String userName = ctx.getAuthenticatedUserName();
String itemName = request.getParameter("itemName");
String query = "SELECT * FROM items WHERE owner = '"+ userName + "' AND
itemname = '"+ itemName + "'";
ResultSet rs = stmt.execute(query);
...
```

假设用户 wiley 在 itemname 中输入字符串 "name';DELETE FROM items;--"，那么构造的 SQL 查询语句为 "SELECT * FROM items WHERE owner = 'wiley' AND itemname = 'name';DELETE FROM items;-- '"。本质上，这条语句等价于如下两条 SQL 语句。

```
SELECT * FROM items WHERE owner = 'wiley' AND itemname = 'name';
DELETE FROM items;-- '
```

第 1 条 SQL 语句会返回 wiley 的 itemname = 'name'的所有条目。在第 2 条 SQL 语句中，"--"表示注释，它后面的符号 "'"被注释掉了，相当于执行了一次删除操作。

显然，示例 3 的 SQL 注入是利用分号和注释符实现的。

示例 4：以示例 3 的代码为例，假设攻击者 wiley 在 itemame 中输入字符串 "name';DELETE FROM items; SELECT * FROM items WHERE 'a'='a"，那么会创建如下三条有效的 SQL 语句。

```
SELECT * FROM items WHERE owner = 'wiley' AND itemname = 'name';
DELETE FROM items;
SELECT * FROM items WHERE 'a'='a';
```

第 1 条 SQL 语句会返回 wiley 的 itemname = 'name'的所有条目，这与示例 3 的第 1 条 SQL 语句相同。第 2 条 SQL 语句会执行删除操作，这与示例 3 的第 2 条 SQL 语句相同。第 3 条 SQL 语句能查看 items 表中的所有条目。显然，第 2 条和第 3 条 SQL 语句的操作都是非常危险的。

可以看出，在示例 4 中，SQL 注入的实现只利用了分号。需要说明的是：利用分号实现 SQL 注入只对支持一次执行多条用分号分隔的 SQL 指令的数据库有效；对那些不允许运行用分号分隔的批量指令的数据库服务器（如 Oracle 数据库服务器），攻击者输入含有分号的字符串只会导致错误，无法实现 SQL 注入。

（3）通过附加条件实现 SQL 注入

对于既不支持注释，也不支持批量命令执行的数据库，攻击者可以通过输入永远满足的（永真的）附加条件实现 SQL 注入。

仍以示例 3 的代码为例，如果用户 wiley 输入的 itemname 的值为 "name'" 或 "'a' = 'a"，那么所构建的 SQL 语句为 "SELECT * FROM items WHERE owner = 'wiley' AND itemname = 'name' OR 'a'='a'"。根据逻辑表达式的计算原则，输入的附加条件或 "'a' = 'a'" 会使 WHERE 从句永远为 true，这样，所构建的 SQL 语句在逻辑上将等同于查询语句 "SELECT * FROM items;"。显然，这个 SQL 语句绕过了查询条件，可以返回所有储存在 items 表中的条目。

可以看出，通过附加条件实现 SQL 注入对数据库没有特别的要求，因此，其应用更加普遍。

6. 修复建议

通过对 SQL 注入代码的分析可以发现，造成 SQL 注入的根本原因是攻击者可以改变 SQL 查询的上下文，使程序原本要作为数据解析的值被篡改为命令。

防范 SQL 注入的方法有很多，包括预编译、输入验证、使用安全参数、多层验证、加密处理、错误消息处理等。

（1）预编译

预编译是预防 SQL 注入最有效的方法，它通过参数化 SQL 指令和使用预编译语句来防止攻击者直接篡改 SQL 查询的上下文，能够避免几乎所有的 SQL 注入攻击。

首先，参数化 SQL 指令。参数化 SQL 指令是指当需要在 SQL 语句中添加用户输入的数据时使用捆绑参数。捆绑参数通常是一些占位符，用于存放随后插入的数据。捆绑参数可以使程序员清楚地分辨数据库中的数据，即哪些输入可以看作命令的一部分，哪些输入可以看作数据。这样，当程序准备执行某个指令时，就可以详细告知数据库每一个捆绑参数所使用的运行时值，使其不会被解析成对该命令的修改。

然后，预编译语句。在通常情况下，一条 SQL 语句的执行过程可以分为以下三个阶段：

- 词法和语义解析；

- 优化 SQL 语句，制定执行计划；

- 执行并返回结果。

这种普通语句称作立即执行语句。

但是在很多情况下，同一条 SQL 语句可能会被反复执行，或者每次执行时只有某些部分的值不同（例如，query 的 WHERE 子句的值不同，update 的 set 子句的值不同，insert 的 values 值不同），而每次执行都需要经过一条普通 SQL 语句执行的三个阶段，效率很低。

为了提高效率，将这类语句中的值用占位符代替，可以视为将 SQL 语句模板化或者参数化，这就是预编译语句。

预编译语句的优势在于一次编译、多次运行，省去了解析、优化等过程。此外，预编译语句能够有效防止 SQL 注入。

下面介绍防御方法的实现。采用预编译方法，需要先对 SQL 语句中可被客户端控制的参数进行编译，生成对应的临时变量集，再使用对应的设置方法，为临时变量集中的元素赋值。由于赋值函数 setString() 会对传入的参数进行强制类型检查和安全检查，因此能够避免 SQL 注入。下面通过例子进行说明。

一个 Preparement 的样式如下。

```
select * from tablename where username= ? and password= ?
```

以上 SQL 语句会在得到用户的输入前进行预编译。这样，无论用户输入什么样的用户名和密码，where 语句中的判断始终都是 and 关系，从而防止了 SQL 注入。

简单地说，预编译能用于防范 SQL 注入的原因在于：语句是语句，参数是参数，参数的值并不是语句的一部分，数据库只按语句的语义执行。

采用预编译的思路，可将示例 3 中的代码改写成参数化的 SQL 指令。修改后的代码如下。

```
...
String userName = ctx.getAuthenticatedUserName();
String itemName = request.getParameter("itemName");
String query = "SELECT * FROM items WHERE itemname= ? AND owner= ?";
PreparedStatement stmt = conn.prepareStatement(query);
stmt.setString(1, itemName);
stmt.setString(2, userName);
ResultSet results = stmt.execute();
...
```

可以看到，在使用参数化查询的情况下，数据库服务器不会将参数的内容视为 SQL 指令的一部分，而是在数据库完成 SQL 指令的编译后才套用参数运行，因此，即使参数中含有某些会改变 SQL 语句语义的指令，也不会被数据库运行。

不过，需要注意的是，使用参数化 SQL 指令的一个常见的错误是使用直接由用户控制的字符串来构造 SQL 指令。如果不能确定用来构造参数化指令的字符串是否是由应用程序控制的，就不能假定它们是安全的。此时，必须彻底检查 SQL 指令使用的所有由用户控制的字符串，以确保它们不会修改查询的真实含义。例如，在报表生成代码中，需要通过用户输入来改变 SQL 指令的命令结构（如在 WHERE 条件子句中添加动态约束条件）。此时，不能通过无条件接受连续的用户输入来创建查询语句（字符串）。

在实际应用中，如果必须要根据用户输入来改变命令结构，则可以使用间接的方法防止 SQL 注入攻击，具体做法为：创建一个合法的字符串集合，使其对应于可能要添加到 SQL 指令中的不同元素。因为这个集合中的字符串在系统的控制范围内，所以，在构造一个 SQL 指令时，要让用户从这个集合中选择字符串。

（2）输入验证

对输入进行验证，检查用户输入的合法性，以确保输入的内容为正常的数据。无论是在客户端还是在服务器端，都应进行输入验证。在服务器端进行验证的原因是：在客户端进行的验证，目的往往只是减轻服务器的压力和提高对用户的友好度，攻击者完全有可能通过抓包修改参数，或者在获得网页的源代码后修改或直接删除已通过验证的合法脚本，然后将非法内容通过修改后的表单提交给服务器，绕过客户端的验证。因此，要想保证验证操作确实已经执行，就必须在服务器端进行验证。

在执行 SQL 注入前，攻击者常通过修改参数来提交"and"等特殊字符，以判断是否存在漏洞，然后使用 select、update 等关键字编写 SQL 注入语句。因此，防范 SQL 注入需要对用户的输入进行检查，以确保输入数据的安全性。在具体检查输入数据或提交的变量时，对于单引号、双引号、冒号等字符，应进行转换或者过滤，从而有效防止 SQL 注入。当然，危险字符有很多，通常的做法是在获取用户通过输入提交的参数时，先进行基础过滤，再根据程序的功能及用户输入字符的可能性进行二次过滤，以确保系统安全。不过，这些方法很容易由于过滤不严而导致恶意攻击者绕过过滤机制，因此，应谨慎使用。

（3）使用安全参数

为了有效抑制 SQL 注入攻击的影响。SQL Server 数据库在设计时就设置了专门的 SQL 安全参数。开发者在编写程序时，应尽量使用安全参数，以杜绝 SQL 注入攻击。

SQL Server 数据库提供 Parameters 集合的目的是对数据进行类型检查和长度验证。如果程序员在设计程序时添加了 Parameters 集合，那么系统会自动将用户输入中的执行代码识别为字符或将其过滤掉。如果用户的输入中含有恶意代码，那么数据库在进行检查时也能将其过滤掉。同时，Parameters 集合能强制执行检查，一旦检查值超出范围，系统就会因出现异常而报错，并将信息发送给系统管理员，以便采取相应的防范措施。

（4）多层验证

现在的 Web 系统，功能越来越复杂。为确保系统安全，必须对访问者输入的数据进行严格的验证才能允许其进入系统。对于未通过验证的输入，应直接拒绝其访问数据库，并向上层系统发送错误提示信息。同时，要在客户端访问程序中验证访问者输入的相关信息，从而更有效地防止简单的 SQL 注入攻击。

在多层验证中，如果下层验证数据获得通过，那么绕过客户端的攻击者就能随意访问系统。因此，在进行多层验证时，需要各层相互配合，只有在客户端和系统端都进行有效的验证防护，才能更好地防范 SQL 注入攻击。

（5）加密处理

加密处理是指对输入数据进行加密处理。如果系统已将用户名、密码等数据加密保存，那么在用户登录时，也需要加密用户输入的数据，然后将加密结果与数据库中保存的密文进行比较。这相当于对用户输入的数据进行"消毒"处理。由于输入数据对数据库不再有任何特殊的意义，因此攻击者注入的 SQL 命令也不会被执行。

（6）错误消息处理

防范 SQL 注入，还要避免显示过于详细的错误消息。其原因在于，恶意攻击者往往会利用系统显示的错误消息来判断后台 SQL 语句的拼接方式，甚至可能直接通过错误消息获取数据库中的数据。

10.2　跨站脚本攻击

1．概况

跨站脚本（XSS）攻击是一种经常出现在 Web 应用中的计算机安全漏洞，也是最常见的 Web 攻击方式之一。大量网站曾遭受 XSS 攻击或被发现存在 XSS 漏洞。

2．实现原理

XSS 攻击通常利用网站未对用户提交的数据进行转义处理或者过滤不足等问题，通过在 Web 页面中嵌入恶意代码，使用户在访问该页面时执行这些代码，达到盗取用户资料、利用用户身份执行某种动作或者对访问者进行病毒侵害等目的。

XSS 攻击实现的一个基础/条件是攻击者能在 Web 页面中嵌入可执行代码。由于 Web 页面的代码是以 HTML 这样的解释型标记语言为基础编写的，而 HTML 作为一种超文本标记语言，是通过为一些字符赋予特殊含义来区分文本和标记（例如，"<"被看作 HTML 标签的开始，<title>与</title>之间的字符是页面的标题）的，所以，攻击者可以利用这些标记插入一些可执行代码。在插入的标记类特殊字符不能被动态页面检查出来或者检查出现失误时，就会产生 XSS 漏洞。

XSS 攻击实现的另一个基础/条件是用户在访问 Web 页面时会执行其中嵌入的代码。在使用浏览器访问 Web 页面时，若在 Web 页面中动态插入的内容含有标记字符（如"<"），浏览器就会误认为是插入了 HTML 标签，并解释执行标签的内容。如果这个 HTML 标签嵌入的是一段 JavaScript 脚本，这些脚本程序就会被浏览器解释执行。

3．分类

根据攻击代码的工作方式，可将 XSS 攻击分为三类，即反射型 XSS、存储型 XSS 和基于 DOM 的 XSS。

（1）反射型 XSS

反射型 XSS 也称为非持久型 XSS。在反射型 XSS 中，恶意代码是通过 URL 请求传递的。具体地，当 Web 客户端通过 URL 向 Web 服务器发出请求时，服务器端的脚本会根据用户的请求生成相应的页面并将其返回给用户。这时，如果恶意用户或攻击代码在页面中输入的数据没有经过验证且没有经过超文本标记语言的编码就被包含在页面中，那么客户端的恶意代码就会被注入动态页面。然后，攻击者诱导用户点击该页面上的链接，一旦用户点击，恶意代码就会被触发。由于只执行一次，因此称为非持久型或称反射型 XSS。反射型 XSS 常被部署在邮件系统和论坛中。

（2）存储型 XSS

存储型 XSS 也称为持久型 XSS，是最直接的 XSS 攻击类型。在存储型 XSS 中，攻击者需要将 XSS 攻击代码（如 JavaScript 代码）存储在存在 XSS 漏洞的 Web 服务器上。这样，只要有一个含有恶意代码的页面被用户打开，其中的恶意代码就会执行。

显然，存储型 XSS 比反射型 XSS 危害大，原因在于：存储型 XSS 提交的 XSS 代码储存在服务器端，每当用户打开页面时脚本将自动执行；而反射型 XSS 每次执行时都要提交 XSS 代码，且需要用户点击附代恶意脚本的链接。

（3）基于 DOM 的 XSS

基于 DOM 的 XSS 是由客户端脚本处理逻辑导致的安全问题。客户端脚本程序可以访问浏览器的 DOM 文本对象模型，如果客户端的网页脚本在修改本地页面的 DOM 环境时没有进行适当的处理（如过滤和消毒），攻击脚本就会被执行，即发生基于 DOM 的 XSS 攻击。

需要说明的是，在整个攻击过程中，服务器端的页面并没有发生变化，导致客户端脚本执行结果差异的是对本地 DOM 的恶意篡改和利用。

4. 攻击方式

常用的 XSS 攻击方式有以下五种。

- 通过盗取 Cookie 获取敏感信息。盗取 Cookie 是最常用的 XSS 攻击方式。由于 Cookie 中保存了 Web 系统的用户身份和会话状态信息，而且可以通过 Document 对象访问，因此，这种方式是基于 DOM 的 XSS 攻击的主要方式。

- 利用植入的 Flash，通过设置 cross domain 权限进一步获取更高的权限，或者利用 Java 程序等实现类似的操作。

- 利用 iframe、frame、XMLHttpRequest 或 Flash，以用户（被攻击者）的身份执行一些管理动作，或者执行如发微博、加好友、发私信等常规操作，实现 XSS 攻击。

- 利用被攻击者所在的域被其他域信任发起 XSS 攻击，即以可信源的身份请求进行非授权的操作，如进行不当的投票活动。
- 通过在一些访问量极大的页面中添加 XSS 代码对一些小型网站发起攻击，达到 DDoS 攻击的效果。

5. 代码分析

XSS 漏洞通常发生在没有对来自不可信源的数据（外部输入、Web 请求、数据库或者其他在后台存储的数据）进行合理的验证就将其传递给 Web 应用程序或浏览器的情况下。由于 XSS 代码通常以 JavaScript 片段的形式出现，也可能是 HTML、Flash 或者其他任何可被浏览器执行的代码，所以，这些代码只要到达浏览器就会被解释执行，进行各种恶意操作，如窃取用户敏感数据、引导受害者访问恶意 Web 页面、对用户的机器进行恶意操作等。

下面通过三个示例分析存储型和反射型 XSS 漏洞的成因及常见的攻击途径和方法。

示例 1：以下 JSP 代码可以根据给定的雇员 ID 在数据库中进行查询并输出雇员的姓名。

```
<%
...
Statement stmt = conn.createStatement();
ResultSet rs = stmt.executeQuery("select * from emp where id="+eid);
if (rs != null)
{
    rs.next();
    String name = rs.getString("name");
}
...
%>
```

```
Employee Name: <%= name %>
```

显然，如果对来自数据库的 name 的值处理得当，该段代码就能正常执行。但如果处理不当，就会导致数据被盗取。不过，由于 name 的值是从数据库中读取的，而且是由应用程序管理的，所以，通过以上代码泄露的数据造成的危害较小。如果 name 的值是由用户提供的数据产生的，数据库就会成为恶意内容的传递通道。

此外，数据存储导致的间接性会提高识别 XSS 威胁的难度及一次攻击影响多个用户的概率。例如，从访问提供留言簿（guestbook）的网站开始，如果攻击者在留言簿的条目中嵌入恶意 JavaScript 代码，那么接下来所有访问该留言簿的用户都会执行这些恶意代码。可以说，从攻击者的角度看，注入恶意内容的最佳位置应该是一个面向众多用户，尤其是相关用户显示的区域。

在实际应用中，相关用户通常在应用程序中具备较高的特权，或者相互之间会交换一些敏感数据，而这些数据对攻击者来说有很高的利用价值。如果某个用户执行了恶意代码，攻击者就有可能以该用户的名义执行某些特权操作、获得该用户所有敏感数据的访问权限及与其他相关用户交换的敏感信息等。

显然，示例 1 是一个存储型 XSS 的例子。示例 2 是一个基于 WebView 的 Web 应用程序，也存在存储型 XSS 漏洞。

示例 2：以下代码在 Android WebView 中启用了 JavaScript（在默认情况下为禁用状态），并根据接收的值加载页面。

```
...
WebView webview = (WebView) findViewByld(R.id.webview);
webview.getSettings().setJavaScriptEnabled(true);
String url = this.getintent().getExtras().getString("url");
webview.loadUrl(url);
...
```

在以上代码中，如果 URL 的值以"javascript"开头，那么接下来的 JavaScript 代码将在 WebView 中的 Web 页面上下文内执行。

可以看出，由于应用程序将危险数据储存在一个数据库或其他可信赖的数据存储器中，并且，这些危险数据随后会被回写到 Web 应用程序并包含在动态内容中，因此，会造成 XSS 攻击。

示例 3：以下 JSP 代码从 HTTP 请求中读取雇员 ID eid，并将其显示给用户。

```
<% String eid = request.getParameter("eid"); %>
...
Employee ID: <%= eid %>
```

与示例 1 类似：如果 eid 只包含标准的字母或数字，代码就能正确运行；如果 eid 中有元字符或包含源代码中的值，Web 浏览器就会像显示 HTTP 响应那样执行代码。

从表面看，如示例 3 所示的情况应该不会轻易遭受攻击，因为用户不会输入可导致恶意代码执行的 URL 并在自己的计算机上运行它。但是，攻击者会创建恶意 URL 并采用电子邮件等欺骗手段诱使受害者访问该 URL。当受害者点击恶意链接时，就会通过易受攻击的网络应用程序/浏览器将恶意内容引入自己的计算机。

显然，示例 3 是一个反射型 XSS 的例子。反射型 XSS 攻击最常见的手段是把恶意内容作为一个参数包含在公开的 URL 中，或者通过电子邮件直接将恶意内容发送给受害者。以这种手段构造的 URL 是很多网络钓鱼行为的核心。攻击者诱骗受害者访问指向易受攻击站点的 URL，并将攻击者的内容反馈给受害者，这些代码的运行会将受害者计算机中的各种敏感信息（如包含会话信息的 Cookie）发送给攻击者，或者执行其他恶意操作。

6. 修复建议

建议从以下四个方面修复或避免 XSS 漏洞。

（1）对 Web 会话中的关键信息进行检查

主要措施包括：对会话标记、验证码系统或者 HTTP 引用头等进行检查；对用户提交的信息中的 img 等链接，检查是否存在重定向回本站或者不是真正的图片等问题。

（2）防止 Cookie 被盗、避免直接通过 Cookie 泄露用户隐私

主要措施包括：通过将 Cookie 和系统 IP 地址绑定来降低 Cookie 被泄露的风险；通过设置 HttpOnly 属性避免攻击者利用 XSS 漏洞进行 Cookie 劫持攻击等。

在 JavaEE 中，一段为 Cookie 添加 HttpOnly 属性的示例代码如下。

```
response.setHeader("Set_Cookie","cookiename=cookievalue;path=/;
Domain=domainvalue;Max-age=seconds;HttpOnly");
```

（3）确保 Web 应用程序接收的内容被妥善地规范化

为了将 Web 应用程序接收的内容规范化，接收的内容应只包含最小的、安全的 Tag（不包含 JavaScript），去掉所有对远程内容的引用（尤其是样式表和 JavaScript），使用 Cookie 的 HttpOnly 属性等。

（4）确保在 Web 应用的适当位置进行数据验证，并检验其属性是否正确

这是最常用的避免 XSS 漏洞的方法。XSS 漏洞可能出现在 Web 应用中有数据输入和输出的地方，因此，应在这两个地方对数据进行验证。

- 输入数据的验证位置。Web 应用的数据源较多，可能是用户、与其他应用共享的数据存储或其他可信的数据源接受的输入等。由于对直接输入的数据或者存储的数据所接受的输入，可能并未执行适当的输入验证，因此，Web 应用不能间接依赖这些数据的安全性。此外，由于 Web 应用必须验证输入信息以避免其他漏洞（如 SQL 注入），因此，避免 XSS 漏洞的一种相对简单的方法是增强现有的输入验证机制，将 XSS 检测包含在内。不过，XSS 输入验证不能取代严格的输出验证。

- 输出数据的验证位置。XSS 漏洞可能出现在 Web 应用的输出中。为了避免输出中包含恶意代码，应在数据流出 Web 应用的前一刻对其进行验证。不过，由于 Web 应用通常会使用复杂且难以理解的代码来生成动态内容，因此，这时对输出数据进行验证容易出现遗漏。为了降低这一风险，需要对 XSS 执行输入验证。

可以看出，在实际应用中，输入验证和输出验证都是不可或缺的。为了避免 XSS 漏洞，所有进入应用程序及由应用程序传送至用户端的数据都应进行验证。例如，为了避免存储型 XSS 漏洞，需要对 Web 服务器数据库中存储的所有数据进行合理的输入验证，

以避免攻击者通过数据库向用户 Web 浏览器输入恶意命令。

数据验证方法主要有两种，分别是白名单法和黑名单法。

白名单法是通过创建一份安全字符名单实现的。这是针对 XSS 漏洞进行数据验证最安全的方法。白名单中的字符被允许出现在 HTTP 中，并且只接受完全由这些经过认可的字符组成的输入。例如，有效的用户名可能仅包含字母和数字，电话号码可能仅包含数字 0～9 等。

不过，白名单法在 Web 应用中经常是行不通的，因为许多字符对浏览器来说都具有特殊的含义，在被写入代码时，这些字符应被视为合法的输入。例如，一个 Web 应用必须接受带有 HTML 代码片段的输入。

相比白名单法，黑名单法比较灵活，但安全性比较差，因为它在进行输入之前就有选择地拒绝或避免了潜在的危险字符。

为了创建黑名单，需要了解对 Web 浏览器具有特殊含义的字符集。虽然 HTML 标准定义了哪些字符具有特殊含义，但许多 Web 浏览器会设法更正 HTML 中的常见错误，并可能会在特定的上下文中认为其他字符具有特殊含义。这就是不鼓励使用黑名单法阻止 XSS 攻击的原因。

在 HTML 中，各种上下文中认定的特殊字符主要包括以下四类。

- 块级别元素相关内容中（位于一段文本的中间）的 "<" "&" ">"，其中："<" 可以引入一个标签；"&" 可以引入一个字符实体；">" 被一些浏览器认定为特殊字符基于一种假设，即该页面的作者本想在前面添加一个 "<"，却将其遗漏了。

- 一些适用于属性值的原则如下：
  ◇ 外加双引号的属性值，双引号是特殊字符，因为它们标记了该属性值的结束；
  ◇ 外加单引号的属性值，单引号是特殊字符，因为它们标记了该属性值的结束；
  ◇ 对任何带引号的属性值，空格字符（如空格符、制表符）是特殊字符；
  ◇ "&" 与某些特定变量一起使用时是特殊字符，因为它可以引入一个字符实体或分隔 CGI 参数；
  ◇ 非 ASCII 字符不允许出现在 URL 中，在上下文中被视为特殊字符；
  ◇ 空格符、制表符、换行符是特殊字符，因为它们标记了 URL 的结束；
  ◇ 当服务器端对 HTTP 转义序列中编码的参数进行解码时，输入中的 "%" 符号是特殊字符，必须将其过滤掉。

- 在<script>和</script>包含的正文内：如果可以将文本直接插入已有的脚本标签，那么分号、省略号、中括号、换行符均为特殊字符，应该过滤掉。

- 服务器端脚本：如果服务器端的脚本将输入中的叹号转换成输出中的双引号，则应将其视为特殊字符，需要对其进行更多的过滤。

在确定了针对 XSS 攻击执行验证的位置和验证过程中要考虑的特殊字符后，需要定义验证过程中处理各种特殊字符的方式，主要包括以下三种。

- 如果应用程序认定某些特殊字符为无效输入，就可以拒绝任何包含这些字符的输入。

- 采用过滤手段删除特殊字符。不过，过滤会导致被过滤内容的显示发生改变。在需要完整显示输入内容的情况下，过滤的这种负面作用可能是无法被接受的。

- 如果必须接受带有特殊字符的输入并将其准确地显示出来，那么验证机制一定要对所有特殊字符进行编码，以删除或屏蔽其原来的含义。

10.3　命令注入

1. 概念

命令注入是指当应用程序所执行的命令或命令的部分内容来自不可信的数据源时，没有对其进行正确、合理的验证和过滤，导致应用程序执行恶意命令。例如，在 Java 应用程序中，敏感函数的参数（如 Runtime.getRuntime().exec(Stringcommand)中的 command 参数）可作为 os 命令，如果该参数由用户控制，就很容易造成命令注入。

2. 表现形式

命令注入主要表现为以下两种形式：

- 攻击者能够篡改程序执行的命令，即攻击者直接控制程序执行的命令；
- 攻击者能够篡改命令的执行环境，即攻击者间接控制程序执行的命令。

通常我们更关注第一种形式。这种形式的命令注入一般发生在以下情况下：

- 数据从不可信的数据源进入应用程序；
- 数据作为代表应用程序所执行命令的字符串或字符串的一部分；
- 通过命令的执行，应用程序会授予攻击者其原本不该拥有的特权或能力。

3. 危害

命令注入造成的危害往往比较严重，常见的有利用数据库服务器提供的操作系统命令接口获取系统信息（如使用 cpuinfo 命令查看系统信息），甚至控制整个系统（如使用 shutdown 命令关闭服务器）。

特别地，对于 SQL 命令注入，数据库信息泄露和危险操作（如 DELETE）是其主要危害。

4. 代码分析

下面通过四个示例对命令注入漏洞的成因进行分析。

示例 1：以下代码先根据系统属性 APPHOME 决定其安装目录，再根据指定目录的相对路径执行一个初始化脚本。

```
...
String home = System.getProperty("APPHOME");
String cmd = home + INITCMD;
lava.lang.Runtime().exec(cmd);
...
```

以上代码使攻击者可以通过修改系统属性 APPHOME 指向一个包含恶意版本 INITCMD 的路径，从而提高自己在应用程序中的权限，达到执行任意命令的目的。由于应用程序没有验证从环境中读取的值，所以，如果攻击者能控制系统属性 APPHOME 的值，就能通过欺骗应用程序来运行恶意代码，从而取得系统控制权。

示例 2：以下代码来自一个管理 Web 应用程序，用于使用户基于一个围绕 RMAN 实用程序的批处理文件封装器来启动 Oracle 数据库备份，然后运行一个 cleanup.bat 脚本来删除一些临时文件。rmanDB.bat 脚本可以接受单个命令行参数，并由该参数指定要执行的备份类型。

```
...
Sting btype= request.getparameter("backuptype");
Sting cmd= new Strng("cmd.exe /K
\'c: \util\\rmanDB.bat "+btype+" &&c:\\util\\clearup.bat\"")
System. Runtime. getRuntime().exec(cmd);
...
```

可以看到，备份类型通过 backuptype 参数输入，但 Web 应用程序并没有对读取自用户的 backuptype 参数做任何验证。在通常情况下，getRuntime().exec()函数不会执行多条命令，但在以上代码中，Web 应用程序运行 cmd.exe/K，允许执行用 "&&" 分隔的多条命令，即可以通过一次调用 getRuntime().exec()函数执行多条命令（c:\util\目录下的 rmanDB.bat 和 clearup.bat）。更普遍地，如果攻击者传递了一个形式为 ""&& delc:\\ dbms*.*"" 的字符串，那么 Web 应用程序将随指定的其他命令一起执行该命令。以上代码要求运行该 Web 应用程序需要具备与数据库进行交互所需的权限，这意味着攻击者注入的任何命令都将通过这些权限得以运行。

示例 3：假设 Web 应用程序允许用户访问一个可在系统中更新用户密码的接口。在特定网络环境中更新密码，步骤之一就是运行/var/yp 目录中的 make 命令，代码如下。

```
...
System. Runtime. getRuntime().exec(make);
...
```

如果该 Web 应用程序没有指定一个绝对路径，并且没有在执行 getRuntime().exec() 函数前清除它的环境变量，攻击者就能让$PATH 变量指向名为 make 的恶意二进制代码。这样，当 Web 应用程序在指定的环境中运行时，就会加载该恶意二进制代码，而非原本应该执行的 make。

运行该 Web 应用程序需要具备执行系统操作所需的权限，而这意味着攻击者能够利用这些权限执行自己的恶意二进制代码，从而完全控制系统。

示例 4：以下代码使用 getProperty()函数获取用户的账户名，并将获取的账户名和变量 osCommand 拼接，直接执行拼接结果。

```java
public void bad() throws Throwable
{
    string data;
    /* get system property user.home */
    /* POTENTIAL FLAW: Read data from a system property */
    data = System.getProperty ("user.home");
    string osCommand:
    if (System.getProperty ("os.name").tolowercase().indexof ("win") >= 0)
    {
        /* running on Windows */
        osCommand = "c:\\WINDOWS\\SYSTEM32\\cmd.exe /c dir";
    }
    else
    {
        /* running on non-windows */
        osCommand = "/bin/ls ";
    }
    /* POTENTIAL FLAW: command injection */
    Process process = Runtime.getRuntime().exec (osConnand + data) ;
    process.waitFor();
}
```

利用以上代码，攻击者可以通过在用户的账户名中存储特殊的 os 命令来实现命令注入，进行删除文件、关闭主机等操作。

5. 修复建议

修复命令注入漏洞或避免命令注入，需要遵循以下几个原则。

- 不让用户直接控制 eval()、exec()、readObject()等函数的参数。

- 尽可能使用库调用而不是外部进程来重新创建所需的功能。

- 禁止用户直接控制由程序执行的命令。主要有两种情况：

    ✧ 在用户的输入会影响命令执行的情况下，将用户的输入限制为从预定的安全命令集合中选择；

    ✧ 在需要将用户的输入作为程序命令的参数时，如果输入中出现了恶意内容，那么传递到命令执行函数的值将默认从安全命令集合中选择，或者拒绝执行任何命令。不过，由于合法的参数集合往往很大或难以跟踪，所以，从安全命令集合中选择的方法实用性不强。

（1）使用黑名单或白名单

在输入前使用黑名单可以有选择地拒绝或避免输出潜在的危险字符。但是，任何一个定义不安全内容的列表都可能是不完整的，并且严重依赖执行命令的环境。

更具可行性的方法是创建白名单，只允许白名单中的字符出现在输入中，并且仅接受完全由这些被认可的字符组成的输入。

（2）不能完全信赖环境

由于攻击者可以通过修改程序运行命令的环境来间接控制这些命令的执行，因此，不能完全信赖环境，并应至少从以下三个方面进行预防。

- 无论何时，只要有可能，都应由应用程序控制命令，并使用绝对路径执行命令。
- 如果编译时路径是未知的（如在跨平台应用程序中），则应在执行过程中利用可信赖的值构建绝对路径。
- 应对照一系列定义了有效值的常量仔细检查从配置文件或者环境中读取的命令值和路径。

（3）执行其他检查以验证数据来源是否已被恶意篡改

其他检查涵盖的内容很多。应重点对以下三个方面的内容进行检查。

- 检查配置文件。如果配置文件是可写文件，那么程序可能会拒绝运行。
- 如果能够预先知道所要执行的二进制代码的相关信息，就应对其进行检测，以验证这段二进制代码的合法性。
- 如果一段二进制代码始终属于特定的用户，或者具有特定的访问权限，那么在执行这段二进制代码前应对这些属性进行检查。

（4）最小授权原则

尽管我们可能无法完全阻止攻击者为了控制程序执行的命令而对系统发起的攻击，但只要程序需要执行外部命令，就必须采用最小授权原则，不授予其超过执行该命令所必需的权限。

基于这些原则，对示例 4 给出修改意见：对于变量 data，改为直接赋值，使敏感函数的参数值不受用户控制。修改后的代码如下。

```
public void bad() throws Throwable
{
    string data;
    data = "foo";
    string osCommand:
    if (System.getProperty ("os.name").tolowercase().indexof ("win") >= 0)
    {
        /* running on Windows */
        osCommand = "c:\\WINDOWS\\SYSTEM32\\cmd.exe /c dir";
    }
    else
    {
        /* running on non-windows */
        osCommand = "/bin/ls ";
    }
    /* POTENTIAL FLAW: command injection */
    Process process = Runtime.getRuntime().exec (osConnand + data) ;
    process.waitFor();
}
```

10.4 密码硬编码

1. 概念

硬编码是指将数据直接写入程序或其他可执行对象的源代码中。密码硬编码是指在程序中采用硬编码的方式处理密码。

2. 危害

密码硬编码漏洞一旦被利用，造成的安全问题一般无法轻易修正。

硬编码密码本身会削弱系统的安全性，因为这意味着拥有代码权限的人可以查看密码，进而使用密码访问一些其原本不具有访问权限的系统。更严重的是，攻击者如果能够访问应用程序的字节码，就可以利用一些反编译工具阅读代码，从而轻易地获得密码。

此外，硬编码的方式不利于程序的维护，因为在代码投入使用后，除了进行代码修补，在其他情况下是无法修改密码的。

3. 主要形式

这里以 Java 代码为例说明密码硬编码的主要形式。

- 直接将密码或密钥硬编码在 Java 代码中。这是极不安全的，因为 dex 文件很容易被逆向成 Java 代码。

- 将密码或密钥分成几段，有的存储在文件中，有的硬编码在代码中，最后将它们拼接起来。这样做虽然可以使操作代码的过程变得复杂，但由于仍在 Java 层，所以攻击者在进行逆向工程时，只要多花一些时间，就能推算出密码或密钥。

- 在使用 NDK 进行开发时，将密钥放在 so 文件中。尽管加解密操作页都在 so 文件中，可在一定程度上防止逆向工程，提高了安全性，但还是无法防止攻击者通过逆向工程的方式使用 IDA 进行破解。

- 在 so 文件中不存储密钥，但对密钥进行加解密，将加密后的密钥命名为普通文件，存放在 assets 目录或者其他目录下，并在 so 文件中添加无关代码（花指令）。虽然这种方式可以提高静态分析的难度，但是攻击者使用动态调试的方法即可追踪加解密函数，进而找到密钥。

4. 代码分析

以下代码对加密密钥采用了硬编码的方式。任何可以访问以下代码的人都能获得此加密密钥。

```
...
private static final String encryptionKey = "lakdsljkalkilksdfkl";
byte[] keyBytes = encryptionKey.getBytes();
SecretKeySpec key = new SecretKeySpec(keyBytes, "AES"):
Cipher encryptCipher = Cipher. getinstance("AES");
encryptCipher.init(Cipher.ENCRYPT_MODE,key);
...
```

对于采用硬编码密钥的应用程序，一旦发布，密钥将无法更改（除非对应用程序进行修改）。显然，程序的开发者或拥有源代码的人可以利用所掌握的代码信息入侵系统。更糟糕的是，只要攻击者能够访问应用程序的可执行文件，就可以提取密钥。

5. 修复建议

为了避免由于密码硬编码或者在代码中以明文形式存储密码造成的密码泄露风险（被有足够权限的人读取和在无意中误用密码），应对密码进行模糊化处理（例如，对密码先进行散列处理，再存储），并在外部资源文件中对密码进行管理。

以下代码首先使用 MD5 算法对默认的初始口令进行散列处理，然后使用 DES 算法对口令的散列值进行加密并全部转换为大写字母后存入配置文件，当用户登录时，通过读取配置文件中存储的默认密码并与用户输入的口令进行对比实现身份认证。

```
string tmp = MD5Util.MD5 (password) ;
CryptCore core = new CryptCore();
tmp = core.fcspEncryptToDES (tmp);
String encryptPsw = tmp.toUpperCase();
String defaultPsw = Tools.getProperty(Tools.FCSPCONFIG_PROPERTIES,
```

```
"default.password");
//默认的用户初始密码
if ("".equals (password) || password == null ||
defaultPsw.equals(encryptPsw))
{
    password=defaultPsw;
}
...
```

配置文件中存储的加密后的默认初始密码如下。

```
#默认初始密码
default.password=X6RTXZTUIP3QRHRUADFVLOMMJTMVQ2JJ1W7A2VT5PLPLLN5X6VU76g==
```

10.5　隐私泄露

1. 概念

隐私信息也称为敏感信息，通常包括用户名、口令、电话号码、手机序列号、设备ID、信用卡卡号、位置、医疗记录等个人信息，以及隐私法律或条例中明确规定需要加密的数据。隐私泄露是指由于对各种隐私或敏感信息处理不当而危及信息所有者的安全或利益等。由代码造成的隐私信息泄露通常发生在以下三种情况下。

- 用户的敏感信息或私人信息以不同的形式、通过不同的渠道进入应用程序，主要包括：

  ◇ 通过密码/口令等以用户身份直接进入应用程序；

  ◇ 以应用程序访问数据库或者其他数据存储的形式进入应用程序；

  ◇ 以合作者或者第三方身份间接进入应用程序。

- 用户的敏感或私有数据被直接或间接（由用户的敏感或私有数据生成的数据）地写到外部介质中，如控制台、文件系统、网络等。

- 进程间的通信造成敏感信息泄露。

2. 代码分析

下面针对隐私泄露的两种情况，举例分析隐私泄露漏洞代码。

示例 1：以下代码包含一个日志记录语句。该语句通过在日志文件中存储记录信息来跟踪被添加到数据库中的记录信息。其中，getPassword()函数可以返回由用户提供的与用户账号有关的明文密码。

```
pass = getPassword();
...
dbmsLog.println(id + ":" + pass + ":" + type + ":" + tstamp);
```

以上代码采用日志的形式将明文密码记录到文件系统中。虽然许多开发人员认为文件系统是存储数据的安全位置，但这不是绝对的，特别是在涉及隐私时。

示例 2：以下代码用于读取存储在 Android WebView 上给定站点的用户名和密码，并将其广播给所有注册的接收者。

```
...
webview.setWebViewClient(new WebViewClient()
{
    public void onReceivedHttpAuthRequest(WebView view,
    HttpAuthHandler handler, String host, String realm)
    {
        String[] credentials = view.getHttpAuthUsernamePassword(host,
                                 realm);
        String username = credentials[0];
        String password = credentials[1];
        Intent i = new Intent();
        i.setAction("SEND_CREDENTIALS");
        i.putExtra("username", username);
        i.putExtra("password", password);
        view.getContext().sendBroadcast(i);
    }
} );
...
```

以上代码中存在多个安全问题。

- WebView 凭证以明文的形式存储且未经过散列处理。如果用户拥有 root 权限或者使用仿真器，就能读取其中存储的指定站点的密码。

- 明文凭证会被广播给所有注册的接收者，任何使用 SEND_CREDENTIALS 的注册接收者都能收到该消息。虽然可以通过权限限制接收者的人数，但广播不会受到保护。因此，不建议将权限用于对隐私泄露漏洞的修复。

- 应用程序或进程间通信会造成隐私泄露。特别是在移动平台上，一些敏感的 App（银行或其他金融类 App）发送的数据可能会被在同一设备上运行的其他应用程序接收，而恶意软件总是会尝试接收这类数据。因此，移动 App 的开发者应注意消息所包含的数据，确保移动应用程序的进程间通信不包含敏感信息。

3. 防范建议

为了防范隐私信息泄露，在软件源代码层面应遵循以下原则。

- 当安全和隐私的需求发生矛盾时，通常优先考虑隐私的需求。为满足这一点，同时保证信息安全，应在退出程序前清除所有的私人信息或敏感信息。

- 为了加强对隐私信息的管理，需要不断改进保护内部隐私的原则并严格地执行。

需要注意的是，在制定或修改隐私保护原则时，要具体说明应用程序应如何处理各种私人数据。在受到法律法规制约时，应确保隐私保护原则尽量与相关法律法规一致。即使没有针对性的法律法规的制约，也应保护客户的私人信息，以免失去客户的信任。

- 保护隐私数据和私人数据的最好方法是最大限度减少私人数据的暴露。因此，不应允许应用程序、处理流程及员工访问任何私人数据，除非是出于职责以内的工作需要。和最小授权原则一样，不应授予访问者超出其工作需要的权限，对私人数据的访问权限应严格限制在尽可能小的范围内。

- 对于移动应用程序，应确保其不与在设备上运行的其他应用程序进行任何敏感的数据通信。

- 当需要存储私人数据时，应先加密，再存储。对于 Android 及其他任何使用 SQLite 数据库的应用或平台，SQLCipher 是一个不错的选择，它为将 SQLite 数据库扩展为数据库文件提供了透明的 256 位 AES 加密机制。对于凭证之类的敏感数据或私人数据，可以加密存储在数据库中。

根据以上原则对示例 2 进行修改：从 Android WebView 中读取给定站点的用户名和密码，而不是将其广播到所有注册的接收器；广播仅在内部进行，只有同一应用程序的其他部分可以看到。修改后的代码如下。

```
...
webview.setWebViewClient(new WebViewClient()
{
    public void onReceivedHttpAuthRequest(WebView view,
    HttpAuthHandler handler, String host, String realm)
    {
        String[] credentials = view.getHttpAuthUsernamePassword(host,
                               realm);
        String username = credentials[0];
        String password = credentials[1];
        Intent i = new Intent();
        i.setAction("SEND_CREDENTIALS");
        i.putExtra("username", username);
        i.putExtra("password", password);

LocalBroadcastManager.getInstance(view.getContext()).sendBroadcast(i);
    }
});
...
```

10.6　Header Manipulation

1.　定义

Header Manipulation 是指由于 HTTP 响应头中包含未验证的数据造成的漏洞。

2.　场景

Header Manipulation 攻击通常发生在以下场景中：

- 数据通过不可信的数据源进入 Web 应用程序，最常见的是 HTTP 请求；
- 数据包含在 HTTP 响应头文件里，且未经验证就发给了 Web 用户。

3.　攻击形式

攻击者可以通过构建 HTTP 响应发起多种形式的攻击。

（1）Cross-User Defacement

Cross-User Defacement 即跨用户攻击。

一次成功的跨用户攻击涉及以下三个方面的工作。

- 攻击者向易受攻击的服务器发出专门制作的请求。
- 服务器收到该请求后，会创建两个响应。其中，第二个响应会被误认为是对其他请求的响应，而实际上这个请求是由使用同一个 TCP 连接访问服务端的另一个用户发送的。
- 攻击者能诱骗用户向易受攻击的或恶意的服务提交请求，或者攻击者与用户共用同一 TCP 连接，以连接到服务器（如共享的代理服务器）。

（2）Cache Poisoning

Cache Poisoning 即缓存中毒。

缓存中毒的攻击流程比较简单，一般通过在正常的 HTTP 请求中添加 X-Forwarded-Host 头（一个事实上的标准首部，用于识别由客户端发起的 HTTP 请求中使用 Host 指定的初始域名）来发送会给出有害响应的请求，并将该响应保存在缓存中。当其他使用该缓存的用户访问此页面时，得到的是被攻击者"中毒"之后的页面。缓存中毒的危害通常是造成 XSS 攻击。

同时，由于 X-Forward-Host 头可用于确定最初使用哪个主机，因此常用于调试、统计和生成依赖位置的内容（通过设计，也可以显示诸如客户端 IP 地址之类的敏感信息）。因此，缓存中毒也可能导致信息泄露。

此外，HTTP 响应拆分（CRLF）和 HTTP 请求走私（Request Smuggling，也称作请

求夹带）也会造成缓存中毒。

（3）Cookie Manipulation

Cookie Manipulation 即 Cookie 篡改，是指攻击者通过修改 Cookie 获得未经用户授权的信息，进而盗用用户身份的过程。当它与跨站请求伪造之类的攻击相结合时，攻击者可以篡改、添加甚至覆盖合法用户的 Cookie。

攻击者发起 Cookie 篡改的目的通常是使用所获得的信息打开新账号或者获取已存在账号的访问权限。

（4）Open Redirect

Open Redirect 即打开重定向，是指把一个访问请求转发到另一个 URL 上或者跳转到指定的位置。如果应用程序允许未经验证的输入控制重定向机制所使用的 URL，就可能被攻击者利用，发起钓鱼攻击。

（5）Page Hijacking

Page Hijacking 是一种利用搜索引擎优化（Search Engine Optimization，SEO）使本来应该访问页面 A 的用户访问页面 B 的攻击方式。通过 Page Hijacking，攻击者可以将服务器生成的供用户使用的敏感内容重定向给供攻击者。

（6）Cross-Site Scripting

XSS 攻击是一种属于 Header Manipulation 的 Web 攻击。XSS 攻击的相关内容已经在8.2.2 节进行了详细介绍。

4．代码分析

根据 Header Manipulation 发生的场景可知，攻击者发起攻击的根本原因在于能够将恶意数据包含在 HTTP 响应头中并将其成功地传送到易受攻击的应用程序中（在构造响应报文头时没有对不可信的数据进行验证或过滤）。

目前，最常见的操纵响应报文头的方法是 HTTP Response Splitting，这需要应用程序允许将那些包含 CR（回车，由%0d 或\r 指定）和 LF（换行，由%0a 或\n 指定）的字符串输入头文件。这样，攻击者就能利用这些字符控制应用程序要发送的响应的剩余头部和正文，或者创建完全受其控制的其他响应。

以下代码会从 HTTP 请求中读取网络日志项的作者名字 author，并将其置于一个HTTP 响应的 Cookie 头文件中。

```
String author = request.getParameter(AUTHOR_PARAM);
...
Cookie cookie = new Cookie("author", author);
cookie.setMaxAge(cookieExpiration);
response.addCookie(cookie);
```

如果在 request.getParameter()中提交了一个字符串，而且该字符串由标准的字母和数字字符组成，如"Jane Smith"，那么包含该 Cookie 的 HTTP 响应可表现为如下形式。

```
HTTP/1.1 200 OK
...
Set-Cookie: author=Jane Smith
...
```

由于 Cookie 的值来源于未经校验的用户输入，因此，仅当提交给 AUTHOR_PARAM 的值不包含任何 CR 和 LF 字符时，响应才会呈现以上形式。

如果攻击者提交的是一个恶意字符串（含有 CR 和 LF 字符），如"Wiley Hacker\r\nHTTP/1.1200OK\r\n..."，那么相应的 HTTP 响应会被拆分成两个响应，示例如下。

```
HTTP/1.1 200 OK
...
Set-Cookie: author=Wiley Hacker
HTTP/1.1 200 OK
...
```

显然，第二个响应完全由攻击者控制。攻击者可以用任意的头文件和正文内容构建该响应。

5. 修复建议

与跨站脚本类似，针对 Header Manipulation 漏洞，权威的修复意见为：在适当位置进行输入验证并检验其属性是否正确。由于 Header Manipulation 既可能来自不可信的输入，也可能出现在应用程序的输出中（即输出中包含恶意数据），所以，应用程序在使用输入数据和向用户输出数据之前，都应对数据进行验证（目前常用的方法也是白名单法和黑名单法）。

10.7 日志伪造

1. 概念

日志伪造是指由于将未经验证的用户输入写入日志文件而使攻击者可以伪造日志条目或将恶意内容注入日志。通过给应用程序提供包含特殊字符（如回车符、换行符等）的内容将合法的日志条目拆分，也是日志伪造的一种方式。

在实际应用中，如果日志条目包含未经授权的用户输入，就可能产生日志伪造漏洞。

2. 场景

容易产生日志伪造的场景主要有以下两个：

- 数据从不可信的数据源进入应用程序；
- 不可信的数据被写入应用程序或系统日志文件。

3. 危害

日志伪造的危害可以概括为以下四个方面。

- 通过向应用程序提供包含特殊字符的输入，在日志文件中插入错误的条目，以妨碍或误导对日志文件的解读。
- 如果日志文件是自动处理的，就可以通过破坏文件格式或注入意外的字符，使日志文件无法使用。
- 通过伪造或破坏日志文件，对攻击轨迹进行掩盖，提高日志审阅人员的工作难度或者使日志文件中的统计信息出现偏差。
- 通过向日志文件注入代码或者其他命令，实现跨信任边界的访问。具体做法为：攻击者将脚本注入日志文件；当管理员使用 Web 浏览器查看日志文件时，浏览器向攻击者提供管理员 Cookie 的副本。这样，攻击者就可获得管理员的访问权限，实现跨信任边界的非授权访问。

4. 代码分析

下面是一段存在日志伪造漏洞的示例代码。该段代码尝试从一个请求对象中读取字符串并将其解析为整数。如果数据未被解析为整数，那么输入的字符串就会被记录到日志中，并附带一条提示相关情况的错误消息。

```java
String val = request.getParameter("val");
try
{
    int value = Integer.parseInt(val);
}
catch (NumberFormatException nfe) {
    log.info("Failed to parse val = " + val);
}
```

如果用户为"val"，提交的字符串为"twenty-one"，那么日志中会记录一个条目"INFO: Failed to parse val=twenty-one"。但是，如果攻击者提交的字符串为"twenty-one%0a%0aINFO:+User+logged+out%3dbadguy"，那么日志中会记录两个条目"INFO: Failed to parse val=twenty-one""INFO: User logged out=badguy"。

显然，使用同样的机制，攻击者可以插入任意数量的日志条目。

5. 修复建议

修复日志伪造漏洞，应遵循下面几个原则。

（1）控制用户输入

应假设所有输入都是恶意的或不可信的，拒绝任何不严格符合规范的输入。同时，应严格校验字段的相关属性，包括长度、输入类型、接受值的范围等，或者将其转换为具有相应规格的输入。

（2）控制日志格式

在写日志时，应指定输出到日志文件的数据的编码格式。若未指定编码格式，那么某些编码格式的某些字符可能被视为特殊字符。

（3）限制日志条目

创建一组与不同事件一一对应的合法日志条目，将这些条目记录到日志中，并且在日志中仅记录这组条目。

不过，这种方法在某些情况下行不通，因为一组合法的日志条目可能太大或者太复杂。这时，开发者往往会退而求其次，采用黑名单法有选择地拒绝或避免潜在的危险字符。但是，黑名单中的不安全字符列表可能不完善或很快过时。

更好的方法是白名单法，即创建一个允许在日志条目中出现的字符的列表，且只接受完全由这些被允许的字符组成的输入。需要注意的是，"\n"（换行符）是大多数日志伪造攻击会使用的关键的字符，一定不能出现在白名单中。

（4）不直接使用用户输入的数据

在获取动态内容（如用户注销系统）时，必须使用由服务器控制的数值，而非由用户提供的数据。这样做可以确保不在日志条目中直接使用由用户提供的输入。根据这一原则，对前面的代码进行修改，重写与 NumberFormatException 对应的预定义日志条目。修改后的代码如下。

```
...
public static final String NFE = "Failed to parseval. The input is "
+"required to be an integer value."
...
String val = request.getParameter("val");
   try
      {
          int value = Integer.parseInt(val);
      }
   catch (NumberFormatException nfe)
   {
          log.info(NFE);
   }
```

可以看出，当修改后的代码在数据格式解析中发生例外时，日志中记录的信息为""Failed to parseval. The input is " +"required to be an integer value""，不包含用户输入的内容，因此能够避免日志伪造攻击。

10.8　单例成员字段

Servlet 的单例多线程模式允许其单例成员字段在各用户之间共享，使用户可以查看其他用户的数据。

1. Servlet 概述

Servlet（Server Applet）也称为 Java Servlet（Java 小服务程序），运行在 Web 服务器或其他应用服务器上，常作为 Web 浏览器或其他 HTTP 客户端请求和 HTTP 服务器上的数据库或应用程序之间的连接器。Servlet 可以使用 Java 类库的全部功能，以及通过 Socket 和 RMI（Remote Method Invocation，远程方法调用）机制与 Applet、数据库或其他软件进行交互，主要功能为收集来自网页表单的用户输入、呈现来自数据库或者其他数据源的记录、动态创建网页。

Servlet 具有独立于平台和协议的特性。由于 Servlet 在 Web 服务器的地址空间内运行，所以它只有一个实例，通过重复使用这个实例处理需要由不同线程同时处理的多个请求。这种单例多线程模式在把用户数据存储在 Servlet 的成员字段中时，会触发数据访问的竞争条件（Race Condition），造成单例成员字段泄露。

2. 代码分析

通过 Servlet 的工作模式可以看出，造成单例成员字段泄露的根本原因在于将用户数据存储在 Servlet 的成员字段中，相应地，漏洞通常是由于开发者忽略了 Servlet 的单例工作模式造成的。

示例 1：以下代码中的 Servlet 把请求的参数值先存储（赋值）在其成员字段中，再将参数值返回给响应输出流。

```java
public class GuestBook extends HttpServlet
{
    String name;
    protected void doPost (HttpServletRequest req, HttpServletResponse res)
    {
        name = req.getParameter("name");
        ...
        out.println(name + ", thanks for visiting!");
    }
}
```

当以上代码正常运行时，如果两个用户几乎同时访问该 Servlet，就可能导致两个线程以如下方式处理这两个请求。

- 线程 1：将 "Dick" 分配给 name。
- 线程 2：将 "Jane" 分配给 name。
- 线程 1：打印 "Jane, thanks for visiting!"。
- 线程 2：打印 "Jane, thanks for visiting!"。

显然，这种处理方式会向第一个用户显示第二个用户的用户名，造成单例成员字段泄露。

3. 修复建议

为了避免单例成员字段泄露，在开发过程中应遵循以下两个原则：

- 不让任何参数（常量除外）使用 Servlet 成员字段，确保所有成员字段都是 Static Final；
- 如果开发者需要把代码内某一部分的数据传输到另一部分，可以考虑声明一个单独的类，并且仅使用 Servlet "封装" 这个类。

基于第二个原则，对示例 1 的代码进行修改，用单独的 Servlet 类 GBRequestHandler 实现对参数 name 的存储和输出。修改后的代码如下。

```java
public class GuestBook extends HttpServlet
{
    protected void doPost (HttpServletRequest req,  HttpServletResponse res)
    {
        GBRequestHandler handler = new GBRequestHandler();
        handler.handle(req, res);
    }
}
public class GBRequestHandler {
    String name;
    public void handle(HttpServletRequest req, HttpServletResponse res)
    {
        name = req.getParameter("name");
        ...
        out.println(name + ", thanks for visiting!");
    }
}
```

此外，可利用同步代码块访问 Servlet 实例变量。这时，如果将对成员字段的访问封装在同步块中，那么，只有在该成员上的所有读写操作均在同一同步块或方法中执行时，才能避免单例成员字段泄露。

将示例 1 代码中的写入操作封装在一个同步块中，并不能修复单例成员字段泄露漏洞，如示例 2 所示。

示例 2:

```java
public class GuestBook extends HttpServlet {
        String name;
     protected void doPost (HttpServletRequest req,
                              HttpServletResponse res)
   {
       synchronized(name)
      {
         name = req.getParameter("name");
      }
        ...
      out.println(name + ", thanks for visiting!");
   }
}
```

线程必须锁定 name 才能修改该字段，但随后会将锁定释放，以使其他线程能够再次修改该值。如果在第二个线程修改 name 的值后，第一个线程恢复了执行操作，那么输出的将是由第二个线程分配的值。

为了避免由此造成的不一致和信息泄露问题，应使所有对共享成员字段的读写操作在同一同步块中自动进行。据此对示例 2 的代码进行修改，将对 name 的读写操作都封装在同步块 synchronized() 中。修改后的代码如下。

```java
public class GuestBook extends HttpServlet
{
    String name;
    protected void doPost (HttpServletRequest req, HttpServletResponse res)
    {
        synchronized(name)
        {
            name = req.getParameter("name");
            ...
            out.println(name + ", thanks for visiting!");
        }
    }
}
```

第 11 章 实际开发中常见的 C/C++源代码漏洞分析

在 C/C++项目开发中，一些漏洞会频繁出现，主要包括二次释放、错误的内存释放对象、返回栈地址、返回值未初始化、内存泄漏、资源未释放、函数地址使用不当、解引用未初始化的指针等。与 Java 不同，C/C++没有垃圾回收机制，通常需要程序员手动释放内存，因此需要特别注意内存释放相关问题。

11.1 二次释放

1. 概念

二次释放是指对同一个指针指向的内存进行了两次释放操作。在 C 源代码中，对同一个指针进行两次 free()操作可导致二次释放。在 C++源代码中，浅拷贝操作不当是导致二次释放的一个常见原因。例如，调用一次赋值运算符或拷贝构造函数可能会导致两个对象的数据成员指向相同的动态内存。此时，引用计数机制就变得非常重要。若引用计数不当，那么，当一个对象超出其作用域时，析构函数将释放这个两对象共享的内存，另一个对象中对应的数据成员将指向已经释放的内存地址；当这个对象超出作用域时，它的析构函数会再次尝试释放这块内存，从而导致二次释放。

2. 危害

内存二次释放可能导致应用程序崩溃、拒绝服务等问题，是 C/C++源代码中常见的漏洞之一。

3. 代码分析

二次释放在 CWE 中的编号为 415。下面是一段存在二次释放漏洞的典型示例代码。

```
void CWE415_Double_Free_malloc_free_char_17_bad()
{
    int i,j;
    char * data;
    /* Initialize data */
    data = NULL;
    for(i = 0; i < 1; i++)
```

```
{
    data = (char *)malloc(100*sizeof(char));
    if (data == NULL) {exit(-1);}
    /* POTENTIAL FLAW: Free data in the source
     * - the bad sink frees data as well */
    free(data);
}
for(j = 0;j < 1;j++)
{
    /* POTENTIAL FLAW: Possibly freeing memory twice */
    free(data);
}
}
```

以上代码使用 malloc()函数为变量 data 分配内存，然后使用 free()函数释放分配的内存，在接下来的循环语句中，又一次对已经释放的内存 data 进行释放，形成了二次释放漏洞。

4. 修复建议

避免二次释放漏洞，需要注意以下几个方面。

- 野指针是导致二次释放和释放后使用的一个重要原因。消除野指针的有效方法是在释放指针之后立即把它设置为 NULL 或者使其指向另一个合法的对象。
- 针对 C++浅拷贝导致的二次释放问题，始终执行深拷贝是一个不错的解决方案。
- 借助源代码静态分析工具，可以发现程序中潜在的二次释放问题。

前面代码中的二次释放问题很容易被发现，去掉循环语句中的 free(data)即可解决。这样，使用 malloc()函数进行内存分配后只进行一次释放。修改后的代码如下。

```
static void good()
{
    int i,j;
    char * data;
    /* Initialize data */
    data = NULL;
    for(i = 0;i < 1;vi++)
    {
        data = (char *)malloc(100*sizeof(char));
        if (data == NULL) {exit(-1);}
        /* POTENTIAL FLAW: Free data in the source
         * - the bad sink frees data as well */
        free(data);
    }
    for(j = 0;j < 1; j++)
    {
        /* do nothing */
```

```
        }
    }
```

11.2　错误的内存释放对象

1．概念

在 C/C++程序中，有以下三种内存分配方式。

- 静态存储区域分配：静态存储区域主要存放全局变量、static 变量。这部分内存在程序编译时已经进行了分配且在程序运行期间不会回收。
- 栈上分配：由编译器自动分配，用于存放函数的参数值、局部变量等。函数执行结束时这些存储单元会被自动释放，alloca()函数是向栈申请内存的。
- 堆上分配：也就是动态分配。动态分配的内存由程序员负责释放。

在这三种内存分配方式中，只有堆上分配是需要程序员手动释放的。如果对采用前两种方式分配的非动态内存进行释放，就会导致错误的内存释放对象问题。

2．危害

错误的内存释放对象是指由于释放非动态分配的内存而导致的程序内存数据结构损坏，这会进一步造成程序崩溃或拒绝服务。而且，在一些情况下，攻击者可以利用这个问题修改关键的程序变量或执行恶意代码。

3．代码分析

以下代码中存在错误的内存释放对象问题，先使用 alloca()函数为 databuffer 申请内存，再使用 delete 释放内存，而用 alloca()函数申请的内存在栈上，是不需要手动释放的。

```
void bad()
{
    char * data;
    data = NULL; /* Initialize data */
    {
        /* FLAW: data is allocated on the stack and
         * deallocated in the BadSink */
        char * dataBuffer = (char *)ALLOCA(100*sizeof(char));
        memset(dataBuffer, 'A', 100-1); /* fill with 'A's */
        dataBuffer[100-1] = '\0'; /* null terminate */
        data = dataBuffer;
    }
    printLine(data);
    /* POTENTIAL FLAW: Possibly deallocating memory allocated
     * on the stack */
```

```
delete [] data;
}
```

4. 修复建议

修复错误的内存释放对象漏洞，需要注意以下几个方面。

- 不对非动态分配的内存进行手动释放。

- 如果程序结构比较复杂（如条件分支较多），那么在进行内存释放时应确认释放的内存是否是动态分配的。

- 明确一些内存分配函数的实现机制（如 alloc()函数申请的内存在栈上），避免由于不清楚函数实现导致错误的内存释放。

realloc()函数的原型为 void*realloc(void*ptr, size_tsize)，其中第一个参数 ptr 指向一个要重新分配内存的内存块，而该内存块之前是通过调用 malloc、calloc 或 realloc 分配的。如果为 realloc()函数提供一个指向由非动态内存分配函数分配的指针，就会造成错误的内存释放对象漏洞，从而导致程序的未定义行为。

依据以上第三点，对前面的代码进行修改。使用 new[]为 databuffer 动态分配内存，并使用 delete[]释放内存，即可避免错误的内存释放对象问题。修改后的代码如下。

```
static void goodG2B()
    {
    char * data;
    data = NULL; /* Initialize data */
    {
    /* FIX: data is allocated on the heap and deallocated
     * in the BadSink */
    char * dataBuffer = new char[100];
    memset(dataBuffer, 'A', 100-1); /* fill with 'A's */
    dataBuffer[100-1] = '\0'; /* null terminate */
    data = dataBuffer;
    }
    printLine(data);
    /* POTENTIAL FLAW: Possibly deallocating memory allocated
     *  on the stack */
    delete [] data;
    }
```

11.3　返回栈地址

1. 概念

C/C++程序占用的内存分为程序代码区、静态数据区、堆区和栈区四部分。其中，栈区用于存储局部变量、函数参数等，所需的内存由编译器自动分配和释放。当函数返回指向栈区的变量的指针时，实际上是返回了一个栈的地址，该地址在函数调用后立即失效。因此，在编写代码时，应避免返回栈地址问题。

2. 危害

返回栈地址通常会导致程序运行出错。因为函数所指向的地址中的内容会随着函数生命周期的结束而被释放，此时指针指向的内容是不可预料的，所以，对返回的栈地址进行访问会导致未定义的行为，甚至可能造成程序崩溃。

3. 代码分析

下面是一段存在返回栈地址漏洞的示例代码。

```
static char *helperBad()
{
    char charString[] = "helperBad string";
    /* FLAW: returning stack-allocated buffer */
    return charString; /* this may generate a warning -- it's on purpose */
}

void CWE562_Return_of_Stack_Variable_Address__return_buf_01_bad()
{
    printLine(helperBad());
}
```

在以上代码中，首先声明和初始化了一个字符型数组 charString，然后使用 return 返回 charString，这时返回的就是栈地址。

4. 修复建议

修复返回栈地址漏洞，需要注意指针指向的内存。同时，使用源代码静态分析工具可以有效地发现这类问题。

基于此，对前面的代码进行修改，将字符数组 charString 定义为静态数组。使用 static char 定义字符数组可以改变局部变量 charString 的存储位置，将在原来的栈中存储改为在静态存储区存储。这样，在使用 return 返回 charString 时，就可以避免返回栈地址漏洞。修改后的代码如下。

```
static char good()
{
    static char charString[] = "helperGood string";
    return charString; /* this may generate a warning -- it's on purpose */
}

void good()
{
    printLine(helperGoood());
}
```

11.4　返回值未初始化

1. 概念

返回值未初始化是指在函数的返回语句中返回了未初始化的变量，而函数的调用方又使用了该返回值。由于使用的变量未初始化，所以会导致程序产生非预期的行为。

2. 危害

返回值未初始化的危害取决于函数调用方对未初始化返回值的使用，这通常会触发非预期的程序行为。

3. 代码分析

下面是一段存在返回值未初始化漏洞的示例代码。

```
int func(void)
{
    int ret;
    if (0)
    {
        ret = 1;
    }
    return ret;
}
```

在以上代码中，首先声明了一个 int 类型的变量 ret，但没有对其进行初始化，然后通过 if 语句进行条件判断，在条件成立的情况下，将 ret 赋值为 1，并使用 return 语句返回。因为 if(0)恒为 false，所以 if 语句中的 ret 不会被赋值。因此，该函数的返回值是未初始化的，即存在返回值未初始化漏洞。

4. 修复建议

为了避免返回值未初始化漏洞，在进行变量声明时，应考虑对其进行初始化（或者采用默认的初始化策略）。此外，使用源代码静态分析工具可以找出源代码中的返回值未初始化漏洞。

基于此，对前面的代码进行修改。令 if 语句的条件为永真，实现对 ret 的赋值。这样，在返回时 ret 已被赋值。修改后的代码如下。

```
int func(void)
{
    int ret;
    if (1)
    {
        ret = 1;
```

```
    }
    return ret;
}
```

11.5 内存泄漏

1. 概念

内存泄漏是指由于疏忽或错误造成程序未能释放已经不再使用的内存，从而失去对该内存块的控制，造成内存浪费，甚至系统性能下降。需要注意的是，内存泄漏并不是指内存在物理上消失了，而是指应用程序在分配某内存块后，由于设计错误使软件无法有效跟踪和释放该内存块。

2. 危害

内存泄漏是 C/C++程序中的一种常见漏洞。该漏洞会减少可用内存，可能导致系统性能下降，甚至全部或部分设备停止正常工作及应用程序崩溃。

3. 代码分析

内存泄漏漏洞在 CWE 中的编号为 401。下面是一段存在内存泄漏漏洞的示例代码。

```
void CWE401_Memory_Leak__int64_t_malloc_01_bad()
{
    int64_t * data;
    data = NULL;
    /* POTENTIAL FLAW: Allocate memory on the heap */
    data = (int64_t *)malloc(100*sizeof(int64_t));
    if (data == NULL) {exit(-1);}
    /* Initialize and make use of data */
    data[0] = 5LL;
    printLongLongLine(data[0]);
    /* POTENTIAL FLAW: No deallocation */
    /* empty statement needed for some flow variants */
}
```

以上代码使用 malloc()函数分配内存，并对分配是否成功进行检查，但在函数结束时没有对分配的内存 data 进行释放。

4. 修复建议

修复内存泄漏漏洞，需要注意以下几点。

- 尽可能避免手动管理内存，如在 C++开发中使用智能指针减少内存泄漏。

- 在开发过程中养成良好的编程习惯，保证 malloc()函数与 free()函数、new 与 delete 等配对或匹配。

- 应在同一模块、同一抽象层中分配和释放内存。
- 使用源代码静态分析工具进行自动化检测，及时发现源代码中的潜在内存泄漏问题。

根据上述第二点和第三点建议，对前面的代码进行修改，在函数结束前用 free()函数释放申请的内存，以便与内存分配函数 malloc()配对，从而避免内存泄漏。修改后的代码如下。

```
static void goodB2G()
{
    int64_t * data;
    data = NULL;
    /* POTENTIAL FLAW: Allocate memory on the heap */
    data = (int64_t *)malloc(100*sizeof(int64_t));
    if (data == NULL) {exit(-1);}
    /* Initialize and make use of data */
    data[0] = 5LL;
    printLongLongLine(data[0]);
    /* FIX: Deallocate memory */
    free(data);
}
```

11.6　资源未释放

1．概念

在使用文件、I/O 流、数据库连接等资源时，如果在使用后未及时关闭或释放这些资源，就会造成资源未释放漏洞。

文件的基本操作包括打开、读、写、删除、关闭等。当程序退出时，所有打开的文件通常会自动关闭。尽管如此，对于打开的文件，还是应该在不使用时及时手动关闭或释放文件描述符，其原因在于一个程序可以同时打开的文件数量是有限的。此外，不及时关闭打开的文件，可能导致打开的文件数量超过可以同时打开的文件数量的上限。因此，不推荐应用程序使用依赖操作系统回收资源的方式。

2．危害

虽然由于文件描述符没有被释放或者文件描述符丢失而导致的漏洞并不多，但资源未被及时释放可能导致文件缺陷被攻击者利用，进而导致因信息泄露、服务器资源耗尽造成的拒绝服务等问题。

3．代码分析

资源未释放漏洞在 CWE 中的编号为 775。一段存在资源未释放漏洞的示例代码如下。

```
void CWE775_fopen_no_close_01_bad()
{
    FILE * data;
    data = NULL;
    /* POTENTIAL FLAW: Open a file without closing it */
    data = fopen("BadSource_fopen.txt", "w+");
    /* FLAW: No attempt to close the file */
    /* empty statement needed for some flow variants */
}
```

以上代码使用 fopen()函数以可读写方式打开 BadSource_fopen.txt 文件，但是在函数结束前没有对打开的文件进行关闭操作，因此存在资源未释放漏洞。

4. 修复建议

修复资源未释放漏洞，需要注意以下三个方面。

- 当文件资源不再使用时，应及时手动关闭。
- 应注意异常处理分支中的资源是否关闭，以确保资源不再使用时能被及时关闭。
- 使用源代码静态分析工具进行自动化检测，可以辅助定位资源未释放漏洞。

据此对前面的代码进行修改，在 goodB2G()函数结束前使用 fclose()函数对文件进行手动关闭操作。修改后的代码如下。

```
static void goodB2G()
{
    FILE * data;
    data = NULL;
    /* POTENTIAL FLAW: Open a file without closing it */
    data = fopen("BadSource_fopen.txt", "w+");
    /* FIX: If the file is still opened, close it */
    if (data != NULL)
    {
        fclose(data);
    }
}
```

11.7 函数地址使用不当

1. 概念

函数地址使用不当是指程序错误地将函数地址作为函数、条件表达式、运算操作对象（操作数）等，甚至让函数地址参与逻辑运算。这会导致各种非预期的程序行为。

例如，func()是程序中定义的一个函数，在 if (func==NULL)语句中使用 func 而不是

func()进行条件判断，此时使用的是 func()函数的地址而不是其返回值。而函数地址是不等于 NULL 的，函数地址与 NULL 比较的结果恒为 false，这将导致 if 语句恒不成立。

2. 危害

函数地址使用不当可能会导致非预期的程序行为，如：由于条件永假不会被触发而引发逻辑错误；由于条件永真而导致无限循环，进而造成资源耗尽、拒绝服务等。

3. 代码分析

函数地址使用不当漏洞在 CWE 中的编号为 480。一段存在函数地址使用不当漏洞的示例代码如下。

```c
static char * helperBad()
{
    /* return NULL half the time and a pointer to our static
     * string the other half */
    if(rand()%2 == 0)
    {
        return NULL;
    }
    else
    {
        return staticStringBad;
    }
}

void CWE480_Use_of_Incorrect_Operator__basic_01_bad()
{
    /* FLAW: This will never be true becuase the () was omitted.
     * Also INCIDENTAL CWE 570 Expression Is Always False */
    if(helperBad == NULL)
    {
        printLine("Got a NULL");
    }
}
```

以上代码由于使用 helperBad==NULL 作为 if 语句的判定条件，造成 if 语句恒为false，导致 printLine()函数永远不会被执行。

4. 修复建议

修复函数地址使用不当漏洞，需要明确操作时使用的是函数地址还是函数返回值，避免由于编码错误造成的对函数地址的直接使用。

据此对前面的代码进行修改，用函数返回值代替函数地址进行条件判断。修改后的代码如下。

```
static void good1()
{
    /* FIX: add () to function call */
    if(helperGood() == NULL) /* this will sometimes be true (depending on
the rand() in helperGood) */
    {
        printLine("Got a NULL");
    }
}
```

11.8 解引用未初始化的指针

1. 概念

解引用未初始化的指针是指指针在声明后没有进行初始化就对其进行解引用，这会导致未定义的行为。

一些动态内存分配方法，虽然会进行内存申请，但可能不会对申请的内存进行初始化，如：malloc()和 aligned_alloc()函数都不会对所分配的内存进行初始化；malloc()函数会将所分配的内存初始化为 0。程序在解引用这些不确定的值时，可能会触发非预期的行为，甚至导致程序被恶意攻击。

2. 危害

未初始化的指针有不确定的值。解引用未初始化的指针，可能会导致空指针解引用或其他不符合预期的行为。

3. 代码分析

解引用未初始化的指针漏洞在 CWE 中的编号为 457。一段存在解引用未初始化的指针漏洞的示例代码如下。

```
#ifndef OMITBAD
 void CWE457_Use_of_Uninitialized_Variable__char_pointer_01_bad()
    {
        char * data;
        /* POTENTIAL FLAW: Don't initialize data */
        /* empty statement needed for some flow variants */
        /* POTENTIAL FLAW: Use data without initializing it */
        printLine(data);
    }
#endif /* OMITBAD */
```

在以上代码中，虽然定义了 double 类型的指针 data，但并未对其进行初始化，随后却对 data 进行了解引用。由于 data 指针此时并未被赋值或初始化，其指向的内存是未定义的，所以会导致解引用未初始化的指针漏洞。

4．修复建议

修复解引用未初始化的指针漏洞，最好的方法是在指针声明时完成初始化操作。同时要谨记，一些动态内存分配函数不会对指针进行初始化，在申请内存后需要人工对申请的内存进行初始化。

据此对前面的代码进行修改，在定义 double 类型的指针变量 data，使用 malloc()函数动态申请内存并判断内存申请成功后，立即对 data 指针进行初始化。修改后的代码如下。

```c
#ifndef OMITGOOD
    static void good2G()
    {
        double * data;
        data = (double *)malloc(sizeof(double));
        if(data == NULL)
        {
            exit(-1);
        }
        *data = 5.0;
        printDouubleLine(*data);
    }
```

小结

本篇主要针对 Java 和 C/C++开发中的常见漏洞进行了分析和梳理，包括每种漏洞的含义、危害、表现形式、修复意见等。通过对漏洞代码的分析，帮助读者加深对各种漏洞的理解，重点掌握各种漏洞的表现形式和解决方法。

本篇知识体系如图 11-1 所示。

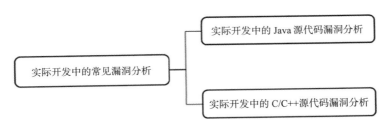

图 11-1　实际开发中常见漏洞分析知识体系

参考资料

[1] 尹毅. 代码审计：企业级 Web 代码安全架构[M]. 北京：机械工业出版社, 2016.

[2] 王旭. 基于控制流分析和数据流分析的 Java 程序静态检测方法的研究[D]. 西安：西

安电子科技大学, 2015.

[3] 牛伟纳, 丁雪峰, 刘智, 等. 基于符号执行的二进制代码漏洞发现[J]. 计算机科学, 2013, 40(10): 119-121, 138.

[4] 韩可. 基于代码审计的 Web 应用安全性测试技术研究[J]. 数字技术与应用, 2021, 39(5): 202-205.

[5] 杜江, 罗权. 基于代码审计技术的 OpenSSL 脆弱性分析[J]. 计算机系统应用, 2017, 26(9): 253-258.

[6] 牛霜霞, 吕卓, 张威, 等. 改进的基于代码污染识别安全警告的算法[J]. 计算机应用与软件, 2016, 33(8): 36-38, 80.

[7] 袁兵, 梁耿, 黎祖锋, 等. 恶意后门代码审计分析技术[J]. 计算机安全, 2013(10): 47-49.

[8] GB/T 39412—2020 信息安全技术 代码安全审计规范[S].

[9] OWASP Top Ten 2017: https://owasp.org/www-project-top-ten/2017/.

[10] CWE Top 25: http://cwe.mitre.org/top25/archive/2021/2021_cwe_top25.html.

[11] CVE: http://cve.mitre.org/cve/.

[12] GB/T 34943—2017 C/C++语言源代码漏洞测试规范[S].

[13] GB/T 34946—2017 C#语言源代码漏洞测试规范[S].

[14] GB/T 34944—2017 Java 语言源代码漏洞测试规范[S].

[15] GB/T 28169—2011 嵌入式软件 C 语言编码规范[S].

[16] GB/T 25069—2022 信息安全技术术语[S].

[17] GB/T 28458—2020 信息安全技术 网络安全漏洞标识与描述规范[S].

[18] ISO/IEC 9899: 2011 Information technology programming languages C.

[19] ISO/IEC 14882: 2011 Information technology programming languages C++.

[20] Code Conventions for the Java Programming Language. http://www.oracle.com/.

[21] http://www.oracle.com/technetwork/java/codeconvtoc-136057.html.

英文缩略语

API：Application Programming Interface，应用程序编程接口。

CSPRNG：Cryptographically Secure Pseudo-Random Number Generator，伪随机数生成器。

DNS：Domain Name System，域名系统。

DRBG：Deterministic Random Bit Generator，确定性随机比特生成器。

HTML：Hyper Text Markup Language，超文本标记语言。

HTTP：Hyper Text Transfer Protocol，超文本传输协议。

HTTPS：Hypertext Transfer Protocol Secure，超文本传输安全协议。

IP：Internet Protocol，网际协议。

SQL：Structures Query Language，结构化查询语言。

TCP：Transmission Control Protocol，传输控制协议。

URL：Uniform Resource Locator，统一资源定位系统。

XML：Extensible Markup Language，可扩展标记语言。

CVE：Common Vulnerabilities & Exposures，常用漏洞和风险。

CWE：Common Weakness Enumeration，通用漏洞列表。

OWASP：Open Web Application Security Project，开放式 Web 应用程序安全项目。